马芹永　黄　伟　崔朋勃　赵晓晶　编著

喷射补偿收缩钢纤维混凝土性能试验研究与应用

中国科学技术大学出版社

内 容 简 介

本书结合矿山巷道支护现状，应用材料复合技术，配制出喷射补偿收缩钢纤维混凝土这一新型支护材料，通过理论分析、试验研究、数值分析和工程应用相结合的方法对喷射补偿收缩钢纤维混凝土进行了研究，形成喷射补偿收缩钢纤维混凝土支护技术。

本书可供高等学校结构工程、隧道与地下工程、防护工程、矿业工程等学科专业的研究生学习与研究使用，也可供从事相关专业的教师、工程技术人员、研究人员阅读与参考。

图书在版编目(CIP)数据

喷射补偿收缩钢纤维混凝土性能试验研究与应用/马芹永等编著. —合肥：中国科学技术大学出版社，2023.11

ISBN 978-7-312-05401-3

Ⅰ.喷…　Ⅱ.马…　Ⅲ.①金属纤维—纤维增强混凝土—性能试验—研究
Ⅳ.TU528.572

中国版本图书馆 CIP 数据核字(2022)第 029811 号

喷射补偿收缩钢纤维混凝土性能试验研究与应用

PENSHE BUCHANG SHOUSUO GANGXIANWEI HUNNINGTU XINGNENG SHIYAN YANJIU YU YINGYONG

出版　中国科学技术大学出版社
安徽省合肥市金寨路 96 号，230026
http://press.ustc.edu.cn
https://zgkxjsdxcbs.tmall.com

印刷　安徽省瑞隆印务有限公司

发行　中国科学技术大学出版社

开本　710 mm×1000 mm　1/16

印张　12.75

字数　243 千

版次　2023 年 11 月第 1 版

印次　2023 年 11 月第 1 次印刷

定价　62.00 元

前　言

喷射混凝土技术是目前地下工程支护中非常有效的支护方式之一，它不仅可以作为初期支护确保巷道施工过程中的安全，也可以与其他支护结构联合或单独作为结构物的永久支护，维护结构物的长期稳定和安全使用。但喷射普通混凝土存在早期收缩大、脆性大、韧性差、抗渗阻裂效果不好等缺点，这些缺点将可能造成巷道支护结构的破坏，降低巷道的使用寿命。本书结合矿山巷道支护现状，应用材料复合技术，配制出喷射补偿收缩钢纤维混凝土这一新型支护材料，通过理论分析、试验研究、数值分析和现场应用相结合的方法对喷射补偿收缩钢纤维混凝土进行了研究，形成喷射补偿收缩钢纤维混凝土支护技术。

本书主要包括喷射钢纤维混凝土和喷射补偿收缩混凝土的研究现状，水泥-膨胀剂-速凝剂相容性研究，钢纤维和膨胀剂对混凝土协同增强机理分析，补偿收缩钢纤维混凝土膨胀变形试验研究，补偿收缩钢纤维混凝土压拉折性能试验研究，补偿收缩钢纤维混凝土弯曲韧性试验研究，补偿收缩钢纤维混凝土抗裂性能与抗渗性能试验研究，补偿收缩钢纤维混凝土支护结构模型试验研究，补偿收缩钢纤维混凝土支护结构稳定性分析，工程应用与监测分析等内容。从研究水泥、膨胀剂和速凝剂的成分以及作用机理入手，采用不同种类的膨胀剂与速凝剂、水泥进行水化反应，结合电镜扫描试验和X衍射试验分析水化反应产物的生成、晶体结构和矿物形貌等，试验结果表明三者之间有较好的适应性，同时有利于喷射混凝土早强的要求。结合微观结构试验和喷射混凝土支护工程技术规范要求，进行了基本力学性能试验，得出补偿收缩钢纤维混凝土达到最佳力学性能的合适钢纤维体积掺量和膨胀剂掺量。进行了补偿收缩钢纤维混凝土抗渗性能和抗裂性能试验，分析了补偿收缩钢纤维混凝土防裂阻裂效果和抗渗性能。根据相似理论，针对普通混凝土、补偿收缩混凝土、钢纤维混凝土和补偿收缩钢纤维混凝土四种不同材料浇筑的模型进行相似模型试验，从结构的极限承载力、裂缝开展形式、结构的破坏模式等三个方面分析不同材料的支护效果，得出补偿收缩钢纤维混凝土支护结构初裂荷载和极限承载力，试件破坏呈现延性破坏。基于有限元分析，对巷道锚杆与喷射补偿收缩钢纤维混凝土支护进行三维动态开挖模拟，研究喷射补偿收缩钢纤维混凝土支护结构位移场和应力场的变化趋势。采用喷射补偿收缩钢纤维混凝土进行锚喷支护工程应用，通过现场应用和现场监测，有效地控制了围岩变形，喷射补偿收缩钢纤维混凝土有较强的韧性和支护能力。

本书由安徽理工大学马芹永、淮南联合大学黄伟、河南省建筑科学研究院崔朋勃、湖北工建集团第三建筑工程有限公司设计院赵晓晶编著。主要内容为马芹永指导的研究生黄伟的博士学位论文《矿井补偿收缩钢纤维混凝土性能研究与工程应用》、崔朋勃的硕士学位论文《喷射补偿收缩钢纤维混凝土膨胀变形与力学性能试验研究》和赵晓晶的硕士学位论文《喷射补偿收缩钢纤维混凝土弯曲韧性与抗剪强度试验研究》等，得到了教育部高等学校博士学科点科研基金(深部巷道喷射钢纤维混凝土支护新技术模型试验与应用)、教育部博士点基金优先发展领域(预拌喷射补偿收缩混凝土微观结构与力学特性研究)和安徽理工大学科研基金资助，编写过程中参考了和引用了国内外近年来出版的补偿收缩混凝土的标准、规范、专著和论文，最后出版得到了安徽理工大学资助和中国科学技术大学出版社的大力支持，在此一并表示感谢。由于补偿收缩混凝土在理论和实践上发展较快，限于水平，书中难免有错误和不足之处，敬请广大同行专家与读者不吝赐教。

作　者

2023 年 2 月

目　　录

前言 …………………………………………………………………………………………（ⅰ）

第1章　绪论 ……………………………………………………………………………（1）

1.1　研究背景与研究意义 …………………………………………………………（1）

1.2　国内外研究进展 ………………………………………………………………（5）

第2章　水泥-膨胀剂-速凝剂相容性研究 …………………………………………（13）

2.1　概述 ……………………………………………………………………………（13）

2.2　水泥材料微观结构分析 ………………………………………………………（13）

2.3　膨胀剂成分及其作用机理 ……………………………………………………（17）

2.4　速凝剂成分及其作用机理 ……………………………………………………（20）

2.5　膨胀剂、速凝剂和水泥相容性试验研究 ……………………………………（23）

第3章　钢纤维和膨胀剂对混凝土协同增强机理分析 ……………………………（32）

3.1　概述 ……………………………………………………………………………（32）

3.2　补偿收缩混凝土作用机理 ……………………………………………………（32）

3.3　钢纤维混凝土增强和破坏机理 ………………………………………………（33）

3.4　补偿收缩钢纤维混凝土补偿模式分析 ………………………………………（40）

第4章　补偿收缩钢纤维混凝土膨胀变形试验研究 ………………………………（43）

4.1　试验测定与计算方法 …………………………………………………………（43）

4.2　试验结果与分析 ………………………………………………………………（45）

4.3　联合限制下自应力计算与分析 ………………………………………………（54）

第5章　补偿收缩钢纤维混凝土压拉折性能试验研究 ……………………………（57）

5.1　试验测定与计算方法 …………………………………………………………（57）

5.2　试验结果与分析 ………………………………………………………………（59）

5.3　混凝土力学性能与膨胀变形关系分析 …………………………………（81）

第6章　补偿收缩钢纤维混凝土弯曲韧性试验研究 ……………………………（87）
6.1　试验设计 ……………………………………………………………（87）
6.2　补偿收缩钢纤维混凝土弯曲韧性试验与分析 ……………………………（93）

第7章　补偿收缩钢纤维混凝土抗裂性能与抗渗性能试验研究 …………（124）
7.1　补偿收缩钢纤维混凝土抗裂性能试验与分析 ……………………………（124）
7.2　补偿收缩钢纤维混凝土抗渗性能试验与分析 ……………………………（133）

第8章　补偿收缩钢纤维混凝土支护结构模型试验研究 …………………（137）
8.1　概述 …………………………………………………………………（137）
8.2　相似模型试验的基本要求 ………………………………………………（138）
8.3　支护结构模型试验与分析 ………………………………………………（139）

第9章　补偿收缩钢纤维混凝土支护结构稳定性分析 ……………………（153）
9.1　锚喷支护机理分析 ……………………………………………………（153）
9.2　衬砌结构的内力计算 …………………………………………………（154）
9.3　混凝土结构的有限元理论 ………………………………………………（156）
9.4　巷道支护结构有限元分析 ………………………………………………（159）
9.5　支护结构稳定性二维有限元分析 …………………………………………（161）
9.6　支护结构稳定性三维有限元分析 …………………………………………（169）

第10章　工程应用与监测分析 ………………………………………………（176）
10.1　工程概况 ……………………………………………………………（176）
10.2　喷射混凝土施工工艺及力学性能测试 ……………………………………（178）
10.3　现场监测与结果分析 …………………………………………………（180）

参考文献 ………………………………………………………………………（191）

第1章　绪　　论

1.1　研究背景与研究意义

1.1.1　煤矿巷道支护现状及问题提出

煤炭行业是一种集采矿业、能源业、基础原材料业等特征于一体的行业，是国民经济发展的重要支撑，在我国一次能源结构中占据主体地位。[1]同石油、天然气相比，煤炭除了具有储量优势之外，还具有价格低廉、易于储存和运输、附加成本低、使用面广等优势。随着经济的快速发展，社会对能源的需求量日益增加，而浅部资源开采已日趋枯竭，因此国内外矿井发展已经向深部快速推进，进行深部资源的开发[2-6]，深部巷道围岩具有地压大、软岩等特征。

煤矿巷道开挖前处于平衡状态，巷道一旦开挖，围岩应力将失去平衡，为了维持岩石的平衡状态，围岩应力将重新分布，在分布的过程中，如果岩石的强度不够，围岩将会失去稳定，导致巷道发生破坏，因此，必须对围岩采取控制措施，即围岩控制。控制围岩的方法因岩石性质、巷道断面大小、服务年限，特别是地应力对巷道的影响不同而各异。目前常用的支护形式有喷射混凝土支护、锚喷支护、锚喷网支护、锚喷＋锚索支护和锚喷＋U形钢联合支护等。这些支护形式中首先都要用喷射混凝土对围岩进行初喷封闭，防止围岩风化。但是随着矿井深度的增加，地压增大导致巷道围岩变形量增大，上述混凝土支护结构或多或少都出现了裂缝，甚至逐渐发展为剥落和掉块，丧失了对围岩的封闭和支护作用，同时因喷射混凝土中添加速凝剂而增加干缩，且普通混凝土具有脆性大、韧性差等缺点，加剧了混凝土裂缝的开展，导致了巷道的严重破坏，对煤矿安全产生严重的隐患，如图1.1所示。这是由于喷射素混凝土具有脆性材料的特点，抗拉强度远远小于抗压强度且在凝结硬化过程中由于混凝土的收缩（干缩或冷缩）常导致开裂，在防水部位由于裂纹的存在使水的渗入成为可能。在喷射混凝土施工中，裂缝和渗水时有出现，这不仅增加了成本和降低巷道的使用寿命，对工期、经济效益和社会效益都将产生很大的影响。采用什么方法和施工工艺在不影响巷道喷射混凝土强度，甚至在强度有所提高的情况下，同时降低巷道混凝土支护结构的开裂程度和提高混凝土支护结构的抗渗能力是目前煤矿巷道支护材料重要发展方向。

(a) 巷道顶部裂缝

(b) 巷道帮部裂缝

图 1.1　巷道喷射混凝土支护结构破坏图

1.1.2 喷射混凝土支护发展

喷射混凝土是指采用喷射机具,利用压缩空气或其他动力,将按一定配比拌制的混凝土混合料沿管道输送至喷头处,以较高速度喷射于受喷面,依赖喷射过程中水泥与骨料的连续撞击,压密而形成的一种混凝土。[7]它具有黏结性好、节省模板等许多优点,可在高空、深坑、较小空间施工,工序简单,机动灵活,应用范围广。

喷射混凝土并不是一种新发明,它已有100多年的发展历史,喷射混凝土是由喷射水泥砂浆发展起来的。早在1907年,美国的艾伦斯敦地区的水泥喷枪公司就已经完成了世界上第一批喷射混凝土工程。[8]1914年,美国在矿山和土木建筑工程中首先使用了喷射水泥砂浆。[9]1942年,瑞士阿利瓦公司研制成转子式混凝土喷射机,能够喷射最大粒径为25 mm骨料的混凝土。1947年,德国BSM公司研制成双罐式混凝土喷射机。1948—1953年兴建的奥地利卡普隆水力发电站的米尔隧洞最早使用了喷射混凝土支护。此后,瑞士、德国、法国、瑞典、美国、英国、加拿大、俄罗斯、日本等国相继在土木建筑工程中采用了喷射混凝土技术。[10]我国冶金、水电部门于20世纪60年代初期,开始研究混凝土喷射机械及喷射混凝土技术。经过100多年的发展,世界各国已成功将喷射混凝土应用于矿山井巷与地下工程的支护衬砌、岩土边坡与基坑工程的稳定、建筑结构的补强加固、耐火结构等工程领域。

目前,喷射混凝土的喷射工艺有三种:干喷、潮喷和湿喷。干式喷射(简称干喷)是将砂、石、水泥按一定比例干拌后均匀投入喷射机,同时加入速凝剂,用高压空气将混合料压送到喷头,与高压水混合,以较高速度喷射到岩面上,但因喷射速度大,粉尘污染和回弹比较严重,使用上受到一定限制。潮式喷射(简称潮喷)是将砂、石料预加少量水,使其浸润成潮湿状,再加入水泥拌和均匀,从而降低上料和喷射时的粉尘,其他工艺流程同干式喷射。湿式喷射(简称湿喷)是将砂、石、水泥和水按一定比例拌和成混凝土,在喷头处添加液态速凝剂,再喷射到岩面上。干喷法喷射机前的混合料水胶比小于0.2;湿喷法是指混合料进入喷射机前已经加水搅拌成流态混凝土,水胶比一般为0.4～0.5;潮喷法混合料水胶比控制在0.2～0.4。喷射混凝土要减少喷射混凝土回弹率及施工时的粉尘量,提高喷射混凝土的质量。

喷射混凝土有许多优越性,在改进材料、设备和施工工艺后,喷射混凝土已经发展成为现代地下工程中一项非常重要的施工技术。使用喷射混凝土有利于维持巷道和其他地下工程施工中围岩的稳定性,喷射混凝土支护已成为巷道施工、隧道施工、水利水电工程等支护工程中的关键技术。

1.1.3 喷射钢纤维混凝土支护发展

喷射钢纤维混凝土是在拌和料中添加钢纤维，通过管道输送并以高速喷射到需要加固物体的表面，凝结硬化而成的一种混凝土，喷射钢纤维混凝土与现浇钢纤维混凝土相比施工简便易行，省去支模、浇筑和拆模工序，使混凝土输送、浇筑和捣实合为一道工序，节省了人力，缩短了工期，喷射钢纤维混凝土密实度高，力学性能较好，节约混凝土，并可以通过输料软管在高室或狭小工作区间的薄壁结构中施工，工作简单、机动灵活，有较广的适应性，此外还具有较好的经济效益。20 世纪 70 年代，钢纤维作为一种新材料是为了加固喷射混凝土衬砌，其最显著的特点是大大降低了过去那种繁重耗时的钢筋网制作，而代之以机械化的、连续的喷射混凝土施工作业，首次于 1973 年在美国爱达荷州得到应用。[11]20 世纪 70 年代末，瑞典对喷射钢纤维混凝土的加固作用进行了大规模的试验研究[12]，包括喷射钢纤维混凝土加固与钢筋网喷射混凝土加固效果进行对比。20 世纪 70 年代后期至 80 年代初期，加拿大广泛开展了喷射钢纤维混凝土工艺的应用和研究。[13]此后，钢纤维喷射混凝土在欧州各国及美国、日本、澳大利亚等国家已广泛应用于矿山、隧道、水利、建筑等工程支护，并制定了多项标准与规范，如美国混凝土协会与美国试验和材料协会的标准广泛应用于北美洲、欧洲以及澳大利亚等国家和地区。第五届美国基础工程会议的一篇会议论文详细描述了喷射钢纤维混凝土加固设计方法，且被广泛采用，为喷射钢纤维混凝土推广应用奠定了基础。[14]美国、日本等国家采用喷射成型钢纤维混凝土占整个钢纤维混凝土用量的一半以上。德国 Harald klofta 等[15]研究了喷射混凝土 3D 打印技术，重点研究了层间黏结强度。

周仁战等[16]分析喷射钢纤维混凝土的力学性能、作用机理和软岩巷道的支护设计，得出利用喷射钢纤维混凝土支护方案在软岩巷道中应用可达到永久支护的效果。武志德等[17]利用喷射钢纤维混凝土在鹤煤八矿深部软岩巷道支护中进行了应用。我国在喷射钢纤维混凝土的研究和开发应用上，尤其在矿山地下工程中，仍需要大量的试验研究。通过喷射钢纤维混凝土的试验研究，找出不同组成材料对钢纤维混凝土拌和物性能及物理力学性能的影响，研究喷射钢纤维混凝土支护巷道的施工工艺及有关参数。

1.1.4 喷射补偿收缩钢纤维混凝土的研究意义

目前，在喷射混凝土施工时，随着混凝土的强度等级越来越高，阻裂防渗已经成为工程技术人员亟待解决的问题。研究一种具有集速凝、快硬、早强、高强、抗渗防裂、提高混凝土的和易性、增加黏结力等性能于一体的复合材料，是提高和发展喷射混凝土技术的重要途径。因此研究在喷射混凝土中加入膨胀剂和钢纤维，制成喷射补偿收缩钢纤维混凝土，具有重要的工程应用价值。膨胀剂的掺入，一方面可以利用其膨胀产生的压应力来抵消混凝土的拉应力；另一方面反应产物钙矾石等可以填充、堵塞毛细孔隙，从而改善混凝土的孔结构，增加其致密性。钢纤维掺入后，可以利用钢纤维的三维均匀约束和膨胀剂的填充密实作用来改善钢纤维和混凝土的黏结性能，通过研究分析，提出喷射补偿收缩钢纤维混凝土新材料。将膨胀剂和钢纤维两种材料结合起来，以喷射钢纤维混凝土为基体，膨胀剂均匀分散于其中作为膨胀组分，从而组成复合材料，克服喷射钢纤维混凝土和补偿收缩混凝土单独使用时的缺点，充分发挥两者的优势。因此，喷射补偿收缩钢纤维混凝土是一种具有优良性能的新型支护材料，对巷道支护材料的改革具有重要意义，具体体现如下：

(1) 将膨胀剂和钢纤维同时加入喷射混凝土中，充分利用开裂前膨胀剂的抗裂防渗作用和开裂后期钢纤维的阻裂增强作用，体现了“层次抗裂、阶段抗裂”的新概念。

(2) 钢纤维在混凝土中三维乱向分布，能够给混凝土提供均匀的内部约束，更好地发挥膨胀剂的性能；膨胀剂的反应物能够填充钢纤维周围的孔隙，增强钢纤维与混凝土的黏结力，有利于改善结构的性能。钢纤维和膨胀剂的复合使用，能够相互取长补短，更好地发挥各自的优势。

1.2 国内外研究进展

1.2.1 补偿收缩混凝土的研究现状

补偿收缩混凝土是以膨胀剂取代部分水泥或采用膨胀水泥拌制的具有膨胀性能、用于补偿混凝土收缩变形、减少收缩裂缝的一种混凝土，具有良好的低收缩、少裂缝等特点，可大大提高混凝土的使用性能和耐久性能。

膨胀剂是一种在混凝土硬化过程中因发生化学反应使得混凝土产生一定体积膨胀的外加剂。[18]我国混凝土膨胀剂1994年的销量为18万吨，此后逐年增长，图

1.2 为我国混凝土膨胀剂的年销量示意图,目前我国膨胀剂销量居世界同类产品之首。

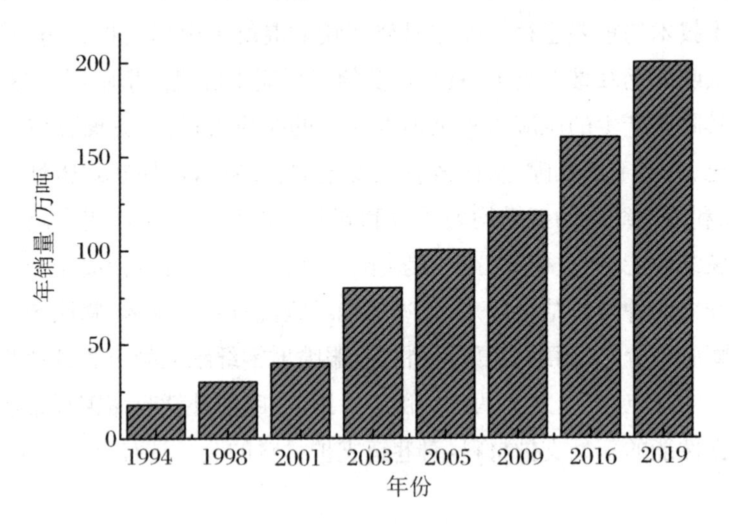

图 1.2　混凝土膨胀剂的年销量示意图

注:数据来自 2019 年度膨胀混凝土行业发展报告。

混凝土膨胀剂是在膨胀水泥的基础上发展而来的一种混凝土外加剂,它是指与水泥、水拌和后经水化反应生成钙矾石、氢氧化钙或钙矾石和氢氧化钙,使混凝土产生体积膨胀的外加剂,简称膨胀剂。[18]日本是较早开始研究膨胀剂的国家。在现场将膨胀剂掺入硅酸盐水泥中可拌制成膨胀混凝土。膨胀混凝土分为补偿收缩混凝土和自应力混凝土两种,其中补偿收缩混凝土是指由膨胀剂或膨胀水泥配制的自应力为 0.2～1.0 MPa 的混凝土。[19]膨胀混凝土具有补偿混凝土干缩和密实混凝土的作用,提高混凝土的抗渗性,在工程中主要用于防水和抗裂两个方面。

早在 1936 年,法国人 Lossier 就研制了一种硫铝酸钙膨胀水泥,但由于其在施工中操作难度较大而没有推广。[20] 1958 年,美国 A. Klein 成功研制硫铝酸钙膨胀水泥,又称为 K 型水泥,并在多种工程中得到成功应用。中国建筑材料科学研究院从 1960 年就开始研究补偿收缩混凝土,先后成功研制出硅酸盐膨胀水泥、明矾石膨胀水泥、硫铝酸盐膨胀水泥等,并对这些膨胀水泥配制的补偿收缩混凝土进行了大量的研究。

赵顺增等[21]研究轻集料对补偿收缩混凝土限制膨胀率的增益作用,结果表明,在补偿收缩混凝土中掺加部分饱水轻集料,会对其限制膨胀率产生明显的增益作用,特别是在干湿循环情况下,效果更加显著,这个特性对解决地下工程外墙收缩开裂难题具有重要意义。王瑜等[22]对补偿收缩混凝土的配制进行试验研究,针对不同类型、不同掺量的膨胀剂进行强度和限制膨胀率的正交试验分析,从而选择出适用于膨胀剂类型、掺量以及膨胀混凝土的配合比。

赵顺增等[23]对补偿收缩混凝土有效膨胀进行研究，分析影响补偿收缩混凝土有效膨胀的因素。结果表明，随着限制程度的提高，混凝土的限制膨胀率降低、弹性回伸率提高，两者之和——有效膨胀率降低；抗压强度5～20 MPa是限制膨胀率的最佳发展期，提高膨胀率的早期膨胀效率，掺加饱水轻集料对混凝土进行内养护都能够显著提高混凝土的限制膨胀率，并总结出《补偿收缩混凝土应用技术规程实施指南》。

樊华等[24]研究了微膨胀喷射混凝土的性能及其在结构加固中的应用，结果表明，加入一定量的膨胀剂在混凝土中主要起到两方面的作用。一方面可以抵消混凝土收缩的影响；另一方面可以适当缓解结构加固中后加部分混凝土变形滞后的影响，使得新旧两部分混凝土协同工作，以提高加固的质量。游宝坤等[25]研究了酸、碱、硫酸盐对补偿收缩混凝土性能的影响，证明补偿收缩混凝土具有较好的抗化学侵蚀能力。宋春香[26]研究了补偿收缩混凝土在渠道防渗工程中的应用，分析了粉煤灰对混凝土膨胀率和力学性能的影响，得出了粉煤灰掺量取40%为宜的结论。

陈洪浩等[27]研究了聚乙烯醇纤维对桥梁用C60高性能补偿收缩混凝土的影响，并在昆明市嵩昆路军长立交桥湿接缝处采用了聚乙烯醇纤维补偿混凝土。

宁逢伟等[28]研究了C50补偿收缩喷射混凝土的配合比设计和耐久性，试验得出C50补偿收缩喷射混凝土的密实性和耐损性较高，抗渗等级和抗冻等级分别超过W25和F300。

邹传学等[29]对聚丙烯纤维补偿收缩混凝土进行试验研究，分析不同养护条件下、不同体积掺量聚丙烯纤维混凝土的抗压强度、劈裂抗拉强度和弹性模量，并以抗弯强度、弯曲韧性、断裂性能为指标，分析了不同聚丙烯纤维掺量对混凝土抗裂性能的影响。试验结果表明，聚丙烯纤维体积掺量为0.7～0.9 kg/m^3时，可以获得良好的抗裂性能。

曾伟等[30]进行了纳米SiO_2钢纤维补偿收缩混凝土力学性能试验，得出纳米SiO_2和钢纤维复合掺入，显著优化补偿收缩混凝土的力学性能。李子祥等[31]对钢纤维膨胀混凝土变形特性进行试验，分析钢纤维膨胀混凝土在自由和限制条件下的变形性能。何化南等[32]对不同限制程度下钢纤维增强微膨胀混凝土的限制膨胀变形进行研究，分析膨胀剂掺量对膨胀变形的影响。Ribeiro A B等[33]分析砂浆的收缩问题，对砂浆的收缩变形进行测试，得出其影响因素。

于峰等[34]分析了水灰比对补偿收缩钢渣混凝土试件破坏形态、抗压强度、变形及应力-应变关系的影响，建立了补偿收缩钢渣混凝土应力-应变关系模型。

赵晓晶等[35,36]试验分析膨胀剂与钢纤维复合效应对喷射混凝土弯曲韧性的影响；黄伟等[37]利用膨胀剂和钢纤维制备补偿收缩钢纤维混凝土，采用霍普金森压杆对早龄期混凝土试样进行冲击劈裂抗拉性能试验，测试不同应变率下试样的应力－应变曲线及其破坏形态，得出补偿收缩钢纤维混凝土最大动态劈裂抗拉强度比普通混凝土劈裂抗拉强度提高18.3%。

在许多专家学者多年的使用和试验研究基础上，我国于2009年颁布了《补偿收缩混凝土应用技术规范》(JGJ/T 178—2009)，进一步完善了补偿收缩混凝土的配合比设计、构造设计和施工注意事项，使我国补偿收缩混凝土的应用提高到一个新的水平。

目前，补偿收缩混凝土主要存在以下问题：

(1) 膨胀剂品种众多，存在膨胀性能不一、限制膨胀率不高等缺点，补偿收缩混凝土需要较长时间的水养护才能充分发挥膨胀作用，造成施工和养护的不便。

(2) 补偿收缩混凝土需要约束才能产生预压应力，且约束条件在整个混凝土中分布越均匀越好，这在工程施工中较难实现。

(3) 补偿收缩混凝土主要用于减少由收缩或干缩引起的混凝土开裂，且只在潮湿养护环境下发挥作用。

1.2.2 喷射钢纤维混凝土的研究现状

在混合料中掺入纤维能显著改善喷射混凝土的性能。工程中使用的喷射钢纤维混凝土，是借助于喷射机械，利用空气压力高速喷射至受喷面上而形成的、散布有不连续钢纤维的砂浆或混凝土，称为喷射钢纤维混凝土。[38]早在20世纪70年代瑞典将Ekebro纤维喷射混凝土技术应用于岩石稳定和结构加固工程，并用喷射钢纤维混凝土加固被矿石冲击损坏的溜井[39]；日本在隧道中使用钢纤维混凝土支护和修补不良地层和围岩；周仁战[40]进行了喷射钢纤维混凝土的力学性能研究，试验表明，同普通混凝土相比，当掺入体积率为1.5%的波纹型钢纤维时，混凝土的抗拉强度、抗折强度、弯曲韧度指数分别提高了66%、63%、78%，破坏时有裂而不断的特征。现场应用表明，喷射钢纤维混凝土支护，使用寿命比其他支护方式更长，节省了巷道维修所需要的时间和费用。

我国从20世纪70年代引进钢纤维混凝土技术，近年来，一些科研部门和高等院校等进行了大量的试验研究，制定了《钢纤维混凝土试验方法标准》，召开了钢纤维混凝土研究和应用学术会议，对促进我国喷射钢纤维混凝土的开发应用起到关键作用。

鹤壁矿务局第十煤矿因主要巷道平均深度较大，已超过700 m，致使巷道变形大、破坏严重，部分巷道尚未投入使用就不得不进行翻修，由于巷道岩石破碎，节理发育，且遇水膨胀、易风化，表现出明显的软岩特性，使得开挖后难以支护，后采用喷射钢纤维混凝土和锚杆联合支护方案，代替U形支架，取得明显支护效益。[41]

梅山铁矿于1986年6月在构造裂隙错综复杂、地质条件差的采矿巷道中，采用喷射钢纤维混凝土进行加固，支护后的采矿巷道稳固，在其附近进行深孔采矿作业，爆破20多次，总用药量超过10000 kg，顺利完成采矿任务。[42]此后，又于1993年6月采用锚杆、钢筋网与喷射钢纤维混凝土加固一处放矿溜井，使用多年，放出矿石量达数万吨，井壁依然完好，并未发现开裂、片落等异常现象。[43]

2002年甘肃省水利水电勘测设计研究院对盘适岭隧洞二次衬砌混凝土两险段采用喷射钢纤维混凝土及其他技术措施处理后，经6年多通水运行考验，证明采用喷射钢纤维混凝土的技术方案是可行的，结构整体强度与稳定性良好、质量可靠。[44]此外，金川矿区主出矿水平回风石门巷[45]、安徽佛子岭水库大坝加固[46]、襄渝线青徽铺隧道病害整治[47]、甘肃盘道岭无压输水隧洞[48]等工程采用喷射钢纤维混凝土支护、补强或加固后，均获得了满意的效果。喷射钢纤维混凝土支护，取代挂网干喷混凝土或钢筋混凝土支护，已陆续在我国鲁布革工程[49]、天生桥二级水电站、大朝山水电站、二滩水电站[50]、万家寨水利枢纽[51]、桐柏抽水蓄能电站[52]等工程中推广使用。

早在20世纪四五十年代，国外就已经开始研究应用钢纤维混凝土。日本从1960年将剪切钢纤维应用于多种构件中，20世纪六七十年代在欧美等国家也已经广泛应用于上述各种工程中。1984年美国的钢纤维产量达0.5万吨。日本1985年钢纤维混凝土用量达100000 m^3，1987年钢纤维用量达0.6万吨。国外在20世纪70年代初期开始对添加钢纤维于喷射混凝土中进行研究。

前苏联矿井建设机械化及材料分析科学院在普通喷射混凝土中加入钢纤维，免去结构中的钢筋网，减少锚杆数量和喷层厚度，结果发现喷射钢纤维混凝土效果较好。用喷射纤维混凝土支护代替普通的喷射混凝土支护，每米巷道可节省30～50卢布，代替钢筋混凝土背板的金属拱支护时，每米巷道可节省300～500卢布，此外喷射钢纤维混凝土支护提高了支护作业的机械化程度。德国埃森研究中心在哈德煤矿一条巷道进行了喷射钢纤维混凝土的研究，钢纤维直径为0.4 mm，长为12.5 mm，其量为混凝土用量的5%，喷层厚度为100～150 mm，使用后效果较好。德国艾林煤矿的一条30 m、净断面18 m^2岩巷，使用两层厚度均为50 mm的喷射钢纤维混凝土支护，机械化程度高，降低了支护成本。总之，矿山上越来越多地采用喷射钢纤维混凝土支护技术。

李九苏等[53]对支护工程钢纤维喷射混凝土进行试验研究。结果表明：随着钢纤维用量的增加，喷射钢纤维混凝土的抗拉强度、抗折强度和弯曲韧度指数有不同程度的增加，而抗压强度没有明显的改善。根据试验结果，提出硅灰的适宜掺量范围在5%～7%，探讨了硅灰和钢纤维的增强、增韧机理，建立了喷射钢纤维混凝土的密实-骨架模型。

周宏伟等[54]针对深部软岩的基本特征，提出了深部软岩巷道支护的新思路，即改变现有的锚喷支护作业顺序，并通过在喷射普通混凝土中掺入适量钢纤维的方法来改善混凝土的整体力学性能，使之更好地适应软岩巷道大变形的需要。李源泉[55]对井巷与硐室工程中钢纤维混凝土进行研究。结果表明：钢纤维混凝土可以减小因荷载在基体混凝土引起细裂缝端部的应力集中，提高整个复合材料的抗裂性。

祝云华[56]对喷射钢纤维混凝土的力学特性进行详细研究，并在隧道单层衬砌中进行应用。通过理论和试验分析得出钢纤维在喷射混凝土中服从Fisher分布，约70%的钢纤维在冲击力作用下，沿与喷射方向垂直方向分布，表明喷射钢纤维混凝土的力学特性具有明显的方向性，有利于发挥钢纤维的增强作用。

赵春孝等[57]通过不同的配合比和不同体积率的钢纤维混凝土来进行对比，利用抗压、劈裂抗拉和抗折试验分析钢纤维混凝土的性能，得出不同的水灰比和不同的掺量下对混凝土的性能会产生不同的影响，但总体看来钢纤维能够提高喷射混凝土的抗压强度和劈裂抗拉强度等性能，能够为地下工程提供更好的支护作用。

目前喷射钢纤维混凝土存在的主要问题：

(1) 喷射混凝土水泥用量大，一般掺入速凝剂，因此其收缩比普通混凝土大，硬化过程中容易开裂，且普通混凝土具有脆性和韧性较差等缺点。

(2) 喷射混凝土的强度较基准混凝土的强度低。这是因为喷射混凝土中一般都掺加有速凝剂，混凝土凝结速度快，造成水化产物比较粗大，以至于混凝土的强度有所降低。

(3) 速凝剂是使水泥混凝土快速凝结硬化的外加剂，只是起到速凝、快硬、早强的效果，往往存在与水泥、减水剂以及其他外加剂的相容性差，有时候甚至发生性能不匹配的现象，达不到应有的效果。

(4) 钢纤维从基体中被拔出破坏表明，钢纤维和基体间的黏结强度偏低，而钢纤维自身的高强度并未充分发挥，使得普通钢纤维混凝土仍具有一定的脆性，所以改善和提高钢纤维与基体界面的黏结强度是非常必要的。

1.2.3 喷射补偿收缩混凝土的研究现状

钢纤维和膨胀剂是在抗渗防裂工程中使用较多的建筑材料，将两者复合使用能否起到协同增强的效果，许多学者对此做了大量的研究。

姜义[58]通过试验研究了低碱补偿收缩钢纤维混凝土配比的各因素，得出了各因素对低碱补偿收缩钢纤维混凝土强度的影响趋势和普通混凝土相似的结论。李国新等[59]对膨胀剂与钢纤维协同增强轻骨料混凝土进行了研究，通过试验证明了两者的加入起到了明显的协同增强效果。Kayali O 等[60]研究表明，由于钢纤维和膨胀剂的复合效应，钢纤维限制了膨胀和收缩，微膨胀又补偿了收缩，因而微膨胀效应增进了混凝土的致密性，最终改善了孔结构，使抗渗性得到提高。罗成立等[61]选取普通混凝土、膨胀剂、钢纤维单掺和钢纤维双掺四种类型混凝土进行对比试验研究，证实了双掺法达到了“1+1>2”的效果，是一种适用于地下防护工程结构自防水的高性能混凝土。郑继[62]采用喷射钢纤维微膨胀混凝土对佛子岭水库大坝2#、22#拱加固工程进行应用与研究。研究结果表明，控制硅粉的掺量，加入适当的多功能膨胀减水剂，特别是加强洒水养护是控制喷射钢纤维混凝土收缩、防止收缩裂缝的主要措施。黄伟等[63]对喷射补偿收缩混凝土中胶凝材料进行微观结构分析，得出硅酸盐水泥、膨胀剂和速凝剂三者之间有较好的适应性，适宜配制喷射补偿收缩混凝土。李伏虎等[64]对矿井支护喷射补偿收缩混凝土中外加剂水化作用机理的研究，得出速凝剂和膨胀剂两种水化反应都消耗了 $CaSO_4$、CaO 和 H_2O，抑制了钙矾石 AFt、C—A—H 和 $CaCO_3$ 的生长，但有大量 $Ca(OH)_2$ 和 C—S—H 凝胶生成，起到了促凝作用；随着水化龄期的增长，HCSA 膨胀剂促使钙矾石晶体逐渐生长，填充了胶凝材料的微孔隙和裂缝，提高其密实度。刘亚州等[65]采用磁化水对喷射补偿收缩混凝土进行试验，得出磁化水技术改善了喷射补偿收缩混凝土抗压性能，提高了混凝土抗压强度。

1.2.4 喷射混凝土衬砌裂缝发展现状和危害

无论是巷道，还是隧道，开裂和渗漏水是主要病害，其次为变形和掉块。也有部分巷道混凝土支护由于地压过大，引起混凝土的开裂。目前对于混凝土裂缝的开展和工程结构裂缝的控制研究甚多，如王铁梦、韩素芳、关宝树等，主要以混凝土工程结构为研究对象。王铁梦[66]对工程结构裂缝进行了详细的研究，从工程结构物裂缝的基本概念、温度对裂缝的影响、应力松弛和各种条件下对各种工程结构裂缝的控制进行了系统的研究，提出对裂缝控制采用“抗”“放”结合的原则，并结合工程实例进行分析，但他对巷道混凝土支护结构的开裂很少涉及。刘晓鹏等[67]针对大孤山铁矿运输巷道衬砌裂缝的成因进行初探，得出巷道衬砌的温度应力是产生巷道裂缝的重要原因，巷道的轴向拉力是引起巷道环向开裂的主要因素。傅鹤林[68]对多洞同时平行开挖时围岩应力和位移的动态效应进行了研究，提出了洞室顶板“卸荷”效应，还研究了由地下洞室开挖引起围岩应力重分布的地压规律，根据地压规律对地下支护结构进行设计，保证隧道受力的合理性，减少隧道结构建成后产生的各种病害。Alun Thomas[10]介绍了喷射混凝土的自生裂缝。自生裂缝是由于混凝土内部没有水分迁移而产生的。在水化过程中，水分从毛细孔隙中被吸出，这种“自干燥”导致水泥基质收缩。

巷道喷射混凝土支护结构破坏产生的主要危害包括：降低支护结构对围岩的承载能力；拱部衬砌破坏掉块，影响行车和人身安全；裂缝漏水，造成洞内设施锈蚀，道床翻浆，影响巷道的使用寿命，增加养护维修工作量；在运营条件下对裂损衬砌进行大修整治，施工与列车运营互相干扰，费用增大。

第2章 水泥-膨胀剂-速凝剂相容性研究

2.1 概述

材料的组成及其结构特征决定混凝土材料的宏观性质。因此，掌握混凝土结构的组成和内部结构，对研究混凝土的宏观力学性能是非常关键的。[69]喷射补偿收缩混凝土是在普通混凝土中添加膨胀剂和速凝剂配制而成，膨胀剂使得混凝土产生体积微膨胀，达到全部或部分抵消混凝土的干缩变形，从而减轻混凝土的开裂病害[70]，速凝剂主要目的是提高喷射混凝土的早期强度。同时掺入两种外加剂，使得配制混凝土的胶凝材料种类较多，外加剂之间的相容性等将会对混凝土的性能和内部结构产生一定的影响。目前对于膨胀混凝土研究甚多，但是对于膨胀剂、速凝剂和水泥三种材料配制混凝土的相容性研究不多，尤其是现在膨胀剂、速凝剂和水泥的种类繁多，三者材料放在一起时是否会发生不良反应，降低混凝土的各项性能指标。本章根据各种膨胀剂在配制膨胀混凝土时的设计掺量进行水泥净浆微观结构试验，分析膨胀剂、速凝剂以及水泥之间的水化产物和适应性效果，从而得到最佳材料组合，为后续研究提供依据。

2.2 水泥材料微观结构分析

水泥是一种粉末状的水硬性胶凝材料，与水混合后形成可塑浆体，经过一系列的物理化学反应而凝结硬化，并能把砂、石及纤维等材料胶结在一起成为具有强度的整体。试验主要采用普通硅酸盐水泥(P·O 42.5)和矿渣水泥(P·S·A 32.5)。为了掌握两种水泥及其胶凝材料的水化产物和水化机理，采用扫描电镜和X射线衍射试验，分析两种水泥的矿物成分和晶体结构。

2.2.1 水泥水化机理分析

硅酸盐水泥熟料的化学成分主要包括氧化钙、氧化硅、氧化铝和氧化铁，其总和在95%以上。硅酸盐水泥熟料主要在 $CaO\text{-}Al_2O_3\text{-}SiO_2$ 三元系统中。硅酸盐水泥熟料主要结晶相的化学成分如表2.1所示。

表2.1 熟料的化学组成

C_3S	C_2S	C_4AF	C_3A	f-CaO	Na_2O	K_2O	SO_3
53.24%	18.53%	13.77%	6.78%	1.15%	0.19%	0.71%	0.52%

普通硅酸盐水泥水化反应如下[67]：

$$2(3CaO\cdot SiO_2)+6H_2O = 3CaO\cdot 2SiO_2\cdot 3H_2O+3Ca(OH)_2$$

$$2(2CaO\cdot SiO_2)+4H_2O = 3CaO\cdot 2SiO_2\cdot 3H_2O+Ca(OH)_2$$

$$3CaO\cdot Al_2O_3+6H_2O = 3CaO\cdot Al_2O_3\cdot 6H_2O$$

$$4CaO\cdot Al_2O_3\cdot Fe_2O_3+7H_2O = 3CaO\cdot Al_2O_3\cdot 6H_2O+CaO\cdot Fe_2O_3\cdot H_2O$$

生成的水化铝酸钙又与为调凝所加入的石膏反应生成水化硫铝酸钙，反应式如下：

$$3CaO\cdot Al_2O_3\cdot 6H_2O+3(CaSO_4\cdot 2H_2O)+19H_2O = 3CaO\cdot Al_2O_3\cdot 3CaSO_4\cdot 31H_2O$$

可见，硅酸盐水泥水化后生成的水化产物主要包括水化硅酸钙、氢氧化钙、水化铝酸钙、水化铁酸钙以及水化硫铝酸钙五种。水泥的水化产物中C—S—H约占70%，CH约占20%，AFt约占7%。[71]

矿渣水泥主要成分与普通硅酸盐水泥一样，主要包括硅酸三钙、硅酸二钙、铝酸三钙、铁铝酸四钙等矿物成分，但水泥中加入矿渣、粉煤灰等活性材料取代部分水泥熟料。主要矿物成分的水化反应和普通硅酸盐水泥相同，只是反应后生成的水化产物含量不同，由于矿渣水泥中熟料含量比硅酸盐水泥少，而且混合材料在常温下水化反应比较缓慢，因此其凝结硬化时间较慢，早期强度低，但后期强度由于水化产物的增多，使得水泥石的强度不断增长。但是矿渣水泥中混合材料掺量较多，相同用水量的情况下，混凝土的坍落度与和易性较差；相同稠度情况下，其用水量大，但保水性差，泌水性较大，导致混凝土的干缩较大，容易使水泥石内部形成毛细通道，养护不当时，混凝土容易产生裂缝。[66]

2.2.2　电镜扫描和 X 射线衍射试验

为了分析两种水泥材料的颗粒组成、晶体形貌及其微观结构，对每种材料进行电镜扫描和 X 射线衍射(X-ray diffraction，XRD)试验。

电镜扫描试验样品制备：取破碎的试块，选择平整的面作为扫描面，然后把试块固定，在干燥的真空中镀层银膜，然后把试块放入扫描电子显微镜中进行试验。具体操作流程如图 2.1 所示。电镜扫描试验仪器如图 2.2 所示。

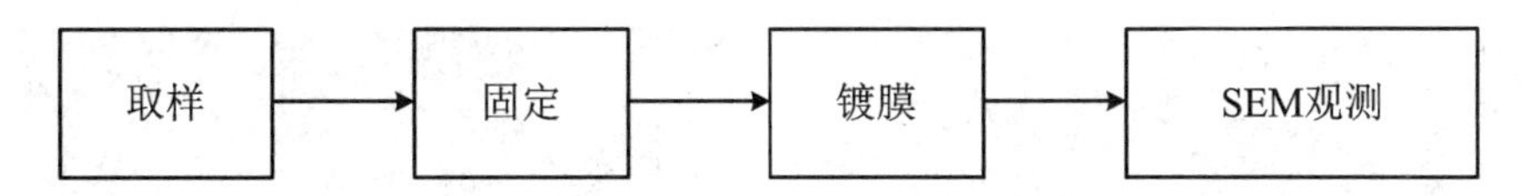

图 2.1　电镜扫描试验样品制备流程图

XRD 试验样品制备：先将被测样品放在研钵中研磨至边长为 48～75 μm 的立方体；再将中间有浅槽的样品板擦干净，粉末样品放入浅槽中，用另一个样品板压实且与样品板相平，最后进行 XRD 试验分析。X 射线衍射仪如图 2.3 所示。

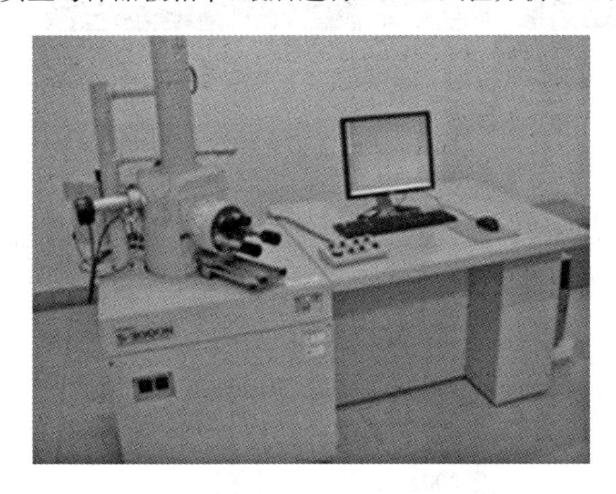

图 2.2　S-3000N 扫描电子显微镜　　**图 2.3　X 射线衍射仪**

从图 2.4 两种水泥的扫描电子显微镜(scanning electron microscope，SEM)照片可以看出，矿渣水泥由不规则颗粒组成，颗粒形貌种类较多，表明矿渣水泥中的掺合料较多，其中含有圆珠状的粉煤灰颗粒，且矿物颗粒大小不均匀，颗粒粒径相差较大，粒径范围为 2～10 μm；而普通硅酸盐水泥，颗粒形貌比较单一，一般呈极小的晶体，颗粒粒径比较小，颗粒分布比较均匀，粒径范围为 2～5 μm。

由图 2.5 中可以看出水泥中的主要成分，两种水泥中均含有 C_3S、C_2S、石膏和 SiO_2 等，其中矿渣水泥中 C_3S 的衍射峰较大，C_2S 和石膏的衍射峰相对较小，表明

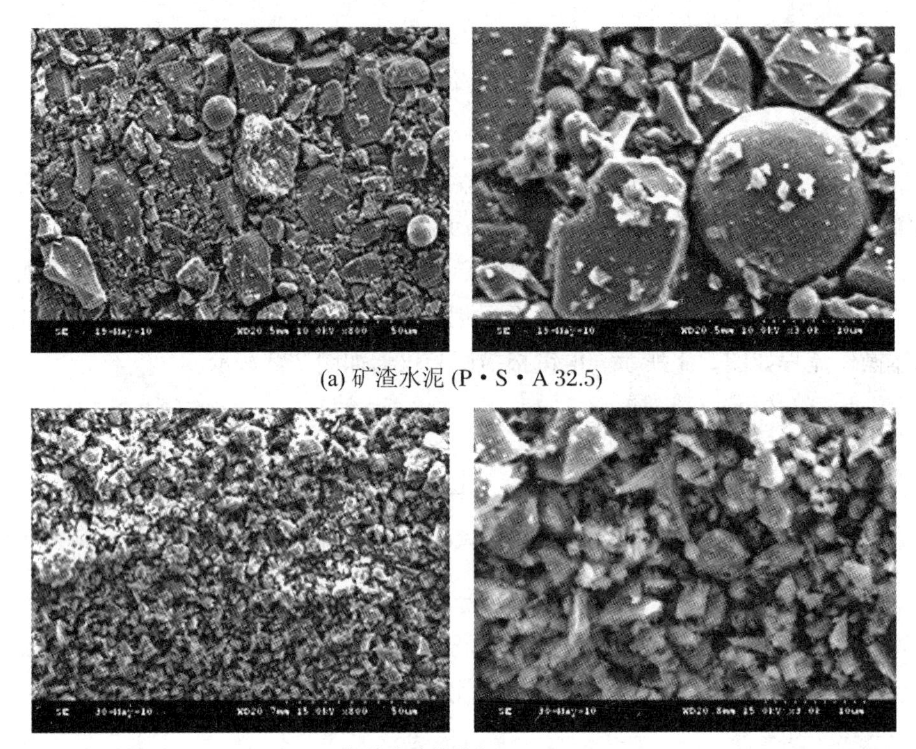

(a) 矿渣水泥 (P · S · A 32.5)

(b) 普通硅酸盐水泥 (P · O 42.5)

图 2.4　两种水泥的 SEM 结果

矿渣水泥中 C_3S 结晶物含量较多，C_3S 晶体结构规整；普通硅酸盐水泥中 C_3S 和 C_2S 的衍射峰也比较强，石膏的衍射峰值较弱，表明硅酸盐水泥中 C_3S 和 C_2S 结晶物相对较多，石膏结晶物较少，这符合硅酸盐水泥的一般特征。

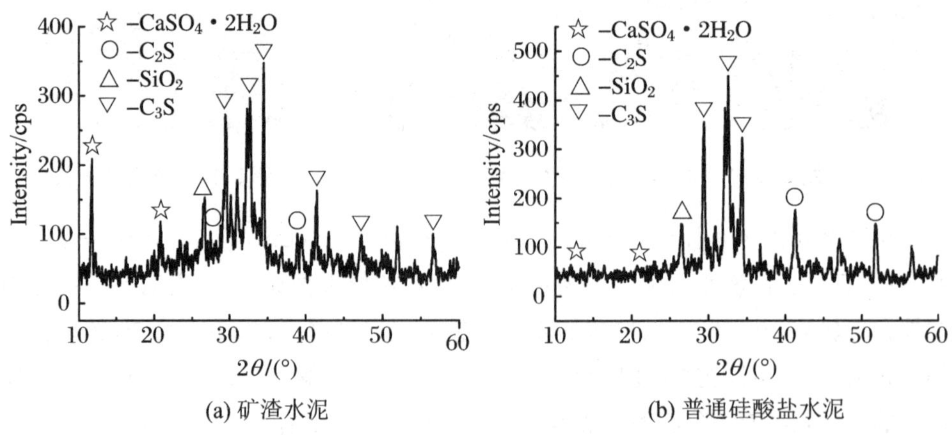

(a) 矿渣水泥　　(b) 普通硅酸盐水泥

图 2.5　两种水泥 XRD 图谱

2.3　膨胀剂成分及其作用机理

2.3.1　膨胀剂种类及反应机理

膨胀剂是一种在水泥凝结硬化过程中使混凝土产生可控制的膨胀以减小混凝土收缩的外加剂。目前，混凝土膨胀剂按化学成分可分为氧化钙类、硫铝酸钙类、硫铝酸钙-氧化钙类、氧化镁类和氧化铁类，使用较多的是氧化钙类和硫铝酸钙类膨胀剂。[72]

氧化钙类膨胀剂的反应方程式如下：

$$CaO + H_2O = Ca(OH)_2$$

CaO 膨胀剂的膨胀作用分为两个阶段。首先是水泥水化初期，水泥颗粒间生成细微的凝胶状 $Ca(OH)_2$，产生第一期膨胀；接着发生 $Ca(OH)_2$ 重结晶，开始第二期膨胀，在此期间，$Ca(OH)_2$ 全部转变为较大的异方型、六角板状晶体。

硫铝酸钙类膨胀剂种类很多，但其膨胀能的形成是由于硫铝酸钙水化物（钙矾石）的生成而产生的，其反应通式如下：

$$6CaO + 3Al_2O_3 + 3SO_3 + 96H_2O \longrightarrow 3(CaO \cdot Al_2O_3 \cdot 3CaSO_4 \cdot 32H_2O)$$

下面对试验采用的 4 种膨胀剂的反应机理进行分析，其主要反应方程式见表 2.2。

表 2.2　膨胀剂反应方程式

膨胀剂	主要化学反应
HCSA	$C_4A_3\overline{S} + 6CaO + 8CaSO_4 + 96H_2O \longrightarrow 3(3CaO \cdot Al_2O_3 \cdot 3CaSO_4 \cdot 32H_2O)$
UEA	$C_4A_3\overline{S} + 6Ca(OH)_2 + 8CaSO_4 + 90H_2O \longrightarrow 3(3CaO \cdot Al_2O_3 \cdot 3CaSO_4 \cdot 32H_2O)$ $Al_2O_3 \cdot 2SiO_2 + 3Ca(OH)_2 + 3CaSO_4 + 26H_2O \longrightarrow 3CaO \cdot Al_2O_3 \cdot 3CaSO_4 \cdot 32H_2O + C—S—H$ $Al_2O_3 + 3Ca(OH)_2 + 3CaSO_4 + 29H_2O \longrightarrow 3CaO \cdot Al_2O_3 \cdot 3CaSO_4 \cdot 32H_2O$ $K_2SO_4 \cdot Al_2(SO_4)_3 \cdot 4Al(OH)_3 + 13Ca(OH)_2 + 5CaSO_4 + 78H_2O \longrightarrow 3(3CaO \cdot Al_2O_3 \cdot 3CaSO_4 \cdot 32H_2O) + 2KOH$

续表

膨胀剂	主要化学反应
HEA	$3CA + 3CaSO_4 \cdot 2H_2O + 32H_2O \longrightarrow C_3A \cdot 3CaSO_4 \cdot 32H_2O + 2(Al_2O_3 \cdot 3H_2O)$ $K_2SO_4 \cdot Al_2(SO_4)_3 \cdot 4Al(OH)_3 + 13Ca(OH)_2 + 5CaSO_4 + 78H_2O \longrightarrow$ $3C_3A \cdot 2CaSO_4 \cdot 32H_2O + 2KOH$
CSA	$3CaO \cdot 3Al_2O_3 \cdot CaSO_4 + 6CaO + 8CaSO_4 + 93H_2O \longrightarrow$ $3(CaO \cdot Al_2O_3 \cdot 3CaSO_4 \cdot 31H_2O)$

CSA 膨胀剂的主要矿物成分包括蓝方石($3CaO \cdot 3Al_2O_3 \cdot CaSO_4$)、游离石灰(CaO)和游离无水石膏($CaSO_4$),其反应方程式见表 2.2;HEA 高膨胀混凝土防水剂,由于其含有较多的 CA,水化反应后产生大量的水化硫铝酸钙,其固体体积较水化铝酸钙增加 2 倍多,使混凝土产生一定的体积膨胀。

2.3.2 试验材料

试验材料采用 4 种膨胀剂,分别是 UEA 膨胀剂、HCSA 高性能膨胀剂、CSA 硫铝酸钙膨胀剂和 HEA 膨胀防水剂。4 种膨胀剂的化学成分见表 2.3。

表 2.3 膨胀剂的化学成分

名称	SiO_2	Al_2O_3	Fe_2O_3	MgO	SO_3	CaO	K_2O	Na_2O	R_2	烧失量
UEA	25.41%	15.12%	0.42%	0.56%	29.38%	24.54%	0.52%	0.16%	0.50%	3.82%
HCSA	4.50%	11.61%	1.37%	2.08%	28.50%	50.66%	—	—	—	1.19%
CSA	1.62%	15.19%	0.64%	1.41%	29.05%	49.80%	—	—	—	1.69%
HEA	19.13%	18.01%	2.62%	1.06%	27.22%	28.18%	—	—	—	2.64%

注:$R_2 = 0.658K_2O + Na_2O$。

2.3.3 电镜扫描与 X 射线衍射试验

对四种膨胀剂,采用电镜扫描试验来观察膨胀剂的矿物形貌和晶体结构,以及通过 X 射线衍射试验来分析不同膨胀剂中的矿物结晶成分。

膨胀剂的主要晶体矿物成分是无水硫铝酸钙(C_4A_3S)、硫酸钙($CaSO_4$)和石灰(CaO)等,其矿物形貌 SEM 照片和物相 XRD 分析如图 2.6 和图 2.7 所示。

(a) HCSA　　(b) UEA

(c) CSA　　(d) HEA

图 2.6　4 种膨胀剂的微观形貌

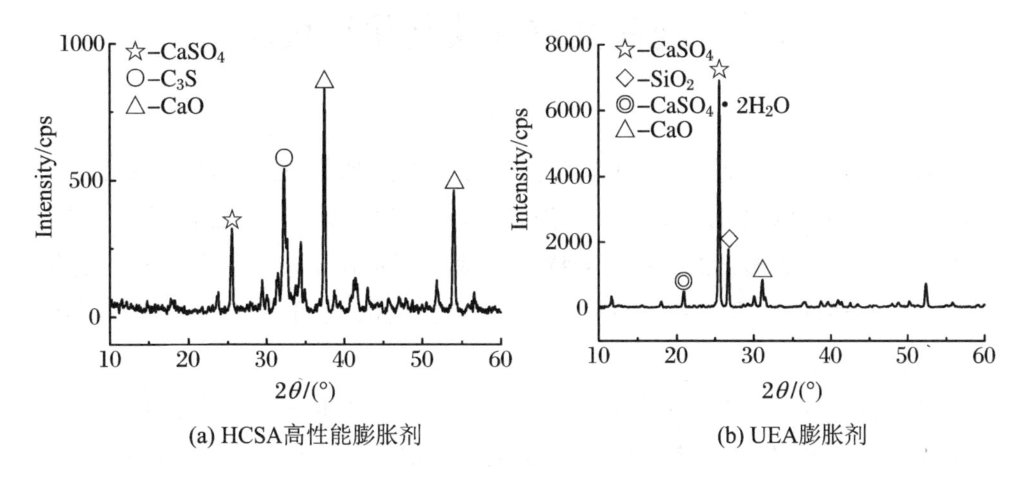

(a) HCSA高性能膨胀剂　　(b) UEA膨胀剂

图 2.7　4 种膨胀剂 XRD 试验图谱

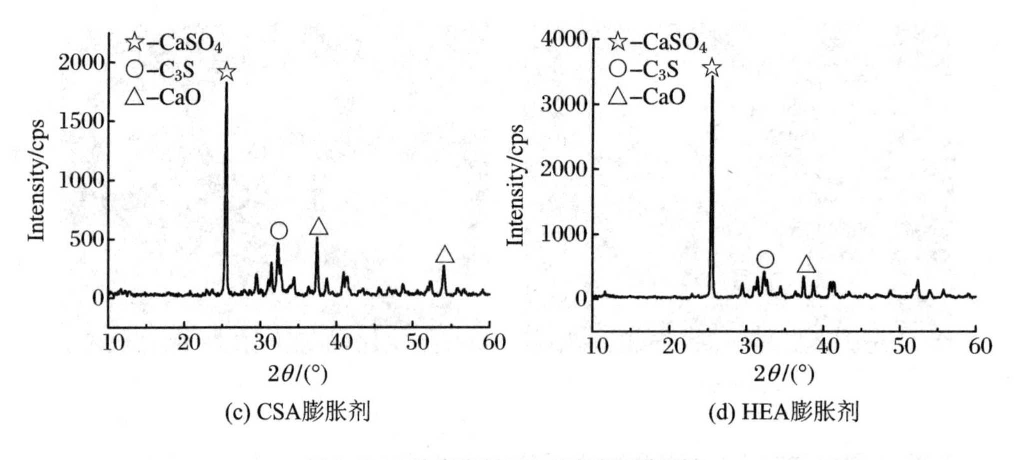

图 2.7　4 种膨胀剂 XRD 试验图谱(续)

从图 2.7 中可以看出,HCSA 高性能膨胀剂、CSA 膨胀剂和 HEA 膨胀剂中主要含有 CaO、$CaSO_4$ 和 C_3S 结晶体,HCSA 高性能膨胀剂中 CaO 结晶物质衍射峰值较强,表明该结晶物质较多,膨胀剂中 CaO 是主要膨胀源;CSA 和 HEA 膨胀剂中$CaSO_4$ 晶体物质衍射峰值最强,该种膨胀剂中$CaSO_4$ 为主要膨胀源;UEA 膨胀剂中主要含有SiO_2、$CaSO_4$ 和石膏结晶体,$CaSO_4$ 结晶物质峰值最大,表明该种结晶物质最多;通过 XRD 分析可以看出每种膨胀剂中各种材料的矿物成分、结晶物质的相对含量,以及每种膨胀剂的主要膨胀源。

2.4　速凝剂成分及其作用机理

速凝剂是专门为喷射混凝土施工特制的一种超快硬早强的水泥混凝土外加剂,掺配后水泥混凝土的初凝时间不超过 3 min,初凝后就具备了抵抗混凝土自重脱落的能力[73]。速凝剂的这些优异特性,使其广泛应用于矿山巷道支护、公路隧道支护、边坡防护、地下洞室等喷射或喷锚混凝土结构,也可用于需要速凝堵漏的混凝土或砂浆中。

掺用速凝剂的主要目的是使新喷料迅速凝结,增加一次喷层厚度,减小回弹,缩短初喷和复喷之间的时间间隔,提高喷射混凝土的早期强度,以便及时提供支护抗力。

2.4.1　试验材料

试验所用速凝剂是淮南矿业集团生产的 D 型速凝剂。该速凝剂为灰色粉末，部分溶于水，溶液 PH 约为 11.0，松散容重为 0.53 g/cm^3，其熟料化学组成成分见表 2.4。

表 2.4　速凝剂熟料的化学组成

SiO_2	MgO	Al_2O_3	Na_2O	Fe_2O_3	K_2O	CaO	SO_3	烧失量	其他
23.5%	1.53%	37.33%	2.80%	2.44%	2.14%	13.80%	4.45%	10.12%	1.89%

2.4.2　速凝剂的作用机理

速凝剂是一种能使混凝土快速凝结硬化的外加剂。速凝剂的主要种类分为无机盐类和有机物类。常用的速凝剂是无机盐类速凝剂。无机盐类速凝剂按其主要成分大致可分为三类：以铝酸钠为主要成分的速凝剂；以铝酸钙、氟铝酸钙等为主要成分的速凝剂；以硅酸盐（Na_2SiO_3）为主要成分的速凝剂。主要型号有红星 1 型、711 型、782 型、8604 型、WJ-1 型、J85 型等[73]。

速凝剂作用机理主要表现在：生成大量的水化铝酸钙和水化硫铝酸钙（钙矾石）。硅酸盐水泥熟料磨细加水后，C_3A 会立即与水反应，形成大量的水化铝酸钙，水化铝酸钙结晶生长，晶体相互搭接，使得水泥浆体瞬时凝结。

混凝土中所掺入的速凝剂与水泥中的石膏发生了化学反应，典型的铝氧熟料是速凝剂组成在水泥浆体中发生以下化学反应[72]：

$$Na_2CO_3 + CaO + H_2O \longrightarrow CaCO_3 + 2NaOH$$

$$Na_2CO_3 + CaSO_4 \longrightarrow CaCO_3 + Na_2SO_4$$

$$NaAlO_2 + 2H_2O \longrightarrow Al(OH)_3 + NaOH$$

$$2NaAlO_2 + 3CAO + 7H_2O \longrightarrow 3C_3AH_6 + 2NaOH$$

$$2Al(OH)_3 + 3CaO + 3H_2O \longrightarrow 3C_3AH_6$$

反应中得到的 NaOH 与水泥中的石膏之间建立以下平衡：

$$2NaOH + CaSO_4 = Na_2SO_4 + Ca(OH)_2$$

速凝剂水解得到的 NaOH 与石膏反应，生成 $Ca(OH)_2$，使溶液中的 $CaSO_4$ 浓度显著降低，石膏的缓凝作用消失，C_3A 得以迅速水化生成水化铝酸钙，同时形成大量的 C—S—H 凝胶和氢氧化钙晶体，其中石膏则转换成柱状的钙矾石晶体。由于石膏消耗而使水泥中的 C_3A 迅速进入溶液，生成水化物，使水泥浆迅速凝结硬化，另外，在水泥-速凝剂-水体系中，由于溶液中 $Ca(OH)_2$、SO_4^{2-}、AlO_2^- 等组分结合而生成高硫型水化硫铝酸钙，又使 $Ca(OH)_2$ 的浓度下降，从而促进了 C_3S 的水化。$CaSO_4$ 和 $Ca(OH)_2$ 均匀地分布在凝胶中，形成较致密的结构。此时水泥浆体中只存在 $Ca(OH)_2$、$CaCO_3$、C_3AH_6 晶体，这些晶体生长、发育在水泥颗粒之间交叉形成网状结构导致速凝，同时，反应热的释放加快和促进凝结过程[74]。

2.4.3　电镜扫描和 X 射线衍射试验

由图 2.8 的 SEM 照片可以看出，速凝剂颗粒大小比较均匀，平均粒径为 10 μm。从图 2.9 得出 D 型速凝剂的主要成分有 SiO_2、$NaAlO_2$ 和 Na_2CO_3 晶体，通过衍射峰值可以得出 SiO_2、$NaAlO_2$ 晶体的含量较高，表明该材料是以铝氧熟料为主的速凝剂。

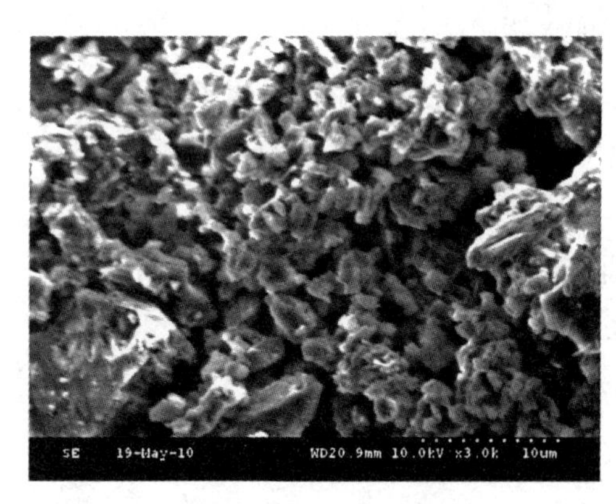

图 2.8　D 型速凝剂 SEM 照片

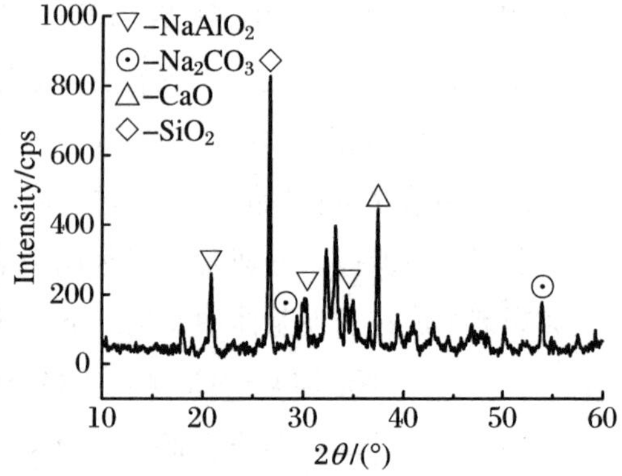

图 2.9　D 型速凝剂 XRD 结果

2.5 膨胀剂、速凝剂和水泥相容性试验研究

2.5.1 试样制备

为了研究膨胀剂、速凝剂和水泥之间的相容性，采用电镜扫描和XRD试验，分析三元复合胶凝材料的内部成分及晶体形貌。采用上述膨胀剂、速凝剂和水泥进行样品制备，按质量分数取87%的矿渣水泥+5%的速凝剂+8%的膨胀剂，为了确保水灰比，每种样品加入相同质量的水进行搅拌，制成水泥浆体试件，6 h后放入(20±1)℃水中养护，到3 d和28 d龄期后，采用烘箱烘干，并把试块破碎至边长为1 cm的立方块，一部分试块磨碎后进行XRD试验，另外一部分选择适合电镜试验的试样用于扫描电镜检测。

2.5.2 矿渣水泥、膨胀剂和速凝剂复合胶凝材料微观结构试验

从图2.10中可以看出，矿渣水泥、膨胀剂和速凝剂水化3 d时，水泥颗粒边界模糊，水化产物中有少量的针状钙矾石，AFt晶体长大，相互交织，构筑成水泥石骨架。有少量的花朵状和片状的C—S—H凝胶出现并包裹在AFt和$Ca(OH)_2$等晶体周围，相互胶结在一起。水化28 d时，可以看出，四种产物表面有许多立方体的$Ca(OH)_2$生成，附着在表面，C—S—H凝胶体已经形成网状和钙矾石形成水泥石结构，但是内部孔洞较多。C—S—H凝胶是矿渣硅酸盐水泥水化反应的最主要产物，与硅酸盐的水化产物相比，它的钙硅比普遍较低，并且变化范围较大，但是仍然比矿渣中的钙硅比要高。从整个形貌上分析，矿渣硅酸盐水泥浆体硬化后的主要水化产物包括C—S—H凝胶体、水化铝酸镁(M_5AH_{13})、钙矾石($C_6AS_3H_{32}$)、氢氧化钙(CH)和水化铝酸四钙(C_4AH_{13})等。

(a) HCSA水化3 d的SEM照片

(b) HCSA水化28 d的SEM照片

(c) UEA水化3 d的SEM照片

(d) UEA水化28 d的SEM照片

(e) HEA水化3 d的SEM照片

(f) HEA水化28 d的SEM照片

图 2.10　矿渣水泥、膨胀剂和速凝剂复合胶凝材料的 SEM 图

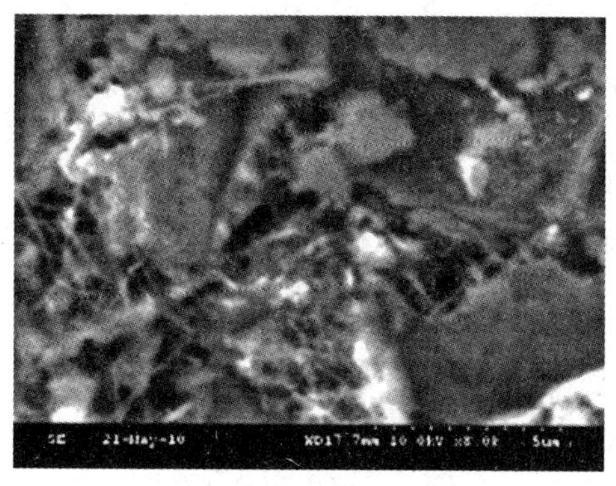

(g) CSA水化3 d的SEM照片

(h) CSA水化28 d的SEM照片

图 2.10　矿渣水泥、膨胀剂和速凝剂复合胶凝材料的 SEM 图(续)

从图 2.11 矿渣水泥-膨胀剂-速凝剂复合胶凝材料的 XRD 图谱可以看出，四种材料主要水化产物基本相同，3 d 龄期时，$Ca(OH)_2$ 晶体最多，随着龄期的增长 $Ca(OH)_2$ 晶体逐渐减少，AFt 晶体和 $CaCO_3$ 晶体逐渐增多，至 28 d 时趋于稳定，与 SEM 结果相一致。3 d 时 HCSA、UEA 和 HEA 水化产物的衍射峰值比较多，晶体成分也较多，而 CSA 产物中 $Ca(OH)_2$ 峰值最大，其他产物峰值不明显，还有一定的 C_2S 没有水化，已经出现少量的钙矾石。28 d 时，钙矾石峰值增大较快，相比较而言，CSA 膨胀剂中，钙矾石和 $Ca(OH)_2$ 衍射峰值最大；HCSA 膨胀剂中，钙矾石和 $Ca(OH)_2$ 衍射峰值最小。水化 28 d 时，四种胶凝材料水化产物中仍有部分存在 C_2S，表明矿渣水泥、膨胀剂和速凝剂之间的适宜性不太好，水化反应缓慢，不适宜配制早强混凝土。

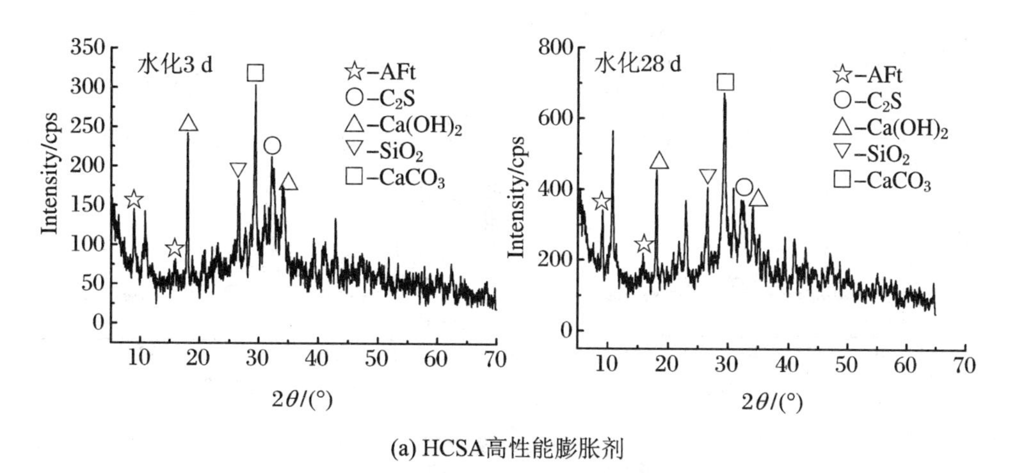

(a) HCSA高性能膨胀剂

图 2.11　矿渣水泥-膨胀剂-速凝剂复合胶凝材料的 XRD 图谱

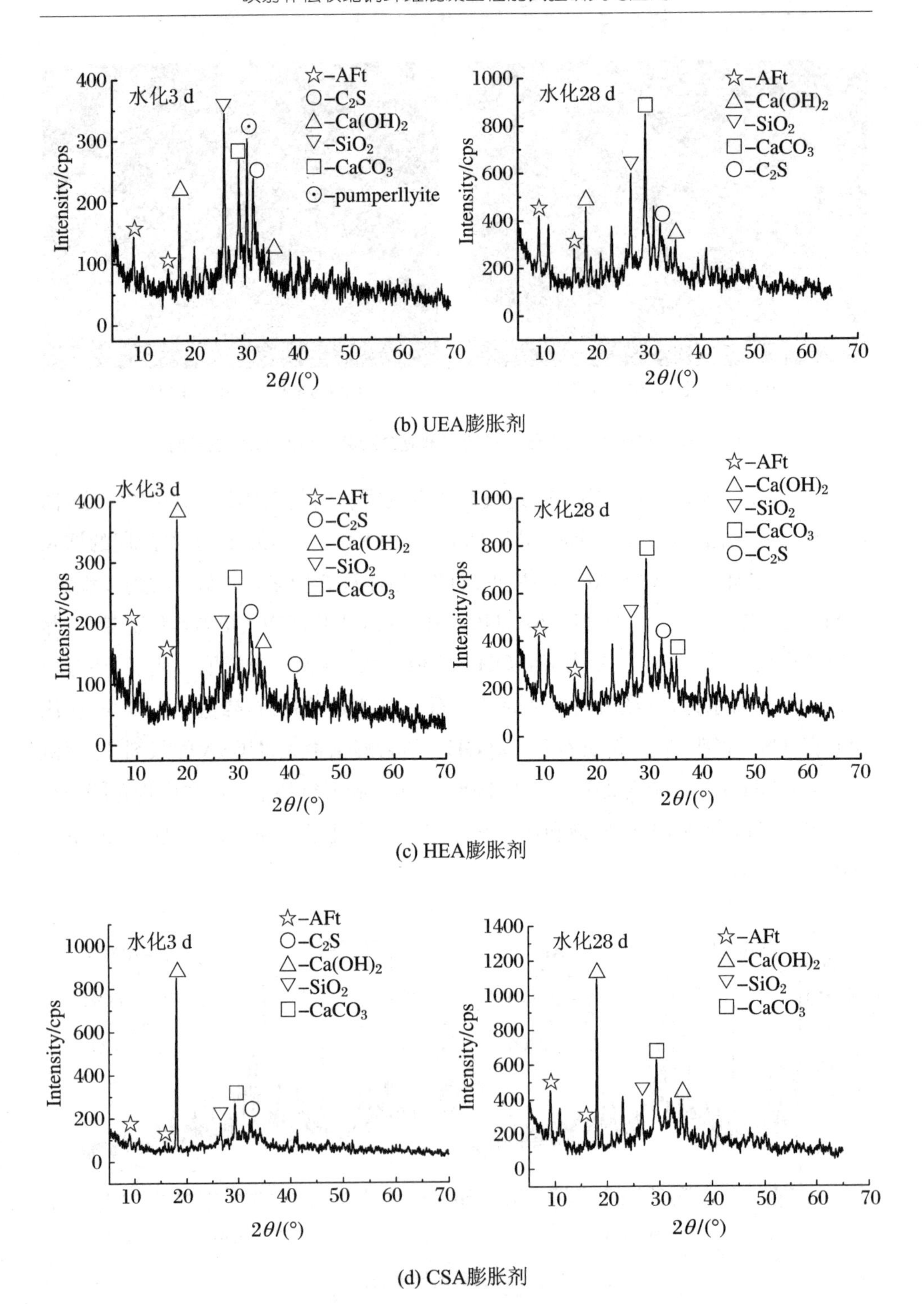

(b) UEA膨胀剂

(c) HEA膨胀剂

(d) CSA膨胀剂

图 2.11　矿渣水泥-膨胀剂-速凝剂复合胶凝材料的 XRD 图谱(续)

2.5.3　硅酸盐水泥、膨胀剂和速凝剂复合胶凝材料微观结构试验

从图 2.12 可以看出水化 3 d 时，每种水泥浆结构出现许多针状钙矾石，纤维状、片状 C—S—H 凝胶与 $Ca(OH)_2$ 相互交叉形成一个整体，可清晰地观察到片状、层状的 $Ca(OH)_2$ 叠层缜密的排布以及相互交错形成网状结构和 AFt 成簇生长，但是针状和柱状的钙矾石发育不是很好，相互搭接不是很紧密，有少量的孔洞[75,76]。相比较而言，图 2.12(g)、(h)中 CSA 膨胀剂水泥浆可以看到针状的钙矾石要比其他三种膨胀剂产生的钙矾石要大。水化 28 d 时，絮状、纤维状 C—S—H 凝胶，棒状、针状 AFt，片状、层状 $Ca(OH)_2$ 的数目明显增多，C—S—H 凝胶体形成网状包裹在钙矾石表面，而且这些水化产物成长发育的比较快，已经形成致密的水泥石结构。

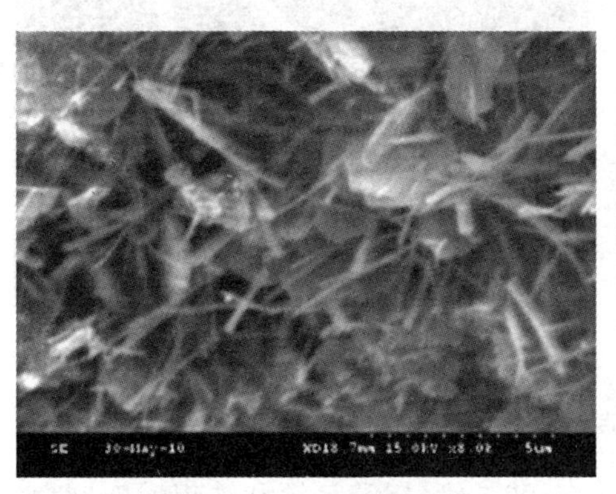
(a) HCSA水化3 d的SEM照片

(b) HCSA水化28 d的SEM照片

(c) UEA水化3 d的SEM照片

(d) UEA水化28 d的SEM照片

图 2.12　硅酸盐水泥-膨胀剂-速凝剂复合胶凝材料的 SEM 图

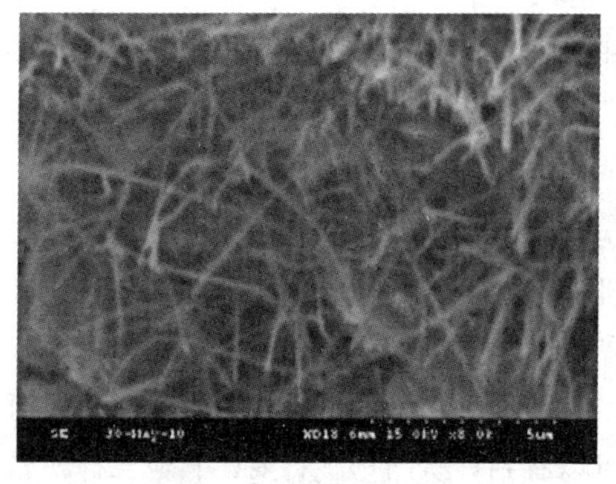

(e) HEA水化3 d的SEM照片

(f) HEA水化28 d的SEM照片

(g) CSA水化3 d的SEM照片

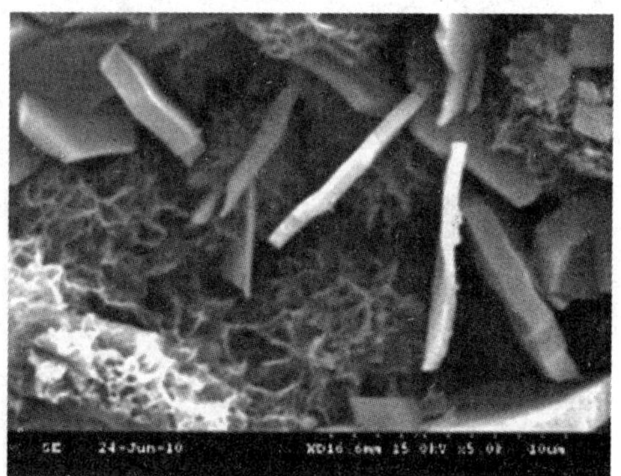

(h) CSA水化28 d的SEM照片

图 2.12　硅酸盐水泥-膨胀剂-速凝剂复合胶凝材料的 SEM 图(续)

普通硅酸盐水泥主要成分为硅酸三钙、硅酸二钙、铝酸三钙和铁铝酸四钙，水泥发生水化反应，生成相应的物质 $Ca(OH)_2$、$CaCO_3$ 和钙矾石。从图 2.13 可以看出四种膨胀剂与速凝剂配制的水泥浆水化产物基本相同，水化 3 d 时，水化产物均有钙矾石生成，UEA 膨胀剂和 CSA 膨胀剂中钙矾石的衍射峰值相对较强，表明该物质在水泥浆体中结晶度较好。水化 28 d 的 XRD 图谱中，水化产物的生成量进一步增加，衍射峰值进一步升高，表明各物质的相对含量有明显差异。其中钙矾石、$Ca(OH)_2$ 和 $CaCO_3$ 峰值变化最为明显。水化产物中的 $Ca(OH)_2$有利于水泥水化反应，而钙矾石能增强砂浆强度；石英(SiO_2)的 XRD 图谱衍射峰在浆体衍射图谱中明显增强且峰宽减小，因为新生的 SiO_2晶型比原先的更加细长，在水泥浆中有利于增加强度，这说明它们没有参加水泥水化反应，但因原料是磨细材料，可以在浆体中充当细集料的作用，能够增强水泥浆的强度[78,79]。相比较而言，四种膨胀剂中，掺 CSA 膨胀剂 28 d 的衍射峰值变化趋势最大，28 d 时钙矾石晶体的衍射峰值没有降低，而 $Ca(OH)_2$、$CaCO_3$ 晶体峰值明显增强，这将有利于混凝土强度发展。

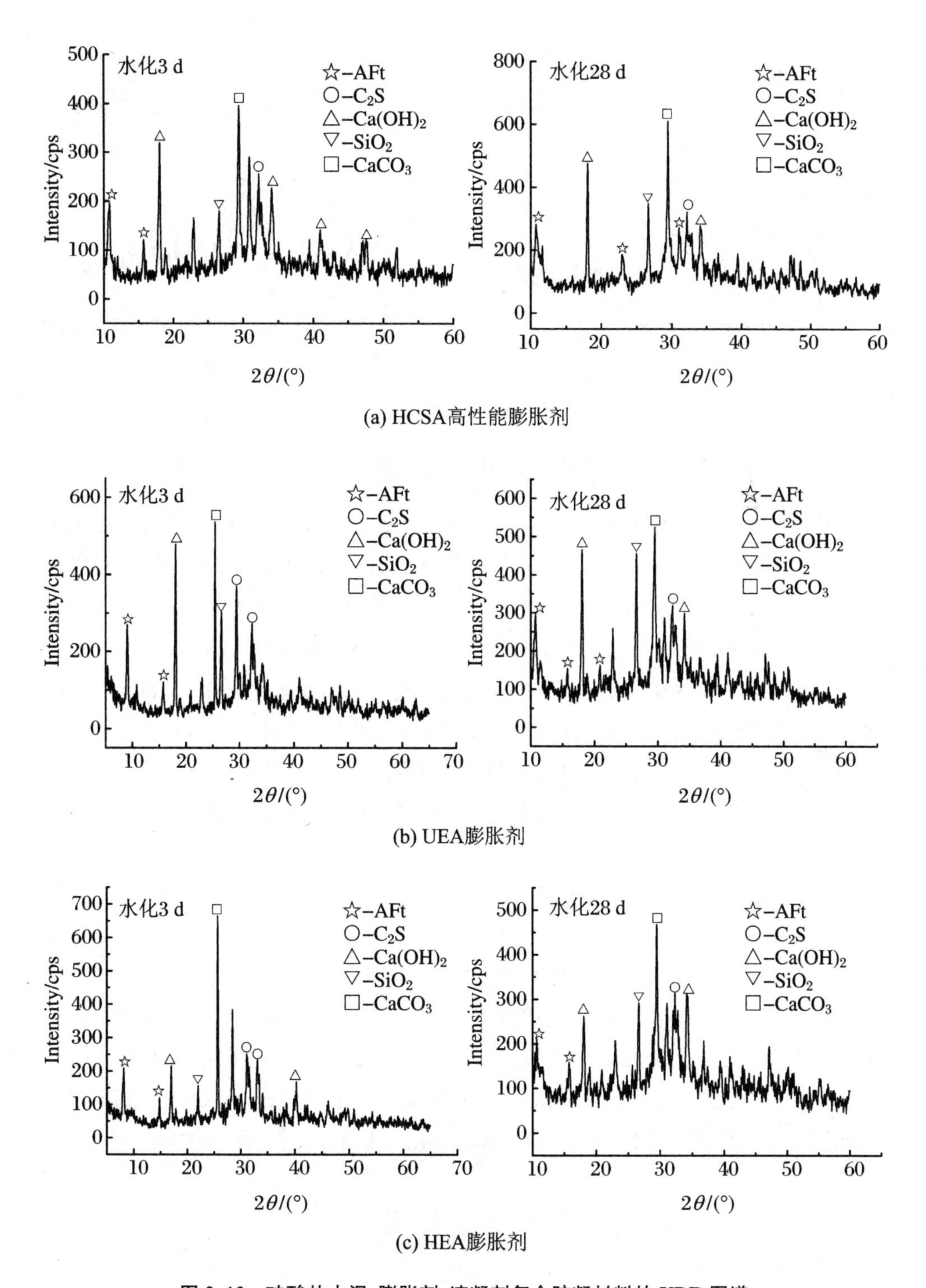

图 2.13　硅酸盐水泥-膨胀剂-速凝剂复合胶凝材料的 XRD 图谱

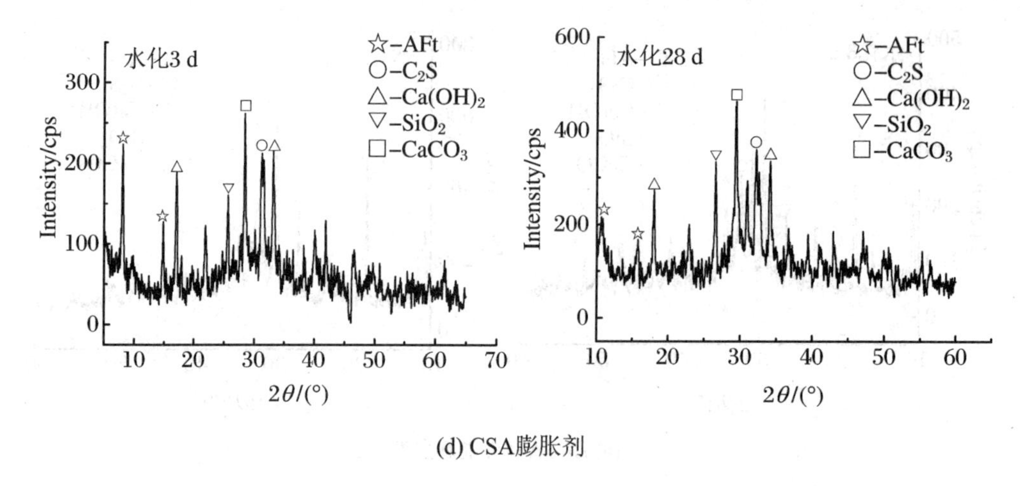

(d) CSA膨胀剂

图 2.13　硅酸盐水泥-膨胀剂-速凝剂复合胶凝材料的 XRD 图谱(续)

由矿渣水泥与硅酸盐水泥浆体试验结果对比分析可知,矿渣硅酸盐水泥浆体最主要的差别是 CH 含量显著降低、C—S—H 的钙硅比明显降低,其形貌和物理性质也发生相应变化,同时孔隙率也不断增加。从 XRD 分析可知,矿渣水泥浆体中矿物晶体成分较多,水化 3 d 水泥浆体中含有 C_2S 矿物晶体,而硅酸盐水泥浆体水化 3 d 中含有 C_3S 矿物晶体,四种膨胀剂组成的水泥浆体中水化产物基本一样,矿渣水泥早期强度发展较慢,普通硅酸盐水泥早期强度发展快,后期比较稳定。综上分析可知,两种水泥由于自身的矿物成分不同,其水化产物有所不同,结合微观结构试验可以得出,硅酸盐水泥比矿渣水泥更适合配制喷射补偿收缩混凝土。

2.5.4　水泥浆体结构

从图 2.14 中可以看出掺膨胀剂和速凝剂后浆体结构断面上有很多小孔,主要是水泥水化产生的气泡造成的,但是从图片上可以发现,掺 HEA 和 CSA 膨胀剂的水泥石断面孔洞比较少,结构面相对比较密实,表明膨胀剂水化产生的钙矾石和 C—S—H 凝胶正好填充在这些毛细孔缝和缺陷中,从宏观上判定掺 HEA 和 CSA 膨胀剂配制的水泥浆具有致密的浆体结构,有利于提高补偿收缩混凝土抗渗防裂性能。

本 章 小 结

本章主要采用电镜扫描和 X 衍射试验方法对水泥-膨胀剂-速凝剂复合胶凝材料的相容性进行微观结构试验,得出以下结论:

(a) HCSA　　(b) UEA

(c) HEA　　(d) CSA

图 2.14　水泥石结构面形貌

(1) 分析了水泥、膨胀剂和速凝剂组成胶凝材料后三者之间的水化反应，得出水泥、膨胀剂和速凝剂三者可以掺合在一起形成相容的胶凝体系。

(2) 采用矿渣水泥和普通硅酸盐水泥、膨胀剂和速凝剂进行微观结构试验，分析复合胶凝材料水化 3 d 和 28 d 时，钙矾石晶体生成的速度和数量，以及其他矿物成分。综合比较定性得出 CSA 膨胀剂、硅酸盐水泥和速凝剂的适宜性好，在 XRD 试验分析中，钙矾石晶体的衍射峰值较强，且从 SEM 照片中也可以看出，钙矾石和 C—S—H 凝胶体，且 C—S—H 充满在 AFt 的周围，有利于喷射混凝土的早期强度要求。

(3) 速凝剂的速凝作用，使得早期生成的钙矾石较多，结晶度好，C—S—H 凝胶体形成快。根据水泥浆体内部结构观察，加入适量的膨胀剂后混凝土的内部结构变得密实，孔洞较少，有利于提高喷射补偿收缩混凝土抗渗防裂性能。

第3章　钢纤维和膨胀剂对混凝土协同增强机理分析

3.1　概　述

膨胀混凝土是一种特种混凝土，分为补偿收缩混凝土与自应力混凝土两类。随着科学技术的进步与发展，膨胀混凝土的品种、性能以及应用范围不断增加与扩大，同时可以配制具有高强、早强、抗渗等优良特性的混凝土。

众所周知，混凝土的开裂一直是混凝土施工的技术难题。膨胀混凝土以其膨胀来抵消(或补偿)部分或全部导致开裂的收缩，从而减轻或避免普通混凝土的开裂。这种补偿收缩功能，使得膨胀混凝土成为一种极有发展前途的防渗阻裂新型结构材料。

3.2　补偿收缩混凝土作用机理

补偿收缩混凝土的胀缩特征曲线如图3.1所示。在养护期间，膨胀剂依靠自身的化学反应或与水泥中的其他成分反应，产生一定的限制膨胀来补偿混凝土的收缩，从而达到抗渗防裂的目的。但它在干燥空气中同样会产生干缩，收缩落差比普通混凝土要低30%左右，一般小于极限拉应变而不会开裂。由于补偿收缩混凝土干缩开始时间比较滞后，而在此期间混凝土已经具备了一定的抗拉强度，能够抵抗由混凝土干缩产生的拉应力，因而可有效减免有害裂缝的产生，这就是补偿收缩混凝土的作用机理。

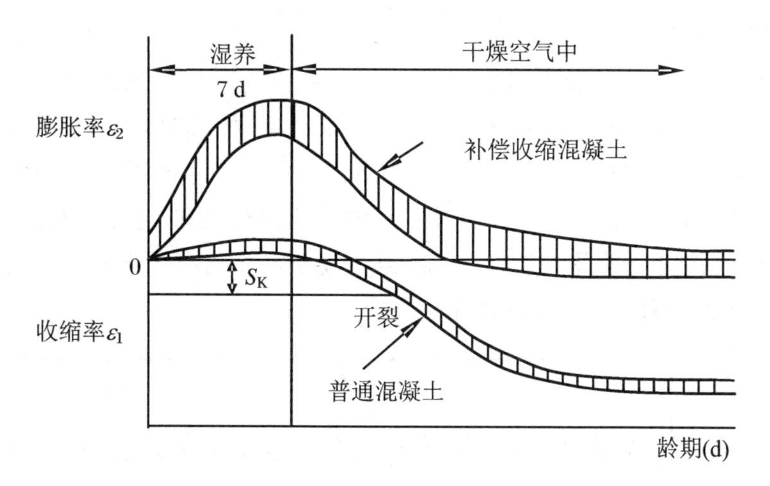

图 3.1　补偿收缩混凝土胀缩特征曲线

3.3　钢纤维混凝土增强和破坏机理

3.3.1　增强机理

在钢纤维混凝土中,钢纤维对基体的作用主要表现为阻裂、增强和增韧,钢纤维混凝土与普通混凝土相比其各种物理力学性能都得到改善。阻裂作用是指钢纤维对新拌混凝土早期收缩裂缝和硬化后收缩裂缝产生和扩展阻碍作用。增强作用主要为钢纤维对混凝土基体抗拉强度的提高,相应地,以主拉应力为控制破坏的,如抗折强度、抗剪强度等也随之提高。由于钢纤维具有较高的弹性模量,使得钢纤维混凝土的抗压强度也有一定的提高。材料韧性通常是指材料在各种受力状态下进入塑性阶段并保持一定抗力的变形能力。钢纤维混凝土与素混凝土的最大区别在于其韧性的显著改善,钢纤维混凝土优良韧性性能主要表现在结构有较大的变形能力。

由于钢纤维混凝土是一种多相、多组分、非均质且不连续的材料,加之不同的纤维形状和表面性能以及不同的施工工艺,造成钢纤维有不同形式的分布,导致钢纤维增强机理十分复杂。自从钢纤维混凝土应用以来,许多专家和学者对其机理进行了研究,应用较为广泛的是复合力学理论、纤维间距理论和界面效应理论三种。

1. 复合力学理论

复合力学理论[80]将复合材料视为多相系统,假定纤维均匀连续平行排列,纤维与基体黏结完好(即产生相同应变 $\varepsilon_c=\varepsilon_f=\varepsilon_m$),纤维与基体均呈现弹性变形,且横向变形相等。应用复合原理来推出纤维混凝土的应力、弹性模量和强度等,并考虑复合材料在拉伸方向上有效纤维体积率的比例、非连续性短纤维的长度和取向的修正以及混凝土的非均匀特性。钢纤维混凝土可简化为纤维为一相,混凝土为一相的两相复合材料,如图 3.2 所示。

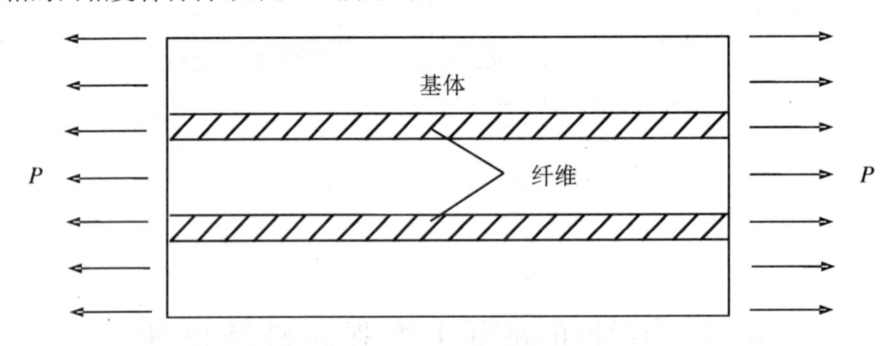

图 3.2 复合材料受力情况

根据基本假定,当沿纤维方向施加外荷载时,可采用式(3.1)计算顺向连续纤维复合材料的平均应力 f_c:

$$f_c = f_f\rho_f + f_m\rho_m = f_m(1-\rho_f) + f_f\rho_f \tag{3.1}$$

式中,f_c——复合材料的拉应力,MPa;

f_m,f_f——基体、钢纤维的拉应力,MPa;

ρ_m,ρ_f——基体、钢纤维的体积率,%。

由于纤维和基体的变形相同,由式(3.1)得

$$\frac{df_c}{d\varepsilon_c} = \frac{\partial(f_f\rho_f)}{\partial f_f}\frac{df_f}{d\varepsilon_c} + \frac{\partial(f_f\rho_f)}{\partial\rho_f}\frac{d\rho_f}{d\varepsilon_c} + \frac{\partial(f_m\rho_m)}{\partial f_m}\frac{df_m}{d\varepsilon_c} + \frac{\partial(f_m\rho_m)}{\partial\rho_m}\frac{d\rho_m}{d\varepsilon_c}$$

根据假定条件有:$\frac{d\rho_f}{d\varepsilon_c}=0$;$\frac{d\rho_m}{d\varepsilon_c}=0$。

当纤维和基体均为弹性材料时,即 $d\varepsilon_c=d\varepsilon_f=d\varepsilon_m$,则上式变为

$$E_c = E_f\rho_f + E_m\rho_m = E_m(1-\rho_f) + E_f\rho_f \tag{3.2}$$

式中,E_c,E_m,E_f——复合材料、基体和钢纤维的弹性模量,GPa;

$\varepsilon_c,\varepsilon_m,\varepsilon_f$——复合材料、基体和钢纤维的应变。

基于复合力学理论,混凝土基体开裂时所对应的荷载或应力为复合材料的破坏荷载或极限强度。因此,式(3.1)和式(3.2)仅适用于钢纤维在混凝土定向连续分布,用来计算初裂应力,而不能计算极限强度,由钢纤维混凝土的应力-应变曲线

可知，当混凝土基体初裂时，钢纤维混凝土并未破坏，当荷载大于其临界值时，混凝土基体开裂后，钢纤维能够承担因基体开裂转移的荷载，直到最终达到钢纤维混凝土的极限抗拉强度，初裂强度和极限强度有明显不同，其差值随 ρ_f 增大而提高。开裂前钢纤维混凝土的抗拉强度符合复合力学理论，而开裂后钢纤维混凝土的抗拉强度呈现明显的非线性变化，如果沿用复合力学理论，则必须对式(3.1)和式(3.2)进行修正。由于钢纤维在混凝土基体中的"乱向"和"短"的特点，引入方向有效系数 η_θ，钢纤维混凝土的破坏通常是因钢纤维从基体中拔出而引起，当纤维长度小于其临界值时，对于受力方向长度为 l_f 的钢纤维，其平均拔出长度为 $l_f/4$，考虑到纤维方向有效系数则取 $\eta_\theta l_f/4$，在拔出过程中单根纤维的拉应力如式(3.3)和式(3.4)。

$$\frac{\pi d_f \tau \eta_\theta l_f}{4} = \frac{f_f \pi d_f^2}{4} \tag{3.3}$$

$$f_f = \frac{\tau \eta_\theta l_f}{d_f} \tag{3.4}$$

式中，τ——界面黏结强度，MPa；

η_θ——钢纤维方向系数；

f_f——钢纤维拉应力，MPa。

当 $f_m = f_{mu}$ 时，f_{mu} 为基体强度，则

$$f_c = f_m(1-\rho_f) + \eta_\theta \tau \frac{l_f}{d_f}\rho_f \tag{3.5}$$

式(3.5)是按复合力学理论经修正后得到的适合于乱向分布短钢纤维增强混凝土抗拉强度的计算公式，该式表明复合材料的强度是由纤维体积率(ρ_f)、长径比(l_f/d_f)、混凝土基体强度(f_m)、基体与纤维间界面黏结强度(τ)以及纤维有效系数等综合因素决定的。

2. 纤维间距理论

纤维间距理论又称纤维阻裂理论[81-84]，该理论建立在线弹性断裂力学的基础上，认为混凝土的破坏是因其内部存在微裂缝、孔隙等初始缺陷，在外力作用下产生的应力集中造成的，并根据理论与试验研究得出：

$$S = 13.8 d_f \sqrt{\frac{1}{\rho_f}} \tag{3.6}$$

式中，S——纤维平均间距，mm；

d_f——纤维直径，mm；

ρ_f——纤维体积率，%。

纤维间距理论是根据线弹性断裂力学理论解释纤维对裂缝发生和发展的约束

作用，认为提高混凝土这种本身带有内部缺陷脆性材料的抗拉强度，必须尽可能地减少混凝土内部缺陷，提高其韧性，降低裂缝尖端的应力强度因子，减缓裂缝尖端的应力集中作用；故在裂缝处用纤维连接，受拉时跨越裂缝的纤维将荷载传递给裂缝的上下表面，使裂缝处混凝土仍能保持承载工作状态。这样，因裂缝而产生的孔边应力集中程度得到缓和，随着桥接裂缝纤维数目的增多，纤维间距越小，缓和裂缝尖端应力集中程度就越大，对裂缝尖端产生的反向应力场也越大，当纤维数量增加到密布于裂缝时，应力集中就会消失，可进一步展现出纤维的阻裂效应；即在复合材料结构形成和受力破坏的过程中，能够有效地提高复合材料受力前后阻止裂缝引发与扩展的能力，达到钢纤维对基体混凝土增强与增韧的目的[80]。Swamy等[85]认为有效间距系数的概念不仅仅是统计地描述纤维中心的间距，还应该说明纤维-基体的相互作用和破坏方式，其表达式应包括影响间距的纤维形状的因素，指出当纤维的长度和长径比变化时，根据抗弯强度-间距系数，给出不同的曲线，得出的有效纤维间距表达方式为

$$S = 25\sqrt{\frac{d_f}{\rho_f l_f}} \tag{3.7}$$

式中，S——纤维平均间距，mm；

d_f——纤维直径，mm；

ρ_f——纤维体积率百分数；

l_f——纤维长度。

短钢纤维对混凝土的增强，可解释为短钢纤维对裂缝的产生和扩展起到约束作用，即钢纤维的加入起到抵消应力场强度因子，减缓裂缝尖端应力集中的作用。以顺向连续纤维增强的混凝土为例，图 3.3(a)为说明纤维间距理论的力学模型。假定纤维平均间距为 S，半径为 a 的裂纹发生在四根纤维所围成的区域中心，由于拉应力的作用，在邻近于裂缝的纤维周围将产生如图 3.3(b)所示的黏结力分布。纤维间距理论认为，如果设拉应力引起的内部裂缝端部应力强度因子为 K_σ，与裂缝端部相邻近的纤维与混凝土间的黏结应力 τ 产生的起约束作用的反向场的应力强度因子为 K_f，则总的应力强度因子 K 就将减小，即

$$K = K_\sigma - K_f < K_c \tag{3.8}$$

式中，K——复合材料实际应力强度因子；

K_σ——外力作用下无钢纤维时应力强度因子；

K_f——钢纤维掺入而产生相反的应力强度因子；

K_c——临界应力强度因子。

单位面积内的纤维数量越多，即纤维间距越小，强度提高的效果越好。由此得出，纤维混凝土的抗拉强度和纤维平均间距 S 的平方根的倒数成正比[86]，即

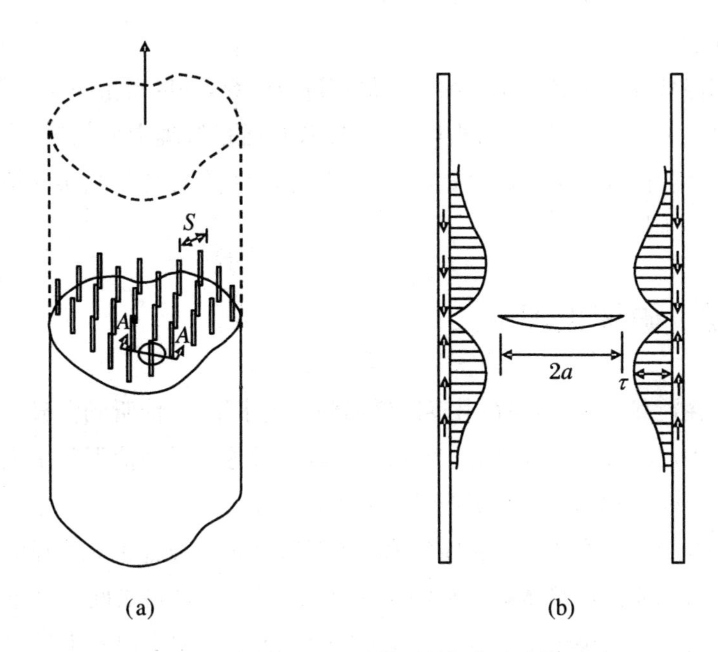

图3.3　纤维间距理论模型的纤维约束模型

$$R = \frac{l_{\mathrm{f}}}{\sqrt{\frac{S}{2.54}}} \tag{3.9}$$

式中，R——复合材料和基体的抗拉强度之比。

式(3.9)即为纤维间距理论的计算公式。

纤维间距理论能够合理地解释钢纤维对混凝土的增强、阻裂作用，但也存在不足之处，需要另行考虑钢纤维和混凝土之间的黏结强度影响[87]。

3．界面效应理论

界面效应理论[88]认为钢纤维混凝土是颗粒型与纤维型材料混杂的复合材料，其性能取决于混凝土基体特性、钢纤维特性、两者的相对含量与界面黏结。其中界面黏结与界面效应是发挥钢纤维对混凝土增强、增韧与阻裂能力的关键。大量试验和工程实践表明，引起钢纤维混凝土破坏的主要原因是界面黏结过早失效，钢纤维从基体中拔出，使纤维的作用得不到充分发挥，影响增强效果。因此，为了最大限度地发挥钢纤维的作用，增强界面黏结、提高界面效应是十分重要的。

钢纤维混凝土试验研究表明[89]，采用高模量钢纤维可提高混凝土的抗拉强度，而低模量、大变形纤维掺入混凝土后可明显提高其韧性，因而在混凝土中同时掺入适量的高模量和高延性钢纤维则可以达到增强增韧的效果。

因此，为使钢纤维混凝土充分发挥其作用，强化界面与异型纤维复合是一种重要的技术途径。

尽管国内外许多学者对钢纤维增强机理进行研究，并取得了一定成果，但由于钢纤维混凝土的多相、多组分和非均质性，导致其增强机理十分复杂，若再考虑不同施工方式、钢纤维的形状以及粗骨料等因素的影响，则更能反映实际情况的增强理论仍需进一步探讨。

3.3.2 破坏机理

混凝土在荷载作用下，当荷载逐渐增加到一定水平后，能听到混凝土内部破坏的微弱的响声，此时混凝土内部已产生细小裂纹，并逐步发展成混凝土表观上的微裂缝；当荷载继续增加时，这些裂缝慢慢蔓延并贯通。

裂缝扩展的路径取决于材料性能和应力状态。影响裂缝扩展路径的主要因素是混凝土材料性能包括浆体和骨料的相对强度、浆体和骨料之间的黏结强度和变形性能。应力状态取决于是拉应力还是压应力，或是一种应力占主导地位的复合应力。

钢纤维混凝土可以看成由基相、分散相以及结合面组成的三相复合材料[90,91]，其破坏特征主要是由基相和分散相及其结合面的力学性质决定的。在水泥水化期间，由于基相和集料、钢纤维的热膨胀系数及弹性模量的不同，其界面在受力前就产生了微裂缝，但这些微裂缝是不连续的。同时在集料与水泥石间有一过渡层，主要由水泥水化产生的 $Ca(OH)_2$ 结晶体组成，与其他部分的水泥石相比，界面过渡层多孔、稀疏，是混凝土中最薄弱的部位[92]。界面过渡层的形成与集料大小、形状及表面结构有关，其强度是由集料和水泥浆体间的化学或机械黏结力决定的。由于搅拌成型后混凝土的泌水作用和干燥期间水泥浆的收缩受到骨料的限制，这些隐蔽的结合面就逐渐形成了微裂缝，即所谓骨料界面处的黏结裂缝。当荷载作用于复合材料时，这些微裂缝进一步发展到砂浆和水泥石的界面，扩展成宏观裂缝，其破坏过程就是裂缝的产生、发展和失稳的过程。

在外力作用下，钢纤维混凝土内部的界面微裂缝尖端形成应力集中，并使微裂缝沿混凝土中的最薄弱区——水泥石与集料界面扩展，并随着荷载增大而扩展到基体中。当荷载达到某一临界状态时，混凝土中的主裂缝发生不稳定扩展，并相互贯通形成破坏面，从而导致混凝土整体失去承载能力。

钢纤维混凝土单轴抗压试验表明，混凝土内部众多的裂缝尖端应力集中是引起混凝土基体开裂的主要原因，而随着裂缝的发展程度不同，其破坏全过程可分为[93]：弹性阶段、裂缝稳定扩展阶段、裂缝失稳扩展阶段和纤维拔出阶段。相应地，根据钢纤维混凝土材料组织结构的体系水平和裂缝发展程度，其破坏可分为四个阶段：

第一阶段为黏结裂缝发展阶段。对应于应力-应变关系中弹性阶段的末端，此时砂浆与粗骨料界面上的微裂纹开始稳定、缓慢地发展。但由于集料中的钢纤维有边壁效应，钢纤维平行集料边壁分布，与界面裂缝平行，起不到增强阻裂的作用。

第二阶段为砂浆破坏阶段。对应于裂缝稳定扩展阶段的末端，此时裂缝扩展进入砂浆，砂和硬化水泥浆的结合面发生破坏，从而导致裂缝扩展进入硬化的水泥浆体。

在此阶段，跨越裂缝的钢纤维开始发挥增强作用，使裂缝扩展的速度减慢，但混凝土试件内部裂缝体系开始变得不稳定，释放的应变能可使裂缝自行扩展直到材料完全破坏。

第三阶段为硬化水泥浆体破坏阶段。此时裂缝迅速失稳扩展，宏观裂缝随之增长，穿过裂缝的钢纤维可有效地阻止裂缝的扩展，试件的韧性有所提高。

第四阶段为钢纤维拔出破坏阶段。随着宏观裂缝的增大，钢纤维逐渐从基体中拔出，此时钢纤维混凝土达到宏观整体破坏。

钢纤维混凝土开裂后的变形主要取决于钢纤维与凝胶体之间的黏结滑移特性。随着钢纤维在开裂面上的脱黏拔出或纤维在开裂面上被逐渐移动，试件慢慢丧失承载力直至发生塑性破坏。试验发现，试件破坏时钢纤维在断裂面处主要是被拔出的。钢纤维被拔出，试件开裂后尚能保持一定的承载力。图3.4可以看出钢纤维混凝土几种破坏形态。从图3.4(a)可以看出：混凝土破坏前，钢纤维混凝土中由混凝土与钢纤维共同承担结构承受的拉应力；当混凝土开裂后，外力会由混凝土基体，沿着钢纤维表面的剪力变形传递到相邻的钢纤维上。一方面，当钢纤维所受的拉应力大于钢纤维和基体的极限黏结应力时，将会导致钢纤维与混凝土基体剥离，钢纤维则发生拉脱破坏；另一方面，当钢纤维受拉变形过大时，因泊松比的作用，使其侧向发生体积收缩，致使其黏结力下降而发生拉脱破坏，如图3.4(b)所示。当界面钢纤维的掺量小于其临界值或者外荷载大于钢纤维的容许拉应力时，将会导致钢纤维被拉断破坏，如图3.4(c)所示。图3.4(d)表明钢纤维混凝土也会因剪力作用发生剪切破坏[94]。

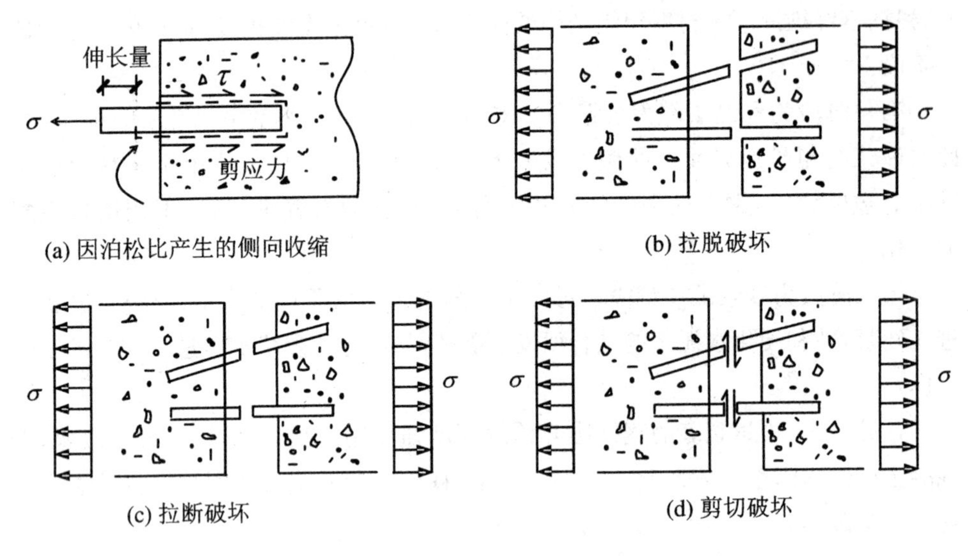

(a) 因泊松比产生的侧向收缩

(b) 拉脱破坏

(c) 拉断破坏

(d) 剪切破坏

图 3.4　钢纤维混凝土几种破坏形态

3.4　补偿收缩钢纤维混凝土补偿模式分析

钢纤维混凝土破坏主要由于钢纤维自身强度不足和其与混凝土间的黏结力不够造成的。而补偿收缩钢纤维混凝土正好可以利用钢纤维在混凝土中呈现乱向分布，其对混凝土的膨胀变形可产生均匀的限制约束作用，可以避免由钢筋的单向限制作用而产生的膨胀应力分布不均等弊病，同时由于钢纤维混凝土中膨胀剂的加入，既可以避免或减少钢纤维混凝土因水泥浆含量过高而产生的干缩变形或开裂，又能使钢纤维混凝土变得更加密实，提高混凝土对钢纤维的侧向压力，从而增强钢纤维与混凝土基体界面间的黏结力，改善混凝土的韧性。

混凝土的抗拉强度仅为抗压强度的7%～12%，抗弯强度的50%～60%，混凝土发生开裂主要是拉应力超过极限抗拉强度引起的。补偿收缩混凝土的补偿模式如图3.5所示。

假如混凝土结构没有受到任何约束，那么自由收缩将不会产生裂缝，因为混凝土收缩时产生的是“相向变形”；假如混凝土在收缩时受到周边或端部的限制或约束，它就不能自由收缩，在混凝土内部将会产生拉应力，即产生“背向变形”。当混凝土内部的拉伸应变达到或者超过混凝土的极限拉应变时就会产生裂缝。混凝土变形常常受到钢筋及周边混凝土的限制，因此混凝土开裂最主要的因素是限制收

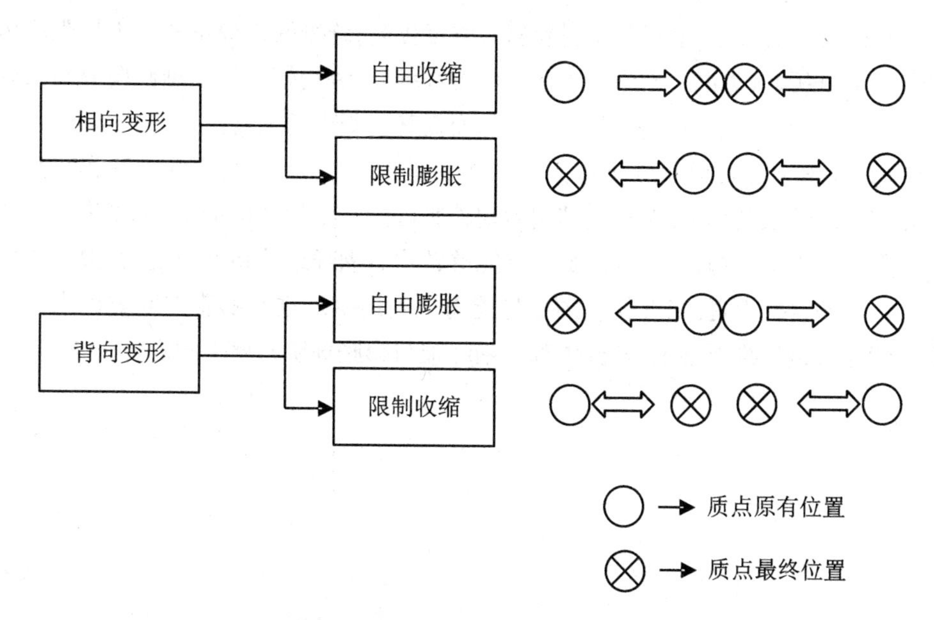

图 3.5　混凝土的膨胀与收缩示意图

缩。混凝土自由膨胀产生的“背向变形”超过极限拉应变时，混凝土就会产生裂缝，若其膨胀受到约束，则混凝土膨胀就会产生“相向变形”，当“相向变形”等于或大于“背向变形”时裂缝则不会发生。

补偿收缩混凝土在自由或单向限制条件下，混凝土会在膨胀能的作用下发生自由变形，这势必会给混凝土内部带来缺陷，从而影响其性能的发挥；钢纤维的掺入在混凝土内部乱向分布起到了均匀的约束作用，能够消耗混凝土内部的膨胀能，改善混凝土的内部结构。通过钢纤维的“抗”和膨胀剂的“放”达到抗渗防裂的目的，体现了“抗放结合”的抗裂原则。钢纤维在混凝土中的三维乱向分布，能够给混凝土提供均匀的内部约束，更好地发挥膨胀剂的性能；膨胀剂的反应物能够填充钢纤维与骨料周围的孔隙，增加了钢纤维与混凝土的黏结力，有利于改善混凝土结构的性能。钢纤维和膨胀剂的复合使用，能够相互取长补短，更好地发挥各自的优势。

本章小结

本章主要从理论上分析补偿收缩混凝土的原理以及钢纤维混凝土的增强机理和破坏特征，主要得出以下结论：

(1) 基于复合力学理论和纤维间距理论分析钢纤维对混凝土基体复合材料强度的增强作用机理。复合力学理论从应力角度分析，认为钢纤维由于承担外荷载产生的部分应力，从而使得整个材料复合强度提高；纤维间距理论从应力场强度因子的角度分析，认为混凝土中掺入适量的钢纤维后，利用钢纤维三维乱向分布来降低混凝土裂缝尖端的应力场强度因子，从而提高混凝土的强度。

(2) 分析补偿收缩钢纤维混凝土的作用机理，得出一方面钢纤维对膨胀剂的膨胀有一定的限制作用，能有效抑制后期膨胀可能产生的结构损伤，可以进一步改善混凝土的内部结构；另一方面膨胀能能够转化为钢纤维的弹性应变，在混凝土中产生一定的自应力，提高混凝土的变形能力。利用钢纤维和膨胀剂双重优点配制出补偿收缩钢纤维混凝土，充分体现了钢纤维与膨胀剂协同增强的复合效应。

第4章　补偿收缩钢纤维混凝土膨胀变形试验研究

膨胀收缩变形是补偿收缩混凝土与普通混凝土有所区别的主要原因。吴中伟院士指出[18]：膨胀收缩变形直接影响混凝土的力学性能。补偿收缩混凝土在无约束的自由膨胀下，其各种强度要比不掺膨胀剂的混凝土强度低，且随着膨胀剂掺量的增加，强度降低越明显。在限制状态下，补偿收缩混凝土的膨胀被约束，能够在混凝土中产生一定的压应力，使混凝土的各项力学性能、抗渗防裂等性能得到改善和提高。因此，膨胀剂的掺量和限制条件是影响补偿收缩混凝土的主要因素。本章主要通过自由膨胀、钢纤维单独约束、钢筋单独约束、钢纤维和钢筋联合约束四种情况对不同配比下的喷射补偿收缩钢纤维混凝土的变形进行试验研究，为喷射补偿收缩钢纤维混凝土的施工设计和工程应用提供依据和参数。

4.1　试验测定与计算方法

1. 补偿收缩混凝土膨胀性能快速试验

试验采用500 mL的玻璃烧杯，以观察烧杯开裂情况的方法来直观评价混凝土的膨胀性能。

2. 自由/限制膨胀率试验

试验采用混凝土尺寸为100 mm×100 mm×300 mm的小梁试件。测定自由膨胀率和钢纤维单独约束条件下的膨胀率时，将小梁放在支架上，并将梁的两端加上100 mm×100 mm的带测头端板测定其膨胀变形值；测定钢筋单独约束及钢纤维和钢筋联合约束条件下的膨胀率时，是将浇筑在纵向限制器上的试件直接放在支架上进行测量。测量图如图4.1所示。

试件16 h后拆模，随后进行长度测量，并以此作为试件的初始长度值。计算龄期从混凝土浇筑成型之日算起，14 d前在温度恒定的水中养护，分别测其1 d、

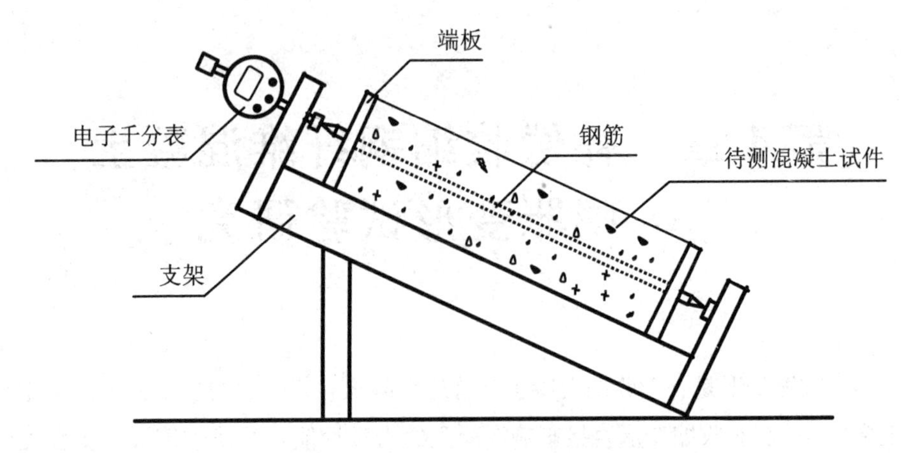

图 4.1　自由/限制膨胀率测量图

3 d、5 d、7 d、14 d 的膨胀率，测量前 2 h 从水中取出晾干，然后再进行测量。14 d 后，将试件放在标准养护室中养护，并测量其在空气中 21 d、28 d 的变化情况。

膨胀率测量过程如图 4.2 所示。测量时，首先用标准杆将电子千分表读数归零，如图 4.2(a)所示；然后取下标准杆，并将待测试件放在支架上，且同一试件放置在支架上的相对位置应保持不变，如图 4.2(b)所示；最后将支架连同试件一并立起，以保证上下两个测头与电子千分表和支架完全接触，如图 4.2(c)所示，待电子千分表读数稳定后记录数据，并计算混凝土膨胀率。

(a)　(b)　(c)

图 4.2　膨胀变形测量过程

各龄期的自由/限制膨胀率按公式(4.1)计算：

$$\varepsilon = \frac{L_1 - L}{L_0} \times 100 \tag{4.1}$$

式中，ε——自由/限制膨胀率，%；

L_1——试件长度测量值，mm；

L——试件初始长度测量值，mm；

L_0——试件基准长度，mm，试验取 300 mm。

自由/限制膨胀率试验每组 3 个试件，并以相近的 2 个测量值的平均值作为该组试验的测量结果，限制膨胀率值应精确至小数点后第三位。试件形状如图 4.3 所示。

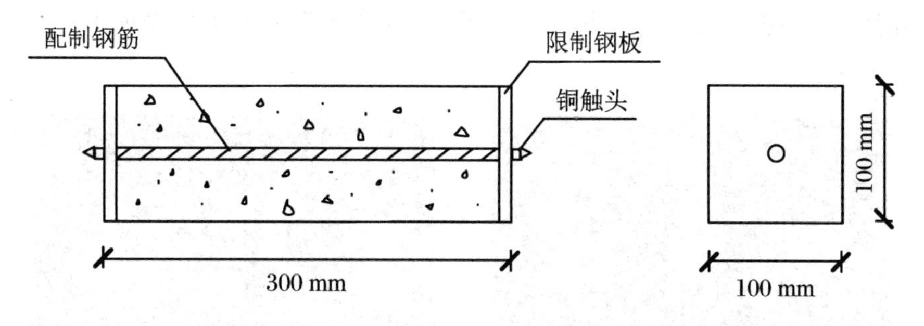

图 4.3　限制膨胀试件

膨胀剂作用在混凝土中的膨胀或收缩应力按公式(4.2)计算：

$$\sigma = \rho_s \cdot E \cdot \varepsilon \tag{4.2}$$

式中，σ——混凝土中的膨胀或收缩应力，MPa；

ρ_s——试件配筋率，%，试验配筋率为 0.79%；

E——纵向限制器中限制钢筋的弹性模量，MPa，试验取 2.0×10^5 MPa；

ε——限制膨胀率，%。

4.2　试验结果与分析

4.2.1　膨胀性能快速试验

膨胀性能快速试验是检测补偿收缩混凝土性能发挥的一种定性试验方法。试验表明，盛放喷射素混凝土和喷射钢纤维混凝土 3 d 龄期后烧杯未开裂，盛放喷射补偿收缩混凝土和喷射补偿收缩钢纤维混凝土的烧杯均有不同程度的开裂。如图 4.4 所示为两个烧杯的开裂过程，左边为膨胀剂掺量为 8% 的补偿收缩混凝土，右边为膨胀剂掺量为 8%、钢纤维体积率为 1.2% 的补偿收缩钢纤维混凝土，两个烧杯在 14 h 左右先后出现了裂缝。

从图 4.4 中可以看出，1 d 龄期时裂缝已贯通烧杯上下，且形状和大小相似，说明此时膨胀剂已经发挥了作用，而钢纤维阻止其膨胀变形的能力并不明显。1 d 龄期后，左边烧杯裂缝发展明显，烧杯表面出现多条裂缝，并成片剥落，右边烧杯保持 1 d 龄期时的状况，说明在混凝土具有一定强度的前提下，钢纤维充分发挥了其限胀的能力，使烧杯内混凝土的体积膨胀较小，其余各组混凝土也表现出了类似的特征。

(a) 注水密封

(b) 1 d

(c) 2 d

(d) 3 d

图 4.4　补偿收缩混凝土和补偿收缩钢纤维混凝土烧杯开裂试验

4.2.2　自由膨胀率试验

在无约束的自由状态下，自由膨胀率待测试件在水中养护 14 d 后放到标准养护室中进行养护，膨胀剂掺量分别为 0、6%、8%、10% 的补偿收缩混凝土试件如图 4.5 所示。

自由膨胀率试验测量结果如表 4.1 所示。

图 4.5　自由膨胀率试件

表 4.1　自由膨胀率试验结果

编号	钢纤维	配筋率	HCSA	龄期/d					
				1	3	5	7	14	28
PS-1	0	0	0	0.001	0.002	0.002	0.002	－0.001	－0.003
PB-1			6%	0.026	0.031	0.033	0.034	0.035	0.030
PB-2			8%	0.034	0.036	0.036	0.042	0.042	0.033
PB-3			10%	0.042	0.042	0.048	0.051	0.052	0.046

注：PS 为素混凝土，PB 为补偿收缩混凝土。

自由膨胀率与龄期的关系曲线如图 4.6 所示。

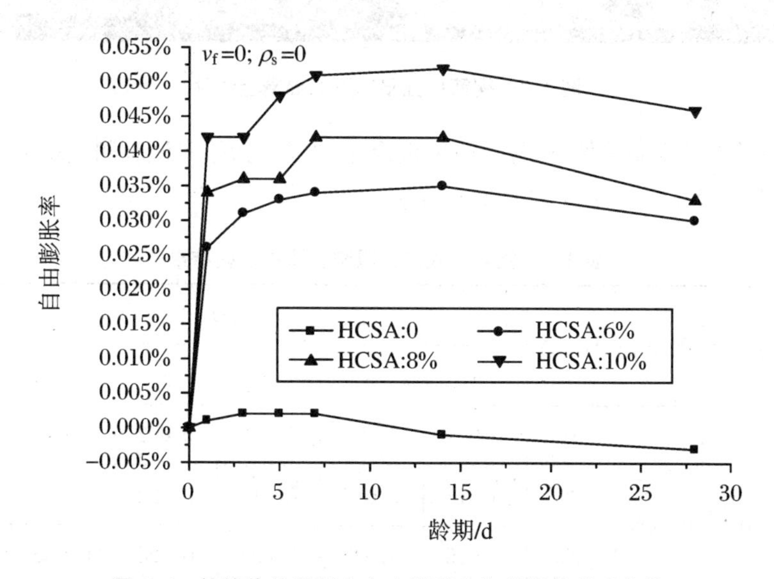

图 4.6　补偿收缩混凝土自由膨胀率与龄期的关系曲线

从图 4.6 中可以看出,在无约束的自由状态下,膨胀剂的加入对混凝土的膨胀率影响较大。在 1～14 d 的水中养护期间,各组混凝土的膨胀率均呈现逐渐增大的趋势,随着 HCSA 膨胀剂的不断增加,补偿收缩混凝土的自由膨胀率逐渐增大,且远大于素混凝土在水中的增长率。膨胀剂掺量为 6%、8%、10%的补偿收缩混凝土最大自由膨胀率分别为 0.035%、0.042%和 0.052%,而素混凝土的最大膨胀率仅为 0.002%。成型 14 d 后开始在空气中养护,素混凝土的自由膨胀率下降明显,且小于试件的初始长度,表现出了明显的收缩变形;补偿收缩混凝土的自由膨胀率也有下降的趋势,但仍保留较大的膨胀值,达到了补偿收缩的要求,可以避免混凝土由于收缩引起的开裂。

4.2.3 钢筋单独约束对膨胀率的影响

在钢筋的(配筋率 $\rho_s = 0.79\%$)限制条件下,膨胀剂掺量分别为 0、6%、8%、10%的喷射补偿收缩混凝土试件如图 4.7 所示。

图 4.7 钢筋单独限制下的混凝土试件

在钢筋单独限制条件下,补偿收缩混凝土的限制膨胀率试验测量结果如表 4.2 所示,其与龄期的关系曲线如图 4.8 所示。

表 4.2 钢筋单独约束限制膨胀率试验结果

编号	钢纤维	配筋率	HCSA	龄期/d					
				1	3	5	7	14	28
PS-1	0	0.79%	0	0.001	0.002	0.002	0.002	0.001	0.000
PB-1			6%	0.012	0.016	0.019	0.022	0.023	0.021
PB-2			8%	0.016	0.022	0.024	0.026	0.026	0.025
PB-3			10%	0.023	0.032	0.035	0.037	0.039	0.035

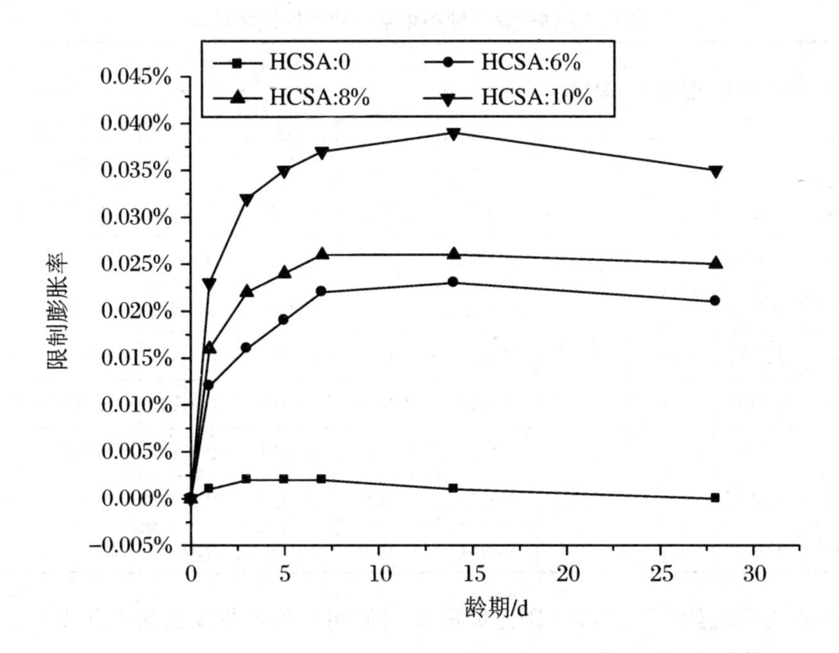

图 4.8　钢筋单独约束下混凝土限制膨胀率与龄期的关系曲线

从图 4.8 中可以看出，补偿收缩混凝土在钢筋单独限制条件下，在水中养护期间的限制膨胀率逐渐增大，放入空气中养护后开始减小。钢筋对混凝土的膨胀有比较明显的限制作用，尤其是显著降低了混凝土早期的膨胀率，膨胀剂掺量分别为6%、8%、10%的补偿收缩混凝土，1 d 龄期的限制膨胀率与自由膨胀率相比，分别降低了 53.8%、52.9%、45.2%；最大的限制膨胀率比最大的自由膨胀率降低了34.3%、38.1%、25.0%。这说明钢筋的植入起到了明显的限制作用，而损失的这部分膨胀能消耗在了拉伸限制钢筋的过程中。

由于膨胀剂的膨胀作用和钢筋的限制作用，膨胀剂掺量为 6%、8%、10%的补偿收缩混凝土中分别产生了 0.36 MPa、0.41 MPa、0.62 MPa 的膨胀应力，这些膨胀应力协同混凝土本身的抗拉强度，在一定程度上提高了混凝土的极限抗拉承载力。

4.2.4　钢纤维单独约束对膨胀率的影响

在钢纤维体积率掺量为 0.8%、1.2%和 1.6%的单独限制条件下，膨胀剂掺量分别为 6%、8%、10%的补偿收缩钢纤维混凝土的限制膨胀率试验测量结果如表 4.3 所示。

表 4.3　钢纤维单独约束限制膨胀率试验结果

编号	钢纤维	配筋率	HCSA	龄期/d					
				1	3	5	7	14	28
PBG-1	0.8%	0	6%	0.022	0.026	0.031	0.030	0.033	0.025
PBG-2	1.2%			0.022	0.023	0.027	0.031	0.032	0.027
PBG-3	1.6%			0.016	0.016	0.022	0.024	0.025	0.024
PBG-4	0.8%		8%	0.034	0.037	0.038	0.037	0.038	0.036
PBG-5	1.2%			0.028	0.030	0.033	0.033	0.034	0.032
PBG-6	1.6%			0.024	0.026	0.026	0.029	0.029	0.028
PBG-7	0.8%		10%	0.038	0.041	0.044	0.046	0.047	0.045
PBG-8	1.2%			0.032	0.039	0.039	0.040	0.041	0.038
PBG-9	1.6%			0.031	0.034	0.038	0.038	0.042	0.040

钢纤维单独约束下混凝土限制膨胀率与龄期的关系曲线如图 4.9 所示。

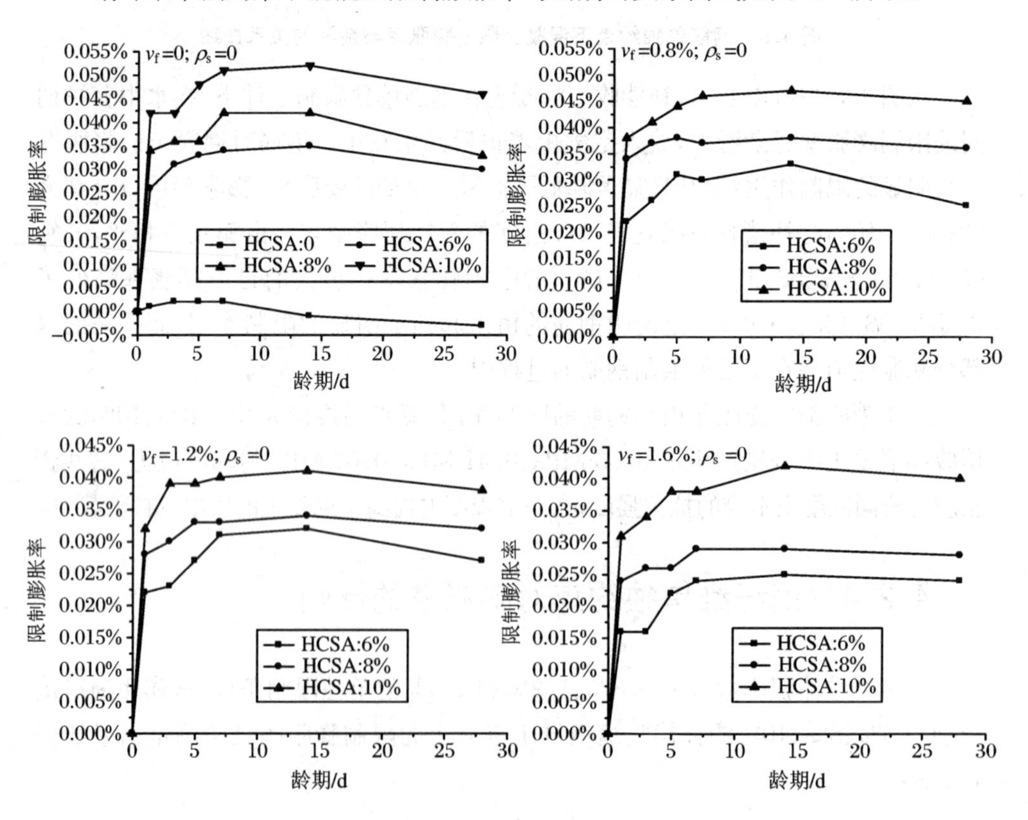

图 4.9　钢纤维单独约束下混凝土限制膨胀率与龄期的关系曲线

从图 4.9 中可以看出，钢纤维的加入，明显降低了混凝土的膨胀，且随着钢纤维掺量的增加，这种限制作用越明显，对于 HCSA 掺量为 8%的基体补偿收缩混凝土，钢纤维掺量为 0.8%、1.2%、1.6%的情况下，限制膨胀率与自由膨胀率相比分别降低了 9.5%、19.0%、31.0%。加入钢纤维后补偿收缩混凝土的限制膨胀率虽比自由膨胀率小，但依然保持着较高的膨胀性能。钢纤维体积率为 0.8%、1.2%、1.6%，膨胀剂掺量为 6%时的补偿收缩钢纤维混凝土限制膨胀率已经达到了 0.033%、0.032%、0.025%；膨胀剂掺量为 8%时，补偿收缩钢纤维混凝土限制膨胀率较 6%掺量时的限制膨胀率增长不多，相应的增长率分别为 15.2%、6.3%、16.0%；膨胀剂掺量增加到 10%时，限制膨胀率值显著提高，随钢纤维掺量的增加相应的限制膨胀率为 0.047%、0.041%、0.042%，较 8%膨胀剂掺量时的增长百分率分别为 123.7%、120.6%、144.8%。这说明在一定的范围内，增加膨胀剂掺量并不能显著提高补偿收缩钢纤维混凝土的限制膨胀率，但当膨胀剂掺量过多，以至于所产生的膨胀能过大时，钢纤维并不能有效地限制这种膨胀，限制膨胀率就显著提高了，这种做法可能会以降低混凝土的强度为代价，就补偿混凝土的早期收缩，减少裂缝方面来讲，这里存在着一个钢纤维体积率掺量、膨胀剂掺量、速凝剂掺量之间的最佳配合比问题，该最佳配合比仅仅依靠限制膨胀率的测定不能全面评价，还必须研究混凝土的各种力学性能和抗裂的要求，提出一种全面的评价方法，这对工程实践是很重要的。

比较钢纤维和钢筋分别单独约束条件下混凝土的限制膨胀率与龄期的关系曲线，可以发现：体积率为 1.6%的钢纤维单独约束条件下混凝土的限制膨胀率发展趋势和大小，与 0.79%钢筋单独约束条件下的限制膨胀率比较接近，前者稍高于后者，如图 4.10 所示。

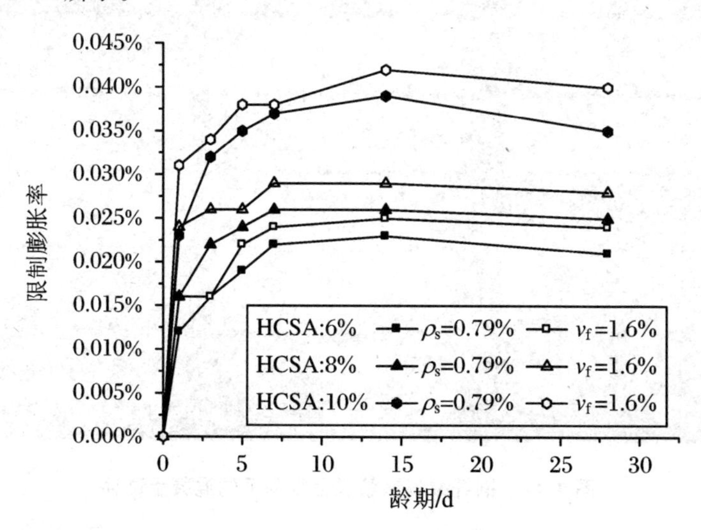

图 4.10　钢筋和钢纤维分别单独约束下限制膨胀率对比曲线

既然在上述条件下两种限制所引起的限制膨胀率发展趋势相似，那么就存在一个同等条件下一定的钢纤维掺量代替部分钢筋的问题，而代替后混凝土中所产生的自应力也基本相同。根据这一思路，在试验的基础上，配筋率为0.79%的钢筋单独限制条件，膨胀剂掺量为 6%、8%、10% 的补偿收缩混凝土中分别产生了 0.36 MPa、0.41 MPa、0.62 MPa 的膨胀应力，那么在同等条件下，钢纤维掺量为1.6%的限制条件也能达到同样的效果。这在工程中是很有意义的，掺入钢纤维后，不仅可以降低混凝土结构或构件的钢筋配筋率，而且钢纤维的三维约束也改善了钢筋单向或双向约束的不足。

4.2.5 钢纤维和钢筋联合约束对膨胀率的影响

在钢纤维（体积率分别为 0.8%、1.2%和 1.6%）和钢筋（配筋率 $\rho_s = 0.79\%$）联合限制条件下，膨胀剂掺量分别为 0、6%、8%、10%的喷射补偿收缩混凝土试件如图 4.11 所示。

图 4.11　钢纤维和钢筋联合限制下的混凝土试件

钢纤维和钢筋在联合限制条件下，补偿收缩钢纤维混凝土的限制膨胀率试验测量结果如表 4.4 所示。

表 4.4　钢纤维和钢筋联合约束限制膨胀率试验结果

编号	钢纤维	配筋率	HCSA	龄期/d					
				1	3	5	7	14	28
PBG-1	0.8%	0.79%	6%	0.012	0.017	0.017	0.019	0.021	0.016
PBG-2	1.2%			0.014	0.015	0.017	0.017	0.018	0.015
PBG-3	1.6%			0.010	0.011	0.012	0.013	0.015	0.013
PBG-4	0.8%		8%	0.016	0.021	0.023	0.024	0.024	0.020
PBG-5	1.2%			0.014	0.017	0.018	0.019	0.021	0.017
PBG-6	1.6%			0.012	0.016	0.017	0.017	0.017	0.015
PBG-7	0.8%		10%	0.032	0.031	0.033	0.036	0.037	0.033
PBG-8	1.2%			0.022	0.021	0.024	0.028	0.030	0.025
PBG-9	1.6%			0.016	0.019	0.023	0.024	0.026	0.025

钢纤维和钢筋在联合约束条件下，混凝土的限制膨胀率发展趋势与龄期的关系曲线如图 4.12 所示。

从图 4.12 中可以看出，钢纤维和钢筋的联合约束下，混凝土限制膨胀率的发展趋势与钢纤维和钢筋单独约束的情况相似，但联合约束的效果更佳，最大限制膨胀率均小于单独约束的情况。

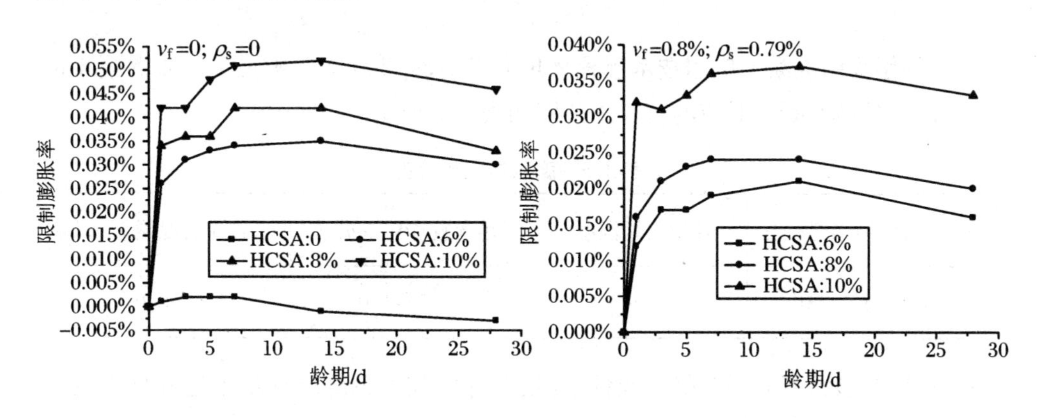

图 4.12　钢纤维和钢筋联合约束下混凝土限制膨胀率与龄期的关系曲线

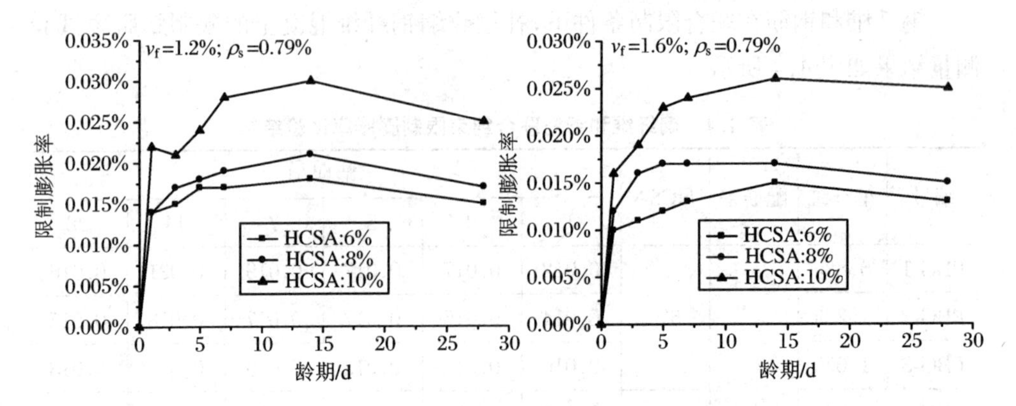

图 4.12　钢纤维和钢筋联合约束下混凝土限制膨胀率与龄期的关系曲线(续)

比较钢纤维和钢筋联合约束和单独约束下混凝土膨胀变形的发展规律,可知其约束作用并不是简单的代数相加,而是在膨胀变形中相互制约、相互耦合。在一定范围内,限制膨胀率与限制程度成反比关系,但当限制条件增加到一定程度时,限制膨胀率随限制条件增加而降低的幅度就不那么明显了。

另外,图 4.12 中明显可以看出,8%膨胀剂掺量下的膨胀率较 6%膨胀剂掺量下的膨胀率增长不多,但 10%膨胀剂掺量下的膨胀率却有较大的提高。

4.3　联合限制下自应力计算与分析

《补偿收缩混凝土应用技术规程》(JGJ/T 178—2009)[96]中关于膨胀混凝土的分类及各类型混凝土对应的自应力范围如表 4.5 所示。

表 4.5　膨胀混凝土分类

混凝土类型	补偿收缩混凝土	填充性膨胀混凝土	自应力混凝土
自应力值/MPa	0.2～0.7	0.7～1.0	1.0～6.0

在钢纤维和钢筋联合限制条件下,喷射补偿收缩钢纤维混凝土这种材料的自应力值如表 4.6 所示。

表 4.6　自应力值(MPa)

膨胀剂掺量	钢纤维体积率				配筋率
	0	0.8%	1.2%	1.6%	
6%	0.36	0.33	0.28	0.23	0.79%
8%	0.41	0.38	0.33	0.27	
10%	0.62	0.58	0.47	0.41	

从表 4.6 中可以看出，补偿收缩钢纤维混凝土中的自应力值都是很小的，最大达到 0.58 MPa，最小的仅为 0.23 MPa，参照表 4.5 可知，混凝土自应力值均分布在 0.2～0.7 MPa 范围内，在工程中可以作为以抗渗防裂为目的的补偿收缩混凝土材料。

补偿收缩钢纤维混凝土自应力变化曲线如图 4.13 所示。

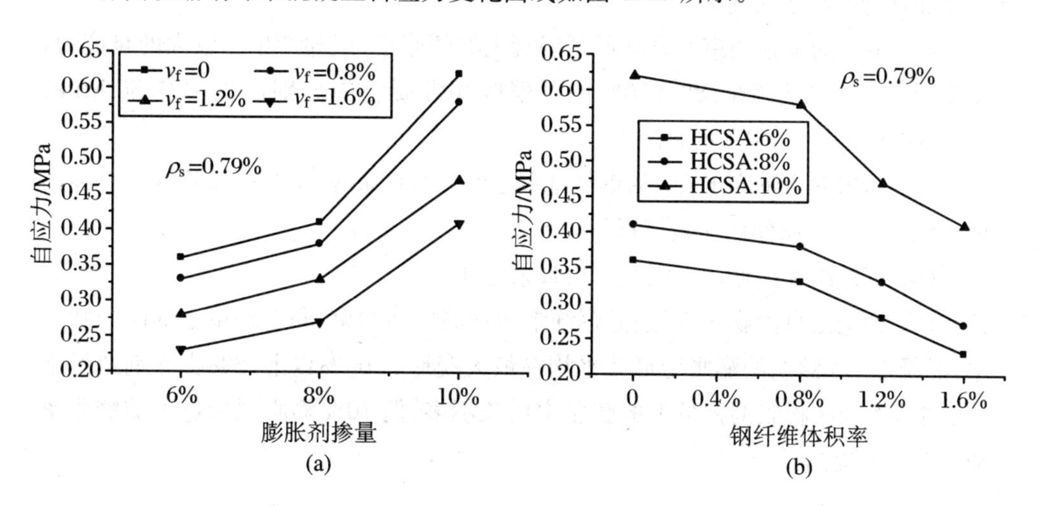

图 4.13　补偿收缩钢纤维混凝土自应力变化曲线

从图 4.13(a)中可以看出，补偿收缩钢纤维混凝土的自应力值随膨胀剂掺量的增大而增大，当膨胀剂掺量在 6%～8%范围时，自应力增长较慢；当膨胀剂掺量在 8%～10%范围时，自应力值增长迅速，在图中表现为曲线发展较陡。这说明，在配制补偿收缩钢纤维混凝土时，可以通过调控膨胀剂的掺量来满足膨胀要求，根据表 4.5 中的规定，增加膨胀剂掺量以提高自应力值，来配制符合要求的填充性膨胀混凝土或自应力混凝土。

图 4.13(b)表明，补偿收缩钢纤维混凝土的自应力值随着钢纤维体积率的增加而减小，当钢纤维掺量为 0.8%时，混凝土的自应力值降低幅度不大，但当钢纤维掺量较大(1.6%)时，自应力值显著下降。这也说明，在补偿收缩钢纤维混凝土中，钢纤维的体积率、膨胀剂掺量和速凝剂掺量存在着一个最佳的配比问题，在这

个最佳条件下，补偿收缩钢纤维混凝土的自应力值为优良，既节省了原料，又达到了要求。

本章小结

本章主要依据限制条件的不同，对素混凝土、补偿收缩混凝土、补偿收缩钢纤维混凝土进行了自由和限制膨胀率试验研究，得出以下主要结论：

(1) 补偿收缩混凝土的自由膨胀率较大，且随膨胀剂掺量的增加而逐渐增大，膨胀剂掺量为6%、8%、10%的补偿收缩混凝土水中养护14 d限制膨胀率分别为素混凝土的17.5倍、21倍和26倍。

(2) 钢纤维单独约束对混凝土的变形性能影响较大，且随钢纤维体积率掺量的增加这种影响越明显。

(3) 钢筋的单独约束明显降低了混凝土的膨胀率，但却产生了较大的自应力，膨胀剂掺量分别为6%、8%、10%的补偿收缩混凝土中分别产生了0.36 MPa、0.43 MPa和0.62 MPa的自应力。

(4) 体积率掺量为1.6%的钢纤维单独约束与配筋率为0.79%的钢筋单独约束对混凝土的限制作用比较接近。

(5) 钢纤维和钢筋联合限制作用效果更佳。

(6) 无论是自由膨胀率，还是钢纤维和钢筋单独约束、联合约束下的限制膨胀率，混凝土1 d龄期的膨胀变形几乎均在最大变形的60%以上；8%膨胀剂掺量下的膨胀率较6%膨胀剂掺量下的膨胀率增长不多，但10%膨胀剂掺量下的膨胀率却有较大的提高。

第5章　补偿收缩钢纤维混凝土压拉折性能试验研究

依据《混凝土物理力学性能试验方法标准》(GB/T 50081—2019)[95]、《补偿收缩混凝土应用技术规程》(JTJ/T 178—2009)[96]、《纤维混凝土结构试验规程》(CECS 38:2004)[98]，以HCSA膨胀剂等量取代水泥6%、8%、10%和钢纤维体积率0.8%、1.2%、1.6%为变量进行正交试验，研究膨胀剂和钢纤维对喷射补偿收缩钢纤维混凝土7 d、28 d抗压强度、劈裂抗拉强度和抗折强度的影响，分析喷射补偿收缩钢纤维混凝土的作用机理，及其各强度与膨胀变形的关系。

5.1　试验测定与计算方法

在测定混凝土抗压强度、劈裂抗拉强度和抗折强度时，均应采取连续、均匀的加载方式，且每组试块应在相同的试验机、相同的加载速度下进行测试。

5.1.1　抗压强度

抗压强度试验采用边长为150 mm的立方体标准试件。试验基准混凝土强度等级设计为C30，加载速度取0.5～0.8 MPa/s。

混凝土立方体试件抗压强度计算公式为

$$f_{cc} = \frac{F}{A} \tag{5.1}$$

式中，f_{cc}——混凝土立方体试件抗压强度，MPa；

F——试件破坏荷载，N；

A——试件承压面积，mm^2。

抗压强度试验每组3个试件，强度应精确至0.1 MPa。3个试件的抗压强度测出后，将最大强度和最小强度与中间强度进行比较，如果最大强度和最小强度均未超过中间强度的15%，则取3个试件的抗压强度算术平均值作为该组试件的抗压强度；如果最大强度或最小强度中有一个与中间强度的差值大于中间强度的15%，就取中间强度作为该组试件的抗压强度值；如果最大强度和最小强度均超过了中间强度的15%，则该组试验数据作废。

5.1.2 劈裂抗拉强度

劈裂抗拉强度试验采用的试件与抗压强度试验相同。加载速度取0.05～0.08 MPa/s。

混凝土劈裂抗拉强度计算公式为

$$f_{ts} = \frac{2F}{\pi A} = 0.637\frac{F}{A} \tag{5.2}$$

式中，f_{ts}——混凝土劈裂抗拉强度，MPa；

A——试件劈裂面面积，mm^2；

其余符号意义同前。

劈裂抗拉强度试验每组3个试件，强度应精确至0.01 MPa，数据处理方法同抗压强度试验。

5.1.3 抗折强度

抗折强度试验采用100 mm×100 mm×400 mm的小梁试件，采取均匀连续的加载方式，加载示意图如图5.1所示。

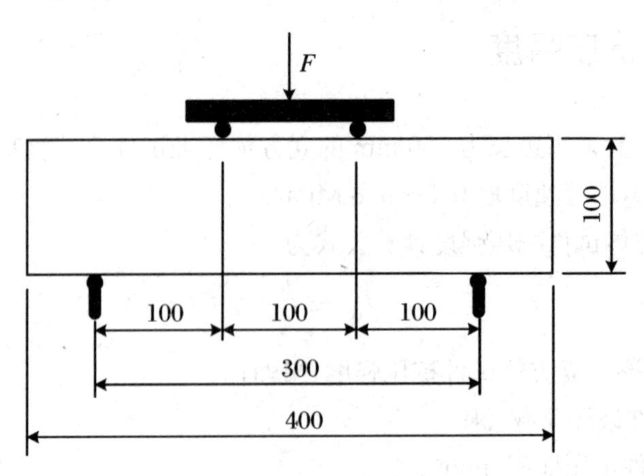

图5.1 抗折强度加载示意图(单位:mm)

混凝土抗折强度计算公式为

$$f_f = 0.85 \frac{Fl}{bh^2} \tag{5.3}$$

式中，f_f——混凝土抗折强度，MPa；

0.85——尺寸换算系数；

l——支座间跨度，mm，试验取 300 mm；

h——试件截面高度，mm，试验取 100 mm；

b——试件截面宽度，mm，试验取 100 mm；

其余符号意义同前。

抗折强度试验每组 3 个试件，强度应精确至 0.1 MPa，数据处理方法同抗压强度试验。

5.2　试验结果与分析

5.2.1　抗压强度试验

根据膨胀剂掺量（0、6%、8%、10%）和钢纤维体积率（0、0.8%、1.2%、1.6%）的不同，分别做了喷射素混凝土、喷射补偿收缩混凝土、喷射钢纤维混凝土和喷射补偿收缩钢纤维混凝土 7 d、28 d 抗压强度试验，其结果如表 5.1、表 5.2 所示。

表 5.1　喷射素混凝土、喷射补偿收缩混凝土、喷射钢纤维混凝土抗压强度试验结果

编号	HCSA	钢纤维	7 d			28 d		
			极限荷载/kN	抗压强度/MPa	平均抗压强度/MPa	极限荷载/kN	抗压强度/MPa	平均抗压强度/MPa
PS-1	0	0	505.0	22.4	22.6	903.3	40.1	40.3
			496.3	22.1		932.9	41.5	
			521.8	23.2		886.5	39.4	
PB-1	6%		546.5	24.3	24.8	927.2	41.2	41.6
			570.9	25.4		952.8	42.3	
			557.8	24.8		927.3	41.2	

续表

编号	HCSA	钢纤维	7 d			28 d		
			极限荷载/kN	抗压强度/MPa	平均抗压强度/MPa	极限荷载/kN	抗压强度/MPa	平均抗压强度/MPa
PB-2	8%	0	467.5	20.8	21.3	855.5	38.0	35.6
			480.5	21.4		801.8	35.6	
			489.8	21.8		610.4	27.1	
PB-3	10%		478.0	21.2	21.1	685.7	30.5	30.7
			458.6	20.4		644.1	28.6	
			485.9	21.6		745.6	33.1	
PG-1	0	0.8%	586.5	26.1	25.2	857.6	38.1	41.1
			571.3	25.4		928.3	41.3	
			539.6	24.0		989.6	44.0	
PG-2		1.2%	576.5	25.6	26.4	964.0	42.8	41.9
			598.1	26.6		948.8	42.2	
			604.5	26.9		913.8	40.6	
PG-3		1.6%	458.7	20.4*	26.8	933.4	41.5	40.3
			601.9	26.8		923.3	41.0	
			604.3	26.9		863.1	38.4	

注:表中带*数据为舍去结果。

表 5.2　喷射补偿收缩钢纤维混凝土抗压强度试验结果

编号	HCSA	钢纤维	7 d			28 d		
			极限荷载/kN	抗压强度/MPa	平均抗压强度/MPa	极限荷载/kN	抗压强度/MPa	平均抗压强度/MPa
PBG-1	6%	0.8%	545.5	24.2	24.6	1001.1	41.8	44.4
			569.0	25.3		960.4	42.7	
			546.2	24.3		1035.8	46.0	
PBG-2		1.2%	621.8	27.6	27.0	995.6	44.2	42.2
			618.2	27.5		908.5	40.4	
			580.4	25.8		945.7	42.0	

续表

编号	HCSA	钢纤维	7 d			28 d		
			极限荷载/kN	抗压强度/MPa	平均抗压强度/MPa	极限荷载/kN	抗压强度/MPa	平均抗压强度/MPa
PBG-3	6%	1.6%	618.0	27.5	27.3	933.5	41.5	42.0
			643.6	28.6		903.3	40.0	
			579.6	25.8		1001.5	44.5	
PBG-4	8%	0.8%	613.6	27.3	25.9	931.1	41.4	42.5
			546.6	24.3		997.1	44.3	
			587.1	26.1		943.8	41.9	
PBG-5		1.2%	636.7	28.3	27.6	1014.1	45.1	44.2
			569.4	25.3		1021.7	45.4	
			658.1	29.2		955.5	42.5	
PBG-6		1.6%	657.3	29.2	28.4	962.4	42.8	45.0
			622.8	27.7		1015.7	45.1	
			636.8	28.3		1057.4	47.0	
PBG-7	10%	0.8%	489.2	21.7	23.2	890.7	39.6	36.3
			564.4	25.1		769.5	34.2	
			512.5	22.8		791.8	35.2	
PBG-8		1.2%	593.2	26.4	22.7	796.5	35.4	35.2
			509.8	22.7		833.0	37.0	
			501.4	22.3		747.2	33.2	
PBG-9		1.6%	511.2	22.7	23.7	746.5	33.2	36.8
			585.1	26.0		818.7	36.4	
			502.1	22.3		920.3	40.9	

为了提高对比的直观性，根据表5.1、表5.2中的试验结果，分别以膨胀剂掺量和钢纤维体积率为变量，研究这两个因素单独作用和复合作用下，混凝土抗压强度的变化规律，并对其进行分析。

5.2.1.1　喷射补偿收缩混凝土随膨胀剂掺量的变化规律

以HCSA膨胀剂等量取代水泥0、6%、8%和10%为变量，研究膨胀剂掺量对喷射补偿收缩混凝土 7 d、28 d 抗压强度的影响，混凝土抗压强度与膨胀剂掺量的关系曲线如图 5.2 所示。

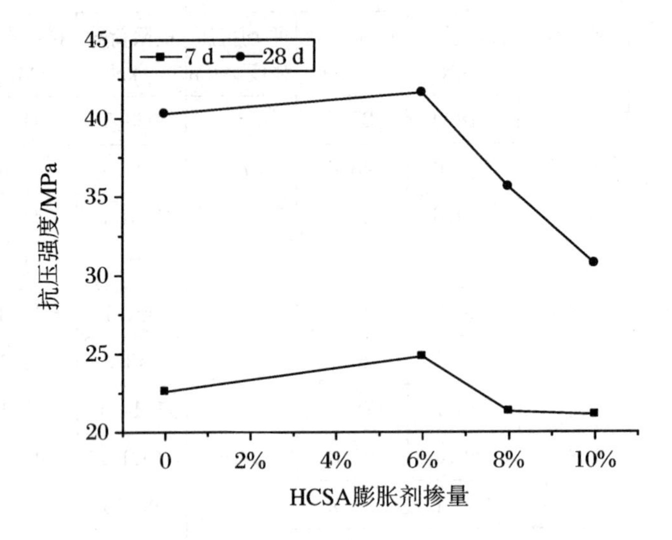

图 5.2　喷射补偿收缩混凝土抗压强度与膨胀剂掺量关系曲线

从图 5.2 中可以看出，在一定膨胀剂掺量范围内，随着膨胀剂掺量的增加，喷射补偿收缩混凝土 7 d、28 d 的抗压强度先增大，在 6%膨胀剂掺量下达到最大值，然后急剧减小。关键的原因在于膨胀剂掺量与强度发展存在一个最佳匹配问题，强度发展过快会抑制膨胀的发展；而膨胀发展过快，也会阻碍强度的增长。喷射补偿收缩混凝土中加入 6%膨胀剂后，混凝土 7 d 抗压强度较基准混凝土提高了9.7%，28 d 抗压强度提高了 3.2%。当膨胀剂掺量继续增加时，抗压强度急剧下降，加入 10%膨胀剂的混凝土 7 d、28 d 抗压强度分别下降了 6.6%和 23.8%。说明 6%膨胀剂掺量下的混凝土膨胀发展与强度发展出现了协调一致的现象，是最佳的匹配值[63]。

5.2.1.2　喷射钢纤维混凝土随钢纤维体积率的变化规律

以钢纤维体积率 0、0.8%、1.2%和 1.6%为变量，研究钢纤维体积率对喷射钢纤维混凝土 7 d、28 d 抗压强度的影响，结果如表 5.1 中 PS-1、PG-1、PG-2 和 PG-3 四组，混凝土抗压强度与钢纤维体积率的关系曲线如图 5.3 所示。

从图 5.3 中可以看出，在单独掺入钢纤维的条件下，混凝土的抗压强度随着钢纤维掺量的增加而增大，7 d 抗压强度增强效果明显，钢纤维体积率从 0 到 1.6%时，抗压强度提高了 18.6%，28 d 抗压强度较素混凝土增长不多，钢纤维体积率为 1.6%的试块强度有所降低。这是因为钢纤维对抗压强度的贡献主要体现为阻止裂缝的发展，其抗压强度取决于基体混凝土的强度，混凝土养护 7 d 时，其本身的强度还在逐渐增长，而钢纤维已经和混凝土产生了一定的黏结力，当混凝土受到外界压力时，钢纤维可以借助界面黏结力传递荷载来承受部分外力；混凝土 28 d 抗压强度已基本达到稳定，钢纤维的加入并不会起到很大的增强效果，而当钢纤维体积率掺量过大(1.6%)时，钢纤维在混凝土中可能会由于缺乏足够的浆体包裹而搅拌不均匀，出现了混凝土内部界面薄弱层的现象，降低了混凝土的密实度，抗压强度降低。

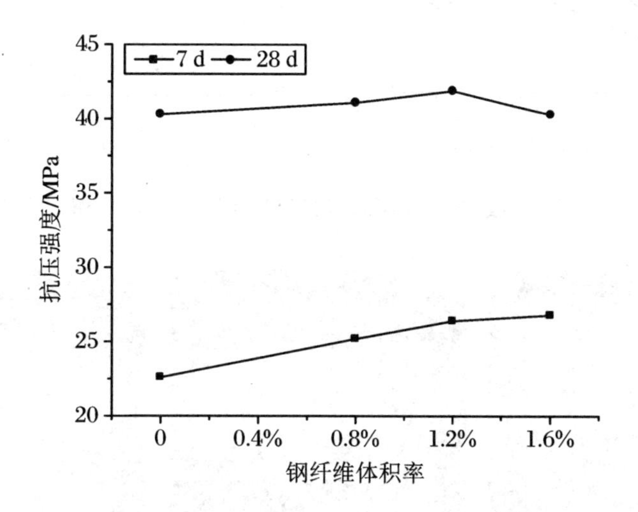

图 5.3　喷射钢纤维混凝土抗压强度与钢纤维体积率关系曲线

5.2.1.3　喷射补偿收缩钢纤维混凝土在膨胀剂和钢纤维联合下作用的变化规律

以 HCSA 膨胀剂等量取代水泥 0、6%、8%、10% 和钢纤维体积率 0、0.8%、1.2%、1.6% 为变量进行正交试验，研究膨胀剂掺量和钢纤维体积率对喷射补偿收缩钢纤维混凝土 7 d、28 d 抗压强度的影响，试验结果如表 5.2 所示。

1. 膨胀剂掺量一定时，不同钢纤维体积率对混凝土抗压强度的影响规律

当 HCSA 膨胀剂分别内掺 0、6%、8% 和 10% 时，喷射补偿收缩钢纤维混凝土 7 d、28 d 抗压强度与钢纤维体积率的关系曲线如图 5.4 所示。

喷射补偿收缩混凝土与喷射补偿收缩钢纤维混凝土的典型受压破坏过程如图 5.5 所示。

从图 5.4 中可以看出，对同一种补偿收缩混凝土来说，钢纤维的加入，提高了混凝土 7 d、28 d 的抗压强度，且随着钢纤维体积率的不断增加，抗压强度呈逐渐增大的趋势，如内掺 8% HCSA 膨胀剂的补偿收缩混凝土，当掺入体积率为 0.8%、1.2%、1.6% 的钢纤维后，与基体补偿收缩混凝土相比，7 d 抗压强度分别提高了

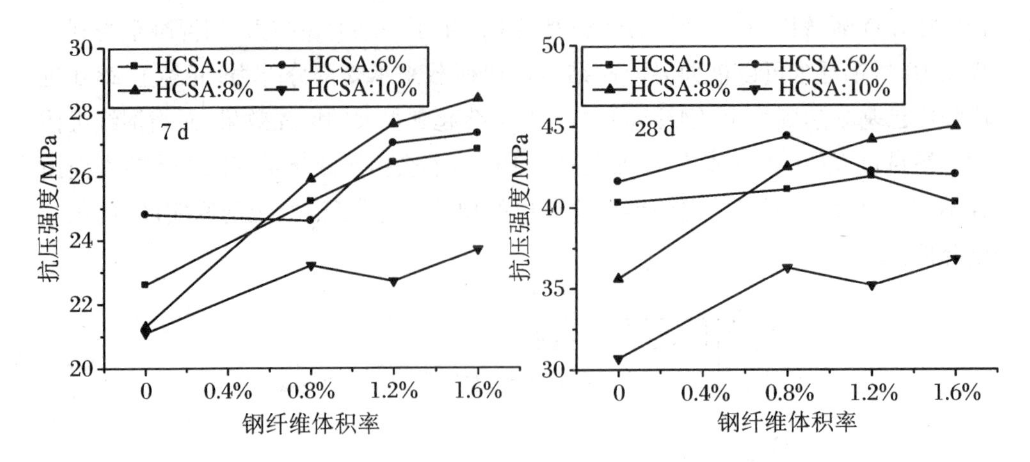

图 5.4　喷射补偿收缩钢纤维混凝土抗压强度与钢纤维体积率的关系曲线

(a) 喷射补偿收缩混凝土

(b) 喷射补偿收缩钢纤维混凝土

图 5.5　喷射补偿收缩混凝土和喷射补偿收缩钢纤维混凝土受压破坏过程

21.6%、29.6%、33.3%，28 d 抗压强度分别提高了 19.4%、24.2%、26.4%，其增长率大大超过钢纤维单独对素混凝土的增强效果(7 d：11.5%、16.8%、18.6%；28d：2.0%、4.0%、0)。这是因为在喷射钢纤维混凝土中，钢纤维的加入相当于在喷射补偿收缩混凝土中植入了均匀的变形约束条件，钢纤维体积率掺量越大，这种增强效果越明显，在一定程度上相当于为混凝土加了一道"箍"，用来抵抗混凝土的变形，这样就改善了混凝土受压破坏的特征，用"裂而不散"的延性破坏代替了补偿收缩混凝土"爆裂脱落式"的脆性破坏。

试验中发现，在个别钢纤维体积率掺量下，混凝土抗压强度增长并不稳定，甚至出现降低的现象。如 HCSA 膨胀剂掺量为 10%的补偿收缩混凝土，钢纤维体积率为 1.2%时的抗压强度低于钢纤维体积率为 0.8%和 1.6%时的抗压强度，这可能是由于某些混凝土试块在制作过程中膨胀剂和钢纤维搅拌不均匀造成的。

2. 钢纤维体积率一定时，不同膨胀剂掺量对混凝土抗压强度的影响规律

为了寻求喷射补偿收缩钢纤维混凝土中 HCSA 膨胀剂的最佳掺量，研究喷射补偿收缩钢纤维混凝土在钢纤维掺量一定的情况下，抗压强度与膨胀剂掺量的关系，其 7 d、28 d 关系曲线如图 5.6 所示。

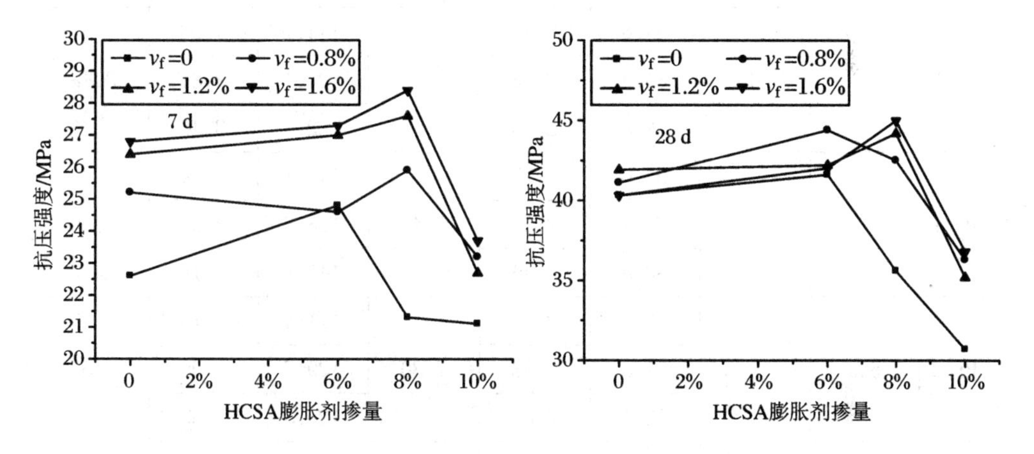

图 5.6　喷射补偿收缩钢纤维混凝土抗压强度与膨胀剂掺量的关系曲线

从图 5.6 中可以看出，对同一基体混凝土而言，随着膨胀剂掺量的不断增加，除 PBG-2、PBG-5 外，喷射补偿收缩钢纤维混凝土 7 d、28 d 抗压强度总的发展趋势与喷射补偿收缩混凝土相同，也是先增大后急剧减小，唯一的区别在于喷射补偿收缩混凝土的膨胀剂最佳掺量为 6%，而喷射补偿收缩钢纤维混凝土中膨胀剂内掺 8%时才达到抗压强度的最大值。这是因为钢纤维不但增加了混凝土的阻裂增强作用，同时也为混凝土引入了均匀的三维约束，这在一定程度上提高了混凝土基体的抗压强度，原先的混凝土膨胀变形(内掺 6% HCSA 膨胀剂)已经不能和钢纤维加入后的混凝土抗压强度同步发展，必须有更大的变形(内掺 8% HCSA 膨胀剂)才能适应这种强度的增长速度。而当膨胀剂掺量过多，导致混凝土变形过大时，就会出现与混凝土的强度和钢纤维的限制作用不协调的现象，从而引起强度的下降，如钢纤维体积率为 1.2%时，膨胀剂掺量为 10%的混凝土 7 d、28 d 抗压强度与膨胀剂掺量为8%的混凝土相比分别降低了21.6%和25.6%。

5.2.2 劈裂抗拉强度试验

根据膨胀剂掺量(0、6%、8%、10%)和钢纤维体积率(0、0.8%、1.2%、1.6%)的不同,分别进行了喷射素混凝土、喷射补偿收缩混凝土、喷射钢纤维混凝土和喷射补偿收缩钢纤维混凝土7 d、28 d劈裂抗拉强度试验,其结果如表5.3、表5.4所示。

表5.3 喷射素混凝土、喷射补偿收缩混凝土、喷射钢纤维混凝土抗拉强度试验结果

编号	HCSA	钢纤维	7 d			28 d		
			极限荷载/kN	抗拉强度/MPa	平均抗拉强度/MPa	极限荷载/kN	抗拉强度/MPa	平均抗拉强度/MPa
PS-1	0	0	84.8	2.40	2.45	144.1	4.08	3.78
			81.8	2.32		134.4	3.81	
			92.8	2.63		122.1	3.46	
PB-1	6%	0	96.6	2.73	2.48	148.1	4.19	4.00
			79.1	2.24		128.6	3.64	
			86.8	2.46		147.8	4.18	
PB-2	8%		80.5	2.28	2.30	111.4	3.15	3.55
			91.3	2.58		139.7	3.96	
			72.1	2.04		125.3	3.55	
PB-3	10%		56.5	1.60	1.81	84.8	2.40	2.51
			69.4	1.96		95.5	2.70	
			66.0	1.87		85.6	2.42	
PG-1	0	0.8%	106.7	3.02	2.94	173.9	4.92 *	4.06
			111.7	3.16		134.2	3.80	
			93.4	2.64		143.4	4.06	
PG-2		1.2%	118.4	3.35	3.44	146.7	4.15	4.56
			127.0	3.60		168.5	4.77	
			119.0	3.37		168.6	4.77	
PG-3		1.6%	132.6	3.75	3.51	173.1	4.90	5.42
			128.2	3.63		197.0	5.58	
			110.8	3.14		204.0	5.78	

表 5.4　喷射补偿收缩钢纤维混凝土抗拉强度试验结果

编号	HCSA	钢纤维	7 d			28 d		
			极限荷载/kN	抗拉强度/MPa	平均抗拉强度/MPa	极限荷载/kN	抗拉强度/MPa	平均抗拉强度/MPa
PBG-1	6%	0.8%	103.8	2.94	3.12	150.9	4.27	4.29
			118.3	3.35		153.1	4.33	
			108.5	3.07		151.2	4.28	
PBG-2		1.2%	122.0	3.45	3.47	204.7	5.80	5.48
			122.4	3.47		177.2	5.02	
			123.7	3.50		198.5	5.62	
PBG-3		1.6%	127.8	3.62	3.57	195.2	5.53	5.50
			129.0	3.65		170.8	4.84	
			121.4	3.44		216.6	6.13	
PBG-4	8%	0.8%	117.0	3.31	3.15	161.3	4.57	4.57
			111.4	3.15		117.5	3.33 *	
			91.8	2.60 *		161.5	4.57	
PBG-5		1.2%	124.3	3.52	3.62	213.9	6.06	5.53
			128.2	3.63		184.8	5.23	
			131.0	3.71		187.0	5.29	
PBG-6		1.6%	132.8	3.76	3.88	191.3	5.42	5.79
			141.0	3.99		220.7	6.25	
			136.9	3.88		201.4	5.70	
PBG-7	10%	0.8%	96.7	2.74	2.74	131.4	3.72	3.91
			95.2	2.70		148.1	4.19	
			116.5	3.30 *		134.8	3.82	
PBG-8		1.2%	95.2	2.70	3.00	138.7	3.93	3.93
			103.9	2.94		122.1	3.46	
			118.4	3.35		155.4	4.40	
PBG-9		1.6%	109.4	3.10	3.21	140.4	3.97	4.11
			107.8	3.05		182.0	5.15 *	
			122.7	3.47		145.0	4.11	

注：表中带 * 数据为舍去结果。

5.2.2.1 喷射补偿收缩混凝土随膨胀剂掺量的变化规律

喷射补偿收缩混凝土劈裂抗拉强度随膨胀剂掺量的发展规律如图 5.7 所示。

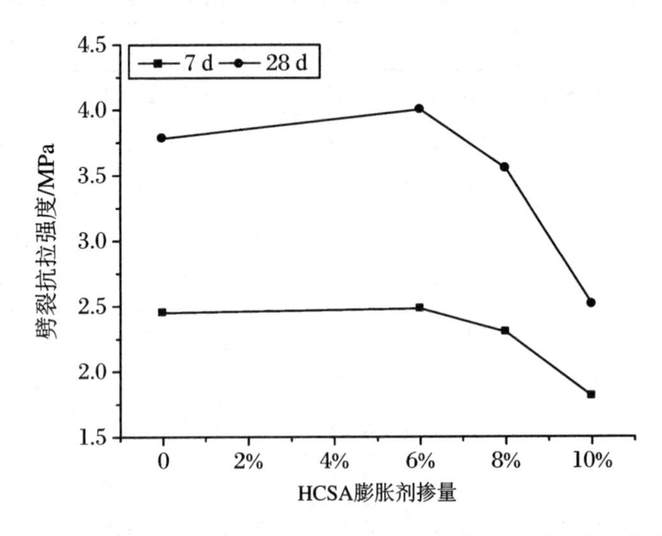

图 5.7 喷射补偿收缩混凝土劈裂抗拉强度与膨胀剂掺量关系曲线

从图 5.7 中可以看出，同一配比的混凝土随 HCSA 膨胀剂掺量的增加，混凝土 7 d、28 d 劈裂抗拉强度先增大后减小，说明在喷射补偿收缩混凝土中，HCSA 膨胀剂存在一个最优的掺量问题。

补偿收缩混凝土的主要作用是减免混凝土的收缩，避免或减少裂缝的产生。在达到设计要求的限制膨胀率前提下，强度的稍微降低并不影响其功能的发挥，但若膨胀剂掺量过多致使混凝土强度大幅度下降时，混凝土也就失去了作为建筑材料的意义，得不偿失。当 HCSA 膨胀剂掺量为 10%时，补偿收缩混凝土 7 d、28 d 劈裂抗拉强度与素混凝土相比分别降低了 26.1%和 33.6%，强度损失过多。对于试验条件下的 HCSA 膨胀剂，在与速凝剂复合使用时，掺量可取 6%左右，不宜过大，但掺量太小也达不到应有的目的，失去了掺加膨胀剂的作用。

5.2.2.2 喷射钢纤维混凝土随钢纤维体积率的变化规律

以钢纤维体积率 0、0.8%、1.2%和 1.6%为变量，分别进行了喷射钢纤维混凝土 7 d、28 d 劈裂抗拉强度试验，结果如表 5.3 中 PS-1、PG-1、PG-2 和 PG-3 四组，混凝土劈裂抗拉强度与钢纤维体积率的关系曲线如图 5.8 所示。

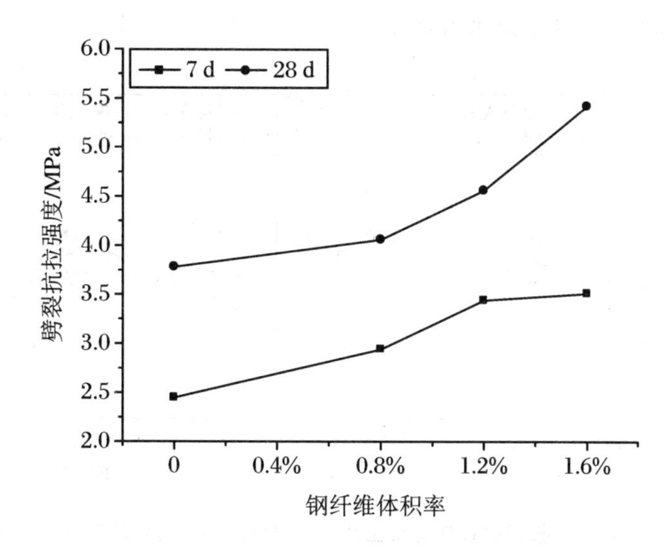

图 5.8　喷射钢纤维混凝土劈裂抗拉强度与钢纤维体积率关系曲线

从图 5.8 中可以看出，混凝土劈裂抗拉强度随钢纤维体积率的增大而增大，钢纤维体积率从 0 增加到 1.6%，混凝土 7 d、28 d 劈裂抗拉强度分别提高了 43.3% 和 43.4%。

以上分析可以看出，钢纤维对混凝土劈裂抗拉强度的增强效果远远大于对抗压强度的增强效果。这是因为混凝土劈裂抗拉强度试验中，钢纤维混凝土在达到最大荷载之前，基体与钢纤维作为整体处于弹性阶段，在开裂前共同工作，从而也提高了钢纤维混凝土的初裂荷载。当混凝土达到极限荷载时，基体从最薄弱的地方首先开裂，同时横跨裂缝的钢纤维开始最大程度的发挥作用，通过界面黏结力将荷载传递到裂缝的上下表面，钢纤维体积率越大，这种传递内力的效果越明显，所以增强效果也越显著。当基体与钢纤维之间的界面黏结力达到极限时，钢纤维开始从基体中拔出，混凝土的承载能力开始下降，且钢纤维含量越多，其脱黏与拔出所消耗的能量越大，强度增长也越明显。

5.2.2.3　喷射补偿收缩钢纤维混凝土在膨胀剂和钢纤维联合作用下的变化规律

以 HCSA 膨胀剂等量取代水泥 0、6%、8%、10% 和钢纤维体积率 0、0.8%、1.2%、1.6% 为变量进行正交试验，研究膨胀剂和钢纤维对喷射补偿收缩钢纤维混凝土 7 d、28 d 劈裂抗拉强度的影响。

1. 膨胀剂掺量一定时，不同钢纤维体积率对混凝土抗拉强度的影响规律

膨胀剂掺量一定时，喷射补偿收缩钢纤维混凝土 7 d、28 d 劈裂抗拉强度与钢纤维体积率的关系曲线如图 5.9 所示。

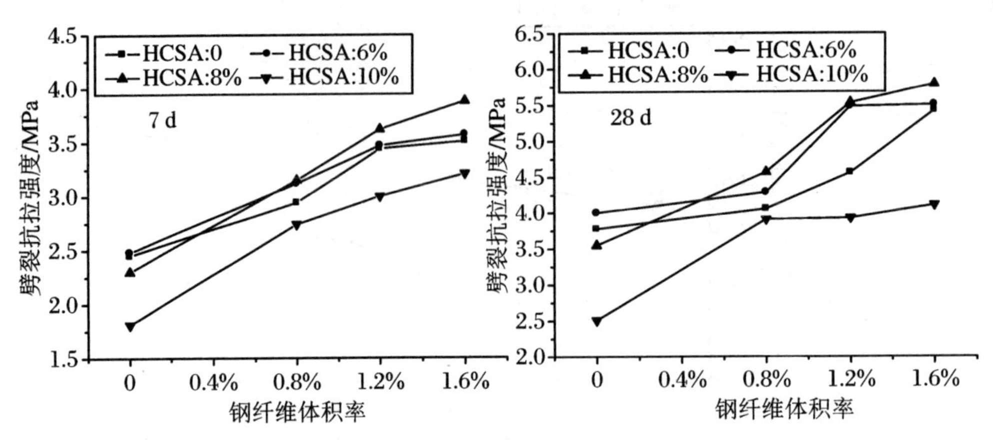

图 5.9　喷射补偿收缩钢纤维混凝土劈裂抗拉强度与钢纤维体积率的关系曲线

从图 5.9 中可以看出,对于同一种基体混凝土,喷射补偿收缩钢纤维混凝土的劈裂抗拉强度随钢纤维体积率的增大而增大。加入体积率为 0.8%的钢纤维后,混凝土的劈裂抗拉强度比钢纤维加入前明显增大,当钢纤维体积率超过 1.2%时,钢纤维体积率与劈裂抗拉强度的关系曲线开始平缓,体积率掺量继续增大也不能较大幅度提高混凝土的抗拉强度,说明钢纤维的掺量在0.8%～1.2%时效果最佳。钢纤维和膨胀剂联合作用时,增强效果明显,对于膨胀剂内掺 0、6%、8%、10%的基准混凝土而言,当钢纤维体积率为 1.6%时,喷射补偿收缩钢纤维混凝土与各自对应的基准混凝土相比,7 d 劈裂抗拉强度分别提高了 43.3%、44.0%、68.7%、77.3%;28 d 劈裂抗拉强度分别提高了 43.4%、37.5%、63.1%、63.7%,说明膨胀剂与钢纤维的复合作用,达到了协同增强的效果。这是因为钢纤维对混凝土劈裂抗拉强度的增强效果,主要源于钢纤维能阻止混凝土裂缝的形成和发展,使混凝土趋于延性破坏,加入膨胀剂后,由于膨胀剂的膨胀和钢纤维的约束,在混凝土内部形成了一定的预压应力,钢纤维含量越高,混凝土在钢纤维限制条件下的变形与混凝土的自由变形相差越大,形成的预压应力也越大,较大的预压应力加上混凝土本身的抗拉强度足以抵抗由于混凝土收缩等因素产生的拉应力,两者的协同增强效果使得混凝土的极限抗拉承载力得到了极大的提高。

2. 钢纤维体积率一定时,不同膨胀剂掺量对混凝土抗拉强度的影响规律

钢纤维体积率一定时,喷射补偿收缩钢纤维混凝土 7 d、28 d 劈裂抗拉强度与膨胀剂掺量的关系曲线如图 5.10 所示。

从图 5.10 中可以看出,在钢纤维体积率掺量一定的情况下,随着 HCSA 膨胀剂掺量的不断增加,各组混凝土 7 d、28 d 劈裂抗拉强度表现出了相似的发展规律。

钢纤维体积率分别为0.8%、1.2%和1.6%，当HCSA膨胀剂掺量从0增加到6%时，混凝土7 d、28 d劈裂抗拉强度仅有少量增长；当HCSA膨胀剂掺量从6%增加到8%时，混凝土劈裂抗拉强度增强效果明显，且随钢纤维掺量的增加而增大，7 d、28 d劈裂抗拉强度最大可达到3.88 MPa和5.79 MPa（$v_f=1.2\%$，HCSA：8%），与素混凝土的相应对比率分别为158.4%和153.2%，钢纤维和膨胀剂的联合增强效果明显，劈裂抗拉强度提高幅度较大；当HCSA膨胀剂掺量从8%增加到10%时，各喷射补偿收缩钢纤维混凝土7 d、28 d劈裂抗拉强度急剧下降，且均低于相应喷射钢纤维混凝土的抗拉强度。

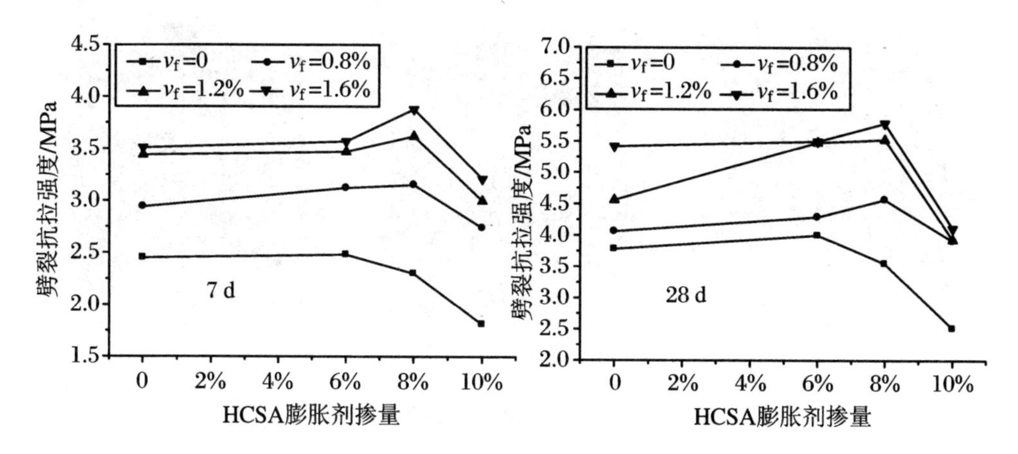

图5.10　喷射补偿收缩钢纤维混凝土劈裂抗拉强度与膨胀剂掺量的关系曲线

在劈裂抗拉强度试验过程中，喷射补偿收缩混凝土和喷射素混凝土一样，当施加的荷载达到混凝土的极限开裂荷载时，混凝土试块顺着上下压条瞬间发生开裂，并伴随明显的材料破裂响声，随后裂缝迅速开展变大，最终劈裂为两半，破坏前没有明显的预兆，表现出了明显的脆性性质，如图5.11(a)所示。喷射补偿收缩钢纤维混凝土在劈拉过程中裂缝开展缓慢，且混凝土初裂时没有明显的劈裂响声，混凝土试块从初裂到彻底破坏并没有明显的变化，表现出了较强的韧性，如图5.11(b)所示。

5.2.3　抗折强度试验

根据膨胀剂掺量（0、6%、8%、10%）和钢纤维体积率（0、0.8%、1.2%、1.6%）的不同，分别进行了喷射素混凝土、喷射补偿收缩混凝土、喷射钢纤维混凝土和喷射补偿收缩钢纤维混凝土7 d、28 d抗折强度试验，其结果如表5.5～表5.8所示。

(a) 喷射补偿收缩混凝土

(b) 喷射补偿收缩钢纤维混凝土

图 5.11 混凝土劈裂抗拉破坏过程

表 5.5 喷射素混凝土抗折强度试验结果

编号	HCSA	钢纤维	7 d			28 d		
			极限荷载/kN	抗折强度/MPa	平均抗折强度/MPa	极限荷载/kN	抗折强度/MPa	平均抗折强度/MPa
PS-1	0	0	13.3	3.4	3.6	20.9	5.3	5.0
			14.9	3.8		18.4	4.7	
			14.5	3.7		19.9	5.1	

表 5.6 喷射补偿收缩混凝土抗折强度试验结果

编号	HCSA	钢纤维	7 d			28 d		
			极限荷载/kN	抗折强度/MPa	平均抗折强度/MPa	极限荷载/kN	抗折强度/MPa	平均抗折强度/MPa
PB-1	6	0	13.7	3.5	3.6	20.8	5.3	5.1
			14.9	3.8		20.4	5.2	
			14.1	3.6		18.4	4.7	

续表

编号	HCSA	钢纤维	7 d			28 d		
			极限荷载/kN	抗折强度/MPa	平均抗折强度/MPa	极限荷载/kN	抗折强度/MPa	平均抗折强度/MPa
PB-2	8%	0	14.5	3.7	3.2	16.7	4.3	4.4
			12.5	3.2		18.0	4.6	
			10.2	2.6		16.5	4.2	
PB-3	10%		7.4	1.9	1.9	11.6	3.0	3.1
			7.1	1.8		12.9	3.3	
			7.5	1.9		11.7	3.0	

表 5.7　喷射钢纤维混凝土抗折强度试验结果

编号	HCSA	钢纤维	7 d			28 d		
			极限荷载/kN	抗折强度/MPa	平均抗折强度/MPa	极限荷载/kN	抗折强度/MPa	平均抗折强度/MPa
PG-1	0	0.8%	14.5	3.7	4.0	23.1	5.9	5.8
			16.5	4.2		23.8	6.1	
			16.3	4.2		21.7	5.5	
PG-2		1.2%	16.3	4.2	4.5	23.9	6.1	6.1
			17.0	4.3		25.1	6.4	
			19.1	4.9		23.1	5.9	
PG-3		1.6%	20.0	5.1	5.1	23.3	5.9	6.4
			20.5	5.2		25.7	6.6	
			19.7	5.0		26.1	6.7	

表 5.8　喷射补偿收缩钢纤维混凝土抗折强度试验结果

编号	HCSA	钢纤维	7 d			28 d		
			极限荷载/kN	抗折强度/MPa	平均抗折强度/MPa	极限荷载/kN	抗折强度/MPa	平均抗折强度/MPa
PBG-1	6%	0.8%	18.5	4.7	4.3	25.5	6.5	6.1
			15.7	4.0		23.5	6.0	
			16.7	4.3		23.1	5.9	

续表

编号	HCSA	钢纤维	7 d			28 d		
			极限荷载/kN	抗折强度/MPa	平均抗折强度/MPa	极限荷载/kN	抗折强度/MPa	平均抗折强度/MPa
PBG-2	6%	1.2%	16.5	4.2	4.7	23.9	6.1	6.4
			18.6	4.7		25.1	6.4	
			23.1	5.9 *		25.9	6.6	
PBG-3		1.6%	17.6	4.5	4.8	25.1	6.4	6.5
			18.0	4.6		23.1	5.9	
			20.4	5.2		28.2	7.2	
PBG-4	8%	0.8%	16.5	4.2	4.4	25.5	6.5	6.3
			16.9	4.3		25.1	6.4	
			18.8	4.8		23.1	5.9	
PBG-5		1.2%	20.8	5.3	5.3	25.1	6.4	6.5
			20.8	5.3		26.7	6.8	
			20.8	5.3		24.3	6.2	
PBG-6		1.6%	22.4	5.7	5.6	28.2	7.2	7.0
			20.4	5.2		29.0	7.4	
			23.1	5.9		25.1	6.4	
PBG-7	10%	0.8%	13.7	3.5	3.3	18.8	4.8	4.8
			12.9	3.3		18.4	4.7	
			16.5	4.2 *		22.0	5.6 *	
PBG-8		1.2%	10.6	2.7	3.4	17.6	4.5	4.7
			13.3	3.4		18.8	4.8	
			15.7	4.0		18.8	4.8	
PBG-9		1.6%	15.3	3.9	4.0	19.6	5.0	5.6
			15.7	4.0		21.6	5.5	
			15.7	4.0		24.3	6.2	

注：表中带 * 数据为舍去结果。

5.2.3.1　喷射补偿收缩混凝土抗折强度随膨胀剂掺量的变化规律

以 HCSA 膨胀剂等量取代水泥 0、6%、8%和 10%为变量，分别做了喷射补偿收缩混凝土 7 d、28 d 抗折强度试验，结果如表 5.5、表 5.6 中 PS-1、PB-1、PB-2 和 PB-3 四组试验结果，混凝土抗折强度与膨胀剂掺量的关系曲线如图 5.12 所示。

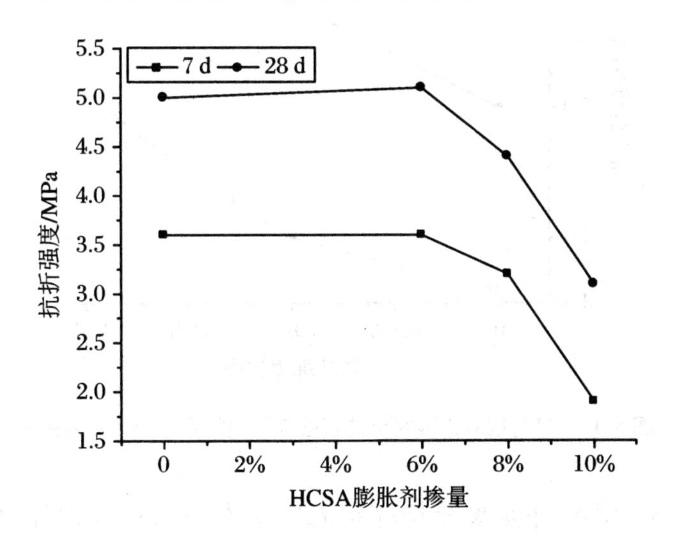

图 5.12　喷射补偿收缩混凝土抗折强度与膨胀剂掺量关系曲线

从图 5.12 中可以看出，喷射补偿收缩混凝土抗折强度与膨胀剂掺量的关系曲线与抗压强度、劈裂抗拉强度相似，在 HCSA 膨胀剂掺量小于 6%的情况下，喷射补偿收缩混凝土小梁的抗折强度并没有下降，随着膨胀剂掺量的继续增加，混凝土小梁的抗折强度急剧下降，膨胀剂掺量为 10%的喷射补偿收缩混凝土小梁与喷射素混凝土小梁相比，7 d、28 d 的抗折强度分别降低了 47.2%和 38.0%，说明过大的自由膨胀变形对混凝土的增强效果是不利的。从抗折强度增强效果方面考虑，喷射补偿收缩混凝土中 HCSA 膨胀剂的最佳匹配掺量为 6%。

5.2.3.2　喷射钢纤维混凝土抗折强度随钢纤维体积率的变化规律

以钢纤维体积率 0、0.8%、1.2%和 1.6%为变量，分别进行了喷射钢纤维混凝土 7 d、28 d 抗折强度试验，结果如表 5.5、表 5.7 中 PS-1、PG-1、PG-2 和 PG-3 四组试验结果，混凝土抗折强度与膨胀剂掺量的关系曲线如图 5.13 所示。

从图 5.13 中可以看出，喷射钢纤维混凝土 7 d、28 d 抗折强度随着钢纤维体积率的增加而增大。钢纤维体积率分别为 0.8%、1.2%和 1.6%时，喷射钢纤维混凝土 7 d 抗折强度比喷射素混凝土分别提高了 11.1%、25.0%和 41.7%；28d 抗折强度分别提高16.0%、22.0%和28.0%。显然,钢纤维对混凝土抗折强度的增强效果明显优于对抗压强度的增强效果,小于对劈裂抗拉强度的增强效果。

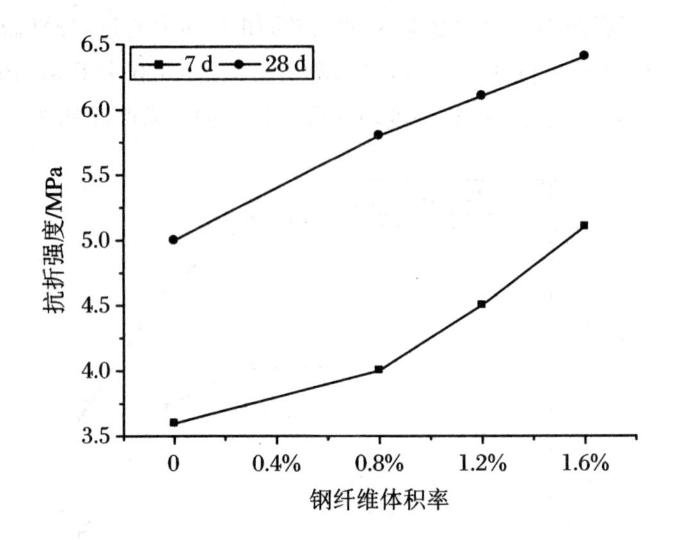

图5.13 喷射钢纤维混凝土抗折强度与钢纤维体积率关系曲线

5.2.3.3 喷射补偿收缩钢纤维混凝土在膨胀剂和钢纤维联合作用下的变化规律

以HCSA膨胀剂等量取代水泥0、6%、8%、10%和钢纤维体积率0、0.8%、1.2%、1.6%为变量进行正交试验,研究膨胀剂和钢纤维对喷射补偿收缩钢纤维混凝土7 d、28 d抗折强度的影响。

1. 膨胀剂掺量一定时,不同钢纤维体积率对混凝土抗折强度的影响规律

分别以膨胀剂掺量为0、6%、8%和10%的喷射补偿收缩混凝土作为基准混凝土,当钢纤维体积率从0到1.6%时,各基准混凝土7 d、28 d抗折强度与钢纤维体积率的关系曲线如图5.14所示。

从图5.14中可以看出,各基准混凝土的抗折强度随钢纤维体积率的增加而增大,但增长的幅度并不一样。钢纤维掺量从0增加到0.8%时,各组混凝土抗折强度提高幅度较大,尤其是膨胀剂掺量为8%的喷射补偿收缩混凝土,28 d抗折强度较基准混凝土提高了43.2%;钢纤维体积率掺量从0.8%增加到1.6%,各混凝土抗折强度仍然增长。

在小梁抗折试验过程中,喷射补偿收缩混凝土和喷射素混凝土一样,在达到开裂荷载时突然断裂,并伴有小梁脆断的响声,裂缝迅速向上扩展,且在短时间内折成两半,如图5.15(a)所示;喷射补偿收缩钢纤维混凝土在达到开裂荷载时,首先在小梁的最下端出现一条微小的裂缝,并伴有较小的脆断响声,然后钢纤维开始发挥作用,随着裂缝的不断扩展,钢纤维被拔出,小梁承载能力开始下降,出现了“裂而不断”的延性破坏现象,如图 5.15(b)所示。喷射钢纤维混凝土和喷射补偿收缩钢纤维混凝土小梁的破坏过程基本一样,但后者的极限抗折强度要大于前者。

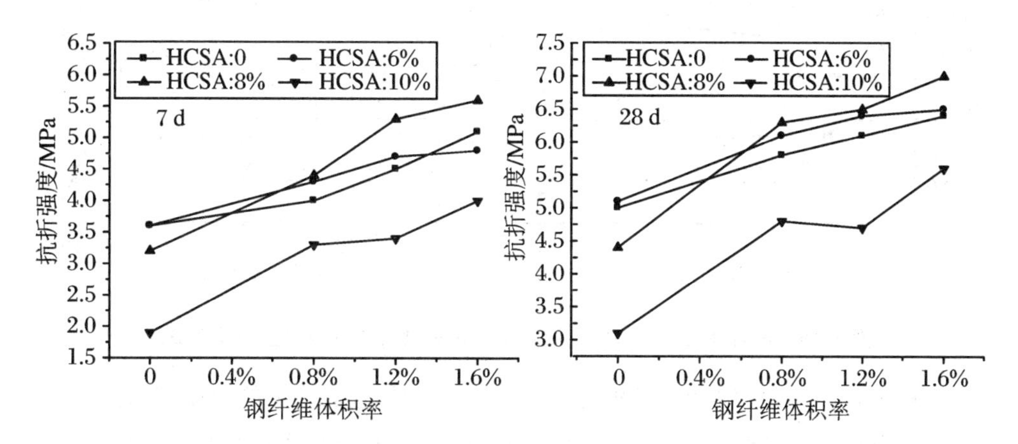

图 5.14　喷射补偿收缩钢纤维混凝土抗折强度与钢纤维体积率的关系曲线

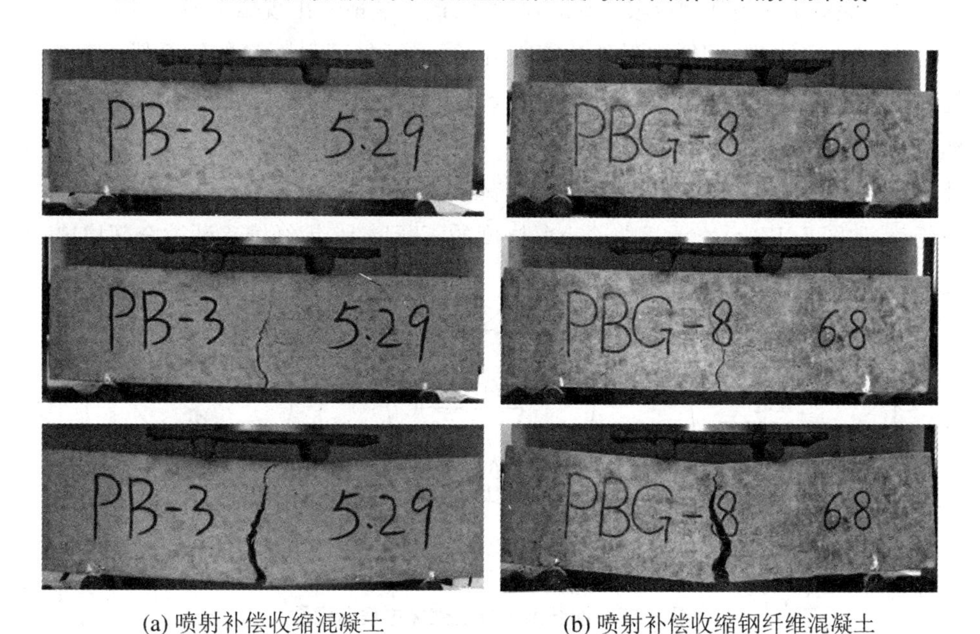

(a) 喷射补偿收缩混凝土　　(b) 喷射补偿收缩钢纤维混凝土

图 5.15　混凝土抗折破坏过程

2. 钢纤维体积率一定时,不同膨胀剂掺量对混凝土抗折强度的影响规律

分别以钢纤维体积率为 0、0.8%、1.2%和 1.6%的喷射钢纤维混凝土作为基准混凝土，当膨胀剂掺量从 0 变化到 10%时，各基准混凝土 7d、28d 抗折强度与 HCSA 膨胀剂掺量的关系曲线如图 5.16 所示。

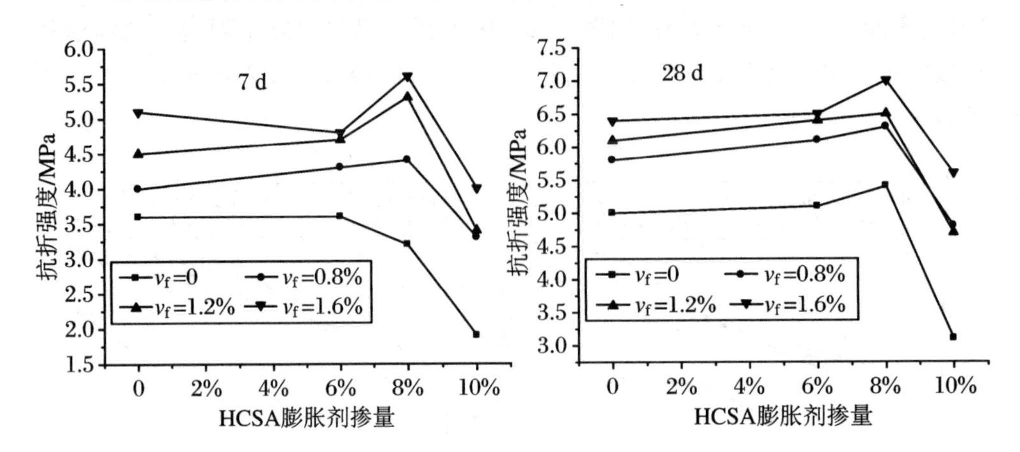

图 5.16　喷射补偿收缩钢纤维混凝土抗折强度与膨胀剂掺量的关系曲线

从图 5.16 中可以看出，基准混凝土一定时，随膨胀剂掺量的增加，混凝土抗折强度先略微增大，膨胀剂掺量为 8%时达到最大值，随后抗折强度急剧减小。

基体混凝土达到开裂极限荷载时，小梁的最下端最先出现微裂缝，如图 5.17(a)所示；裂缝一旦出现，钢纤维限裂功能就开始发挥，处于最下端的钢纤维在裂缝处起到连接的作用，阻止裂缝的扩展，如图 5.17(b)所示；随着挠度的逐渐增大，钢纤维的端钩开始被拉直并从混凝土内拔出，裂缝截面处的钢纤维从下到上分为若干批，当第一批钢纤维完全被拔出后，紧邻其上的新一批钢纤维就开始工作，继续承担荷载，如图 5.17(c)所示。随着小梁挠度的不断增大，钢纤维逐渐被全部拔出，混凝土破坏。

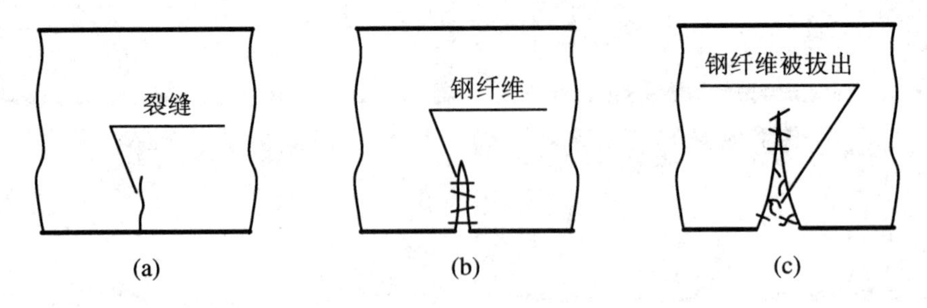

图 5.17　钢纤维被拔出破坏过程示意图

图 5.18 为混凝土小梁抗折破坏后的断裂面，从图中可以明显看出，混凝土中加入膨胀剂后，空隙很少，提高了混凝土的密实性，加入钢纤维的混凝土断面可以看到一根根从一端被拔出的钢纤维，且钢纤维被拔出部分端钩已经被拉直。

(a) 素混凝土　(b) 补偿收缩混凝土　(c) 钢纤维混凝土　(d) 补偿收缩钢纤维混凝土

图 5.18　小梁断裂面

另外,仔细观察喷射钢纤维混凝土和喷射补偿收缩钢纤维混凝土小梁的折断面可以发现,喷射补偿收缩钢纤维混凝土较为密实,钢纤维在拔出的过程中,由于周围混凝土的密实作用而不易被拉动,钢纤维逐渐被拉直拔出,在小梁的折断面上留下一个个的小孔。

5.2.3.4　混凝土小梁力-轴向变形曲线分析

喷射混凝土与喷射补偿收缩混凝土小梁典型的力-轴向变形曲线如图 5.19 所示。

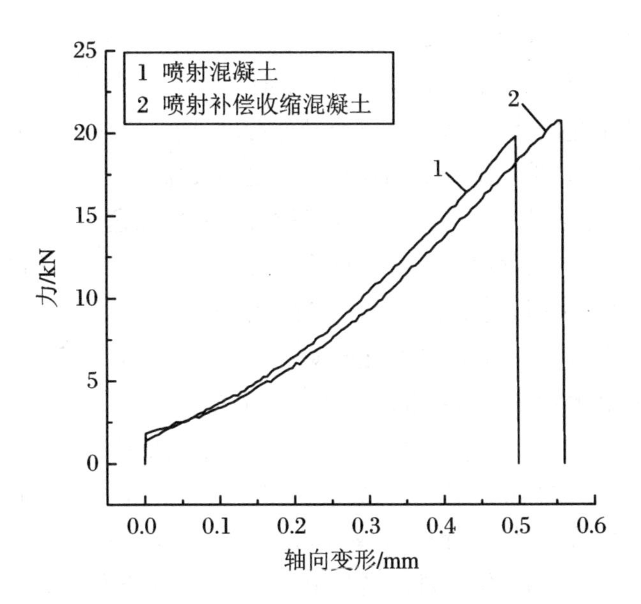

图 5.19　喷射混凝土和喷射补偿收缩混凝土小梁力-轴向变形曲线

从图 5.19 中可以看出,喷射素混凝土和喷射补偿收缩混凝土小梁抗折破坏时表现出了明显的脆性特征,小梁的断裂荷载即为极限荷载,且两者抵抗变形的能力基本相同。

分别向喷射素混凝土和喷射补偿收缩混凝土中加入钢纤维后，两者的抗折破坏均表现出了明显的韧性特征，抵抗变形的能力较钢纤维加入前提高了10倍，小梁力-轴向变形曲线如图5.20所示。

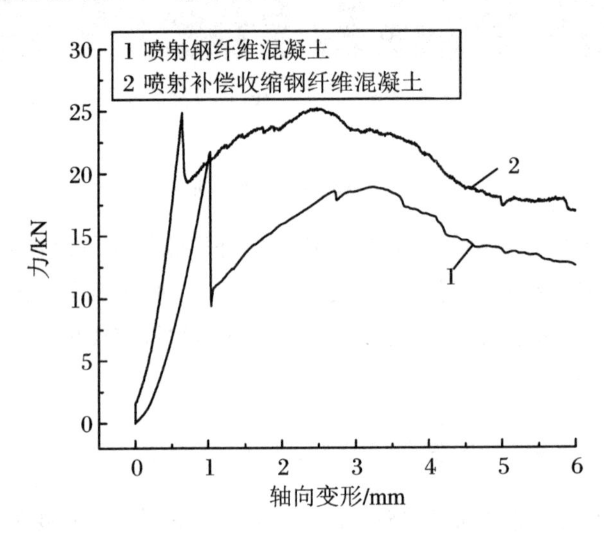

图5.20 喷射钢纤维混凝土和喷射补偿收缩钢纤维混凝土小梁力-轴向变形曲线

由图5.20可知，喷射钢纤维混凝土和喷射补偿收缩钢纤维混凝土力-轴向变形曲线基本形状相似。喷射补偿收缩钢纤维混凝土比喷射钢纤维混凝土的极限承载力要大，吸收能量的能力要强，可以明显地看出，钢纤维显著改善了素混凝土和补偿收缩混凝土的韧性。图5.20表明，混凝土的破坏大致经历了三个阶段：第一阶段，弹性阶段，小梁的力-轴向变形曲线呈线性关系，在这一阶段，钢纤维作为基体混凝土的一部分与其他材料一起共同承担施加的荷载。第二阶段，开裂阶段，当施加的荷载继续增大时，混凝土小梁最下端开始出现一些微小的裂缝，钢纤维也开始真正发挥作用，通过桥连的方式阻止裂缝的进一步扩展。第三阶段，弹塑性阶段，当施加的荷载继续增大达到混凝土的极限荷载时，混凝土的力-轴向变形曲线开始缓慢下降，处于梁最下面的钢纤维开始被慢慢拔出或拉断，并以此来吸收能量，增加喷射补偿收缩钢纤维混凝土的韧性，当一批钢纤维被拉断时，力-轴向变形曲线稍微下降，紧接着另一批钢纤维又开始发挥作用，力-轴向变形曲线又上升，如此反复最终梁破坏。由于钢纤维的增强阻裂作用，使钢纤维混凝土的抗折破坏呈现塑性特征。

5.3　混凝土力学性能与膨胀变形关系分析

混凝土的膨胀变形直接关系到混凝土力学性能的发展，过大的膨胀变形会削弱混凝土的强度，破坏混凝土的内部结构，造成与强度有关的各项指标显著降低。

5.3.1　力学性能与自由膨胀率的关系

膨胀剂掺量为0、6%、8%、10%的喷射补偿收缩混凝土28 d抗压强度、劈裂抗拉强度、抗折强度与自由膨胀率的关系曲线如图5.21～图5.23所示。

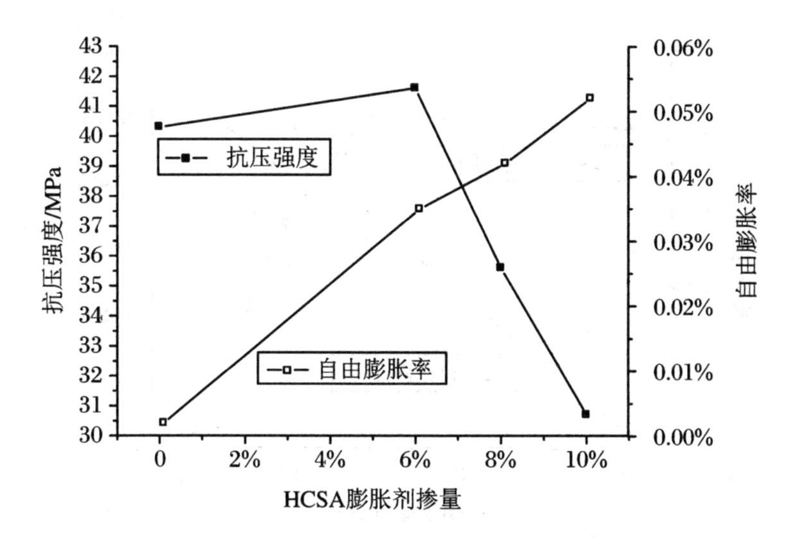

图5.21　抗压强度与自由膨胀率关系曲线

从图5.21～图5.23中可以看出，自由膨胀率随膨胀剂掺量的增加而逐渐增大，膨胀剂掺量为6%～8%时的膨胀率增长速度小于膨胀剂掺量为8%～10%时的膨胀率增长速度；自由膨胀率为0～0.035%时，混凝土的各强度有所增长，但变化不大，当自由膨胀率大于0.035%时，混凝土的各强度均开始大幅度下降。

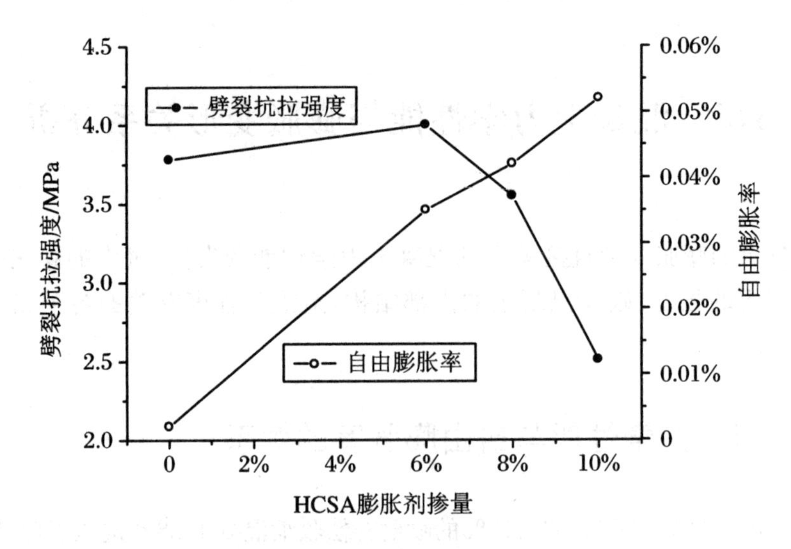

图 5.22　劈裂抗拉强度与自由膨胀率关系曲线

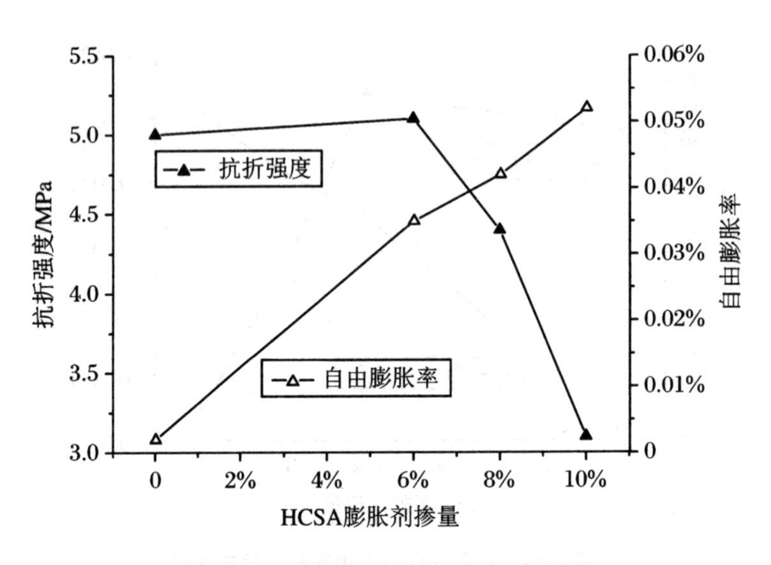

图 5.23　抗折强度与自由膨胀率关系曲线

5.3.2　限制膨胀率与力学性能的关系

依照《补偿收缩混凝土应用技术规程》(JGJ/T 178—2009)[96]，混凝土的限制膨胀率应以纵向限制器作用下的混凝土变形值为准，对于补偿收缩钢纤维混凝土，应以钢纤维和钢筋联合作用下的限制膨胀率为准。

由力学性能试验可知，混凝土的抗压强度、劈裂抗拉强度和抗折强度有着相同的规律，本部分仅以混凝土劈裂抗拉强度为依据来分析限制膨胀率与混凝土力学性能的关系，如图5.24所示。

从图5.24可以看出，补偿收缩钢纤维混凝土的劈裂抗拉强度随膨胀剂掺量的增加而先增大后减小，不受钢纤维掺量的影响；限制膨胀率则随膨胀剂掺量的增加而增大，但在一定的限制膨胀率范围内，补偿收缩钢纤维混凝土的劈裂抗拉强度不会下降。当钢纤维体积率为0.8%，限制膨胀率超过0.024%时劈裂抗拉强度开始下降；当钢纤维体积率为1.2%，限制膨胀率超过0.021%时劈裂抗拉强度开始下降；当钢纤维体积率为1.6%，限制膨胀率超过0.017%时劈裂抗拉强度开始下降。

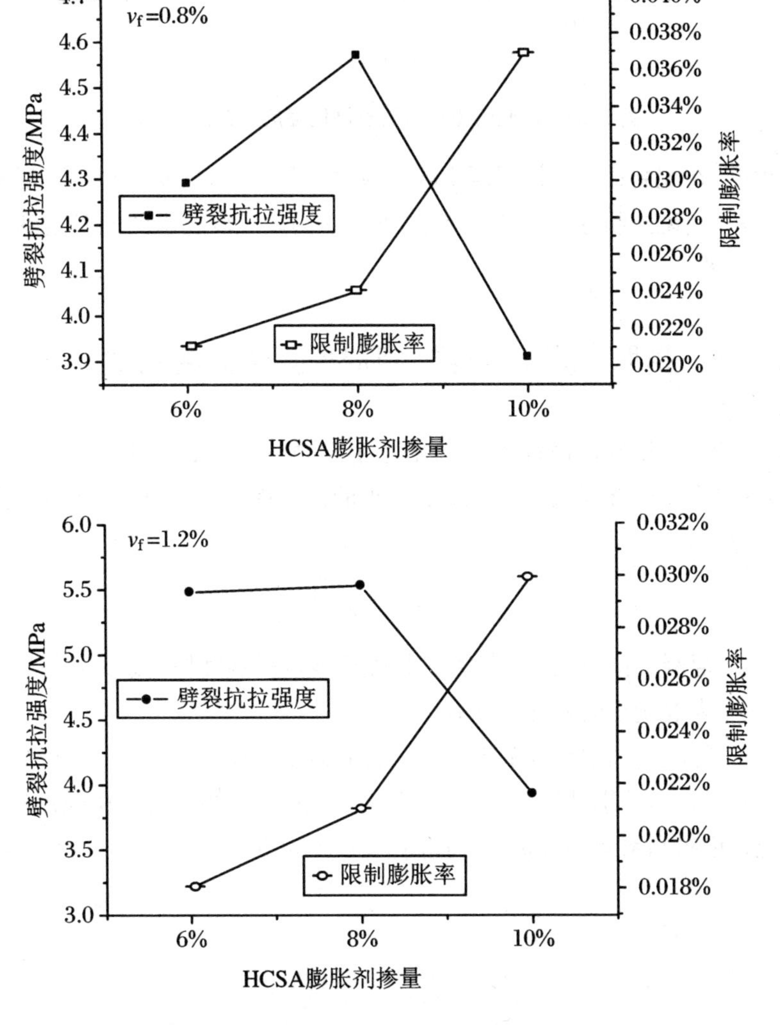

图5.24　限制膨胀率与劈裂抗拉强度关系曲线

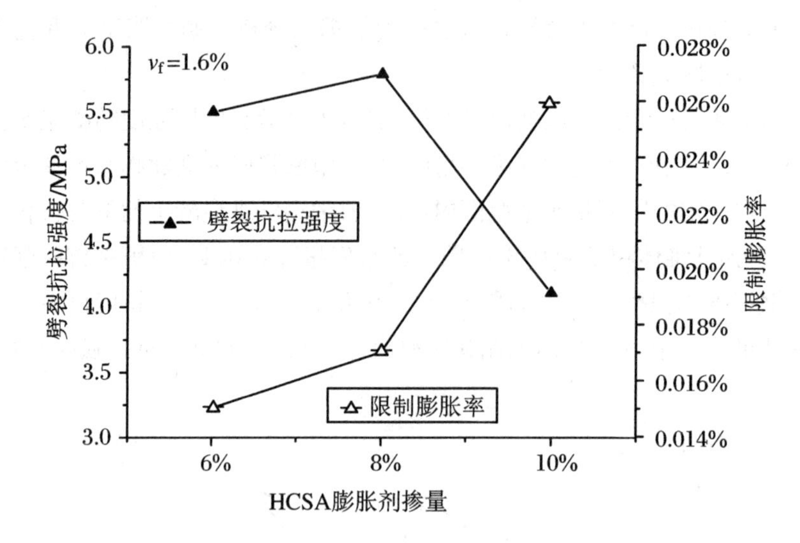

图 5.24　限制膨胀率与劈裂抗拉强度关系曲线(续)

这说明，在配制补偿收缩混凝土或自应力混凝土时，只要控制好混凝土的限制膨胀率，也就是说控制好膨胀剂的掺量，就能在满足强度要求的同时达到补偿混凝土收缩的目的。

5.3.3　膨胀剂和钢纤维对喷射混凝土增强效应分析

为了研究膨胀剂和钢纤维单掺和双掺对喷射混凝土的增强效果，可按公式(5.4)计算出喷射补偿收缩钢纤维混凝土的强度提高系数，这样有利于直观的进行对比与分析。

$$K = \frac{f_2 - f_1}{f_1} \tag{5.4}$$

式中，K——混凝土抗压强度或劈裂抗拉强度或抗折强度提高系数，%；

f_1——素混凝土的强度，MPa；

f_2——膨胀剂和钢纤维单掺或双掺后的强度，MPa。

按照式(5.4)，分别计算了 16 组配合比下，混凝土 28 d 的抗压强度提高系数、劈裂抗拉强度提高系数和抗折强度提高系数，如表 5.9～表 5.11 所示。

表 5.9　抗压强度提高系数

膨胀剂掺量	钢纤维体积率			
	0	0.8%	1.2%	1.6%
0	0	2.0%	4.0%	0
6%	3.2%	10.2%	4.7%	4.2%
8%	−11.7%	5.5%	9.7%	11.7%
10%	−23.8%	−10.0%	−12.7%	−8.7%

表 5.10　劈裂抗拉强度提高系数

膨胀剂掺量	钢纤维体积率			
	0	0.8%	1.2%	1.6%
0	0	7.4%	20.6%	43.4%
6%	5.8%	13.5%	45.0%	45.5%
8%	−6.1%	20.9%	46.3%	53.2%
10%	−33.6%	3.4%	4.0%	8.7%

表 5.11　抗折强度提高系数

膨胀剂掺量	钢纤维体积率			
	0	0.8%	1.2%	1.6%
0	0	16.0%	22.0%	28.0%
6%	2.0%	22.0%	28.0%	30.0%
8%	−12.0%	26.0%	30.0%	40.0%
10%	−38.0%	−4.0%	−6.0%	12.0%

表 5.9～表 5.11 中混凝土抗压强度提高系数、劈裂抗拉强度提高系数和抗折强度提高系数表现出了相似的规律。在钢纤维单独掺入的条件下，混凝土抗压强度、劈裂抗拉强度、抗折强度提高系数最大分别为 4.0%、43.4%、28.0%；钢纤维和膨胀剂双掺时，相应的提高系数最大分别为 11.7%、53.2%、40.0%。可见钢纤维和膨胀剂的联合作用起到了明显的协同增强效果，这是仅仅依靠增加钢纤维掺量所难以达到的。首先，钢纤维和膨胀剂的协同作用，对提高混凝土的劈裂抗拉强度效果最为明显；其次是抗折强度，钢纤维的限胀作用尤其对混凝土的抗折初裂强度有较大的提高；两种材料的复合对混凝土的抗压强度提高不多，但这并不影响其功能的发挥和材料的应用，混凝土抗拉强度的提高才是减少裂缝和渗水的关键所在，在满足抗渗防裂要求的前提下，混凝土抗压强度提高幅度较小或稍有降低是可以接受的。

本 章 小 结

本章以膨胀剂等量取代水泥 0、6%、8%、10% 和钢纤维体积率 0、0.8%、1.2%、1.6% 为变量进行正交试验，研究了各组混凝土 7 d、28 d 抗压强度，劈裂抗拉强度和抗折强度，主要得出以下结论：

(1) 对膨胀剂单独掺入的补偿收缩混凝土，当膨胀剂掺量为 6% 时，混凝土的各强度与素混凝土相比稍有提高，提高率分别为 3.2%、5.8% 和 2.0%；膨胀剂掺量继续增加，混凝土各强度急剧下降，膨胀剂掺量为 10% 的补偿收缩混凝土与素混凝土相比，各强度分别降低了 23.8%、33.6% 和 38.0%。

(2) 随着钢纤维体积率的增加，喷射钢纤维混凝土的抗压强度、劈裂抗拉强度和抗折强度逐渐增大，钢纤维体积率掺量在 0.8%～1.2% 范围内效果最佳。

(3) 对膨胀剂和钢纤维双掺的喷射补偿收缩钢纤维混凝土，与素混凝土相比，抗压强度、劈裂抗拉强度和抗折强度随钢纤维体积率掺量的增加而增大，膨胀剂掺量为 8% 时达到最大值，膨胀剂掺量继续增加，三种强度均显著下降。

(4) 钢纤维单掺时，抗压强度、劈裂抗拉强度和抗折强度较素混凝土最大提高系数分别为 4.0%、43.4% 和 28.0%；钢纤维和膨胀剂双掺时，三种强度最大提高系数分别为 11.7%、53.2% 和 40.0%，明显优于钢纤维单独掺入时的情况，说明钢纤维和膨胀剂的联合作用起到了明显的协同增强效果。

(5) 补偿收缩混凝土的自由膨胀率超过 0.035% 时，混凝土的各强度均开始大幅度下降；对于钢纤维体积率为 1.2% 的补偿收缩钢纤维混凝土，限制膨胀率超过 0.021% 时混凝土的强度开始下降。

(6) 钢纤维和膨胀剂对混凝土的联合增强效果从大到小依次为：劈裂抗拉强度、抗折强度、抗压强度。

(7) 综合比较各配比混凝土的力学性能变化趋势，可以看出当膨胀剂掺量为 8%、钢纤维体积率在 0.8%～1.2% 范围内时效果最佳。

第6章　补偿收缩钢纤维混凝土弯曲韧性试验研究

6.1　试验设计

6.1.1　试验依据

在弯曲韧性试验中，弯曲韧度指数采用了三种方法，即中国工程建设标准协会标准《纤维混凝土应用技术规程》(JGJ/T 221)、美国材料与试验协会 ASTM C1018 方法和日本混凝土协会标准 JSCE SF4 方法。承载能力变化系数的计算方法依据的是《纤维混凝土试验方法标椎》(CECS 13:2009)；弯曲韧度比采用的规范是《纤维混凝土结构技术规程》(CECS 38:2004)；初裂强度和初裂韧性采用《纤维混凝土应用技术规程》(JGJ/T 221—2010)中规定的内容。

6.1.2　试验原材料

水泥采用 P·O42.5 级硅酸盐水泥；细骨料采用优质河砂，细度模数为 2.64 的中砂，级配良好，砂样筛分结果见表 6.1；粗骨料采用粒径为 5～10 mm 的碎石；膨胀剂采用 HCSA 膨胀剂，属高性能硫铝酸钙类混凝土膨胀剂；速凝剂采用 D 型速凝剂；水采用自来水；钢纤维采用剪切端钩型钢纤维，钢纤维的规格尺寸为 0.5 mm×0.5 mm×25 mm，等效直径为 0.56 mm，长径比大于 44，抗拉强度大于 800 MPa，在弯曲韧性试验中，90%的钢纤维不会被拉断，剪切端钩型钢纤维如图 6.1 所示。

表 6.1 砂样筛分结果

筛孔尺寸/mm	筛余量/g	分计筛余百分率	累计筛余百分率
5	0.5	0.1%	0.1%
2.5	18.5	3.7%	3.8%
1.25	113	22.6%	26.4%
0.63	90.5	18.1%	44.5%
0.315	198.5	39.7%	84.2%
0.16	54.5	10.9%	95.1%
<0.16	24.5	4.9%	100%

注：砂子总量为 500 g。

图 6.1 剪切端钩型钢纤维

6.1.3 试验配合比设计

试验所设计的混凝土强度等级为 C30，按照规范《普通混凝土配合比设计规程》(JGJ 55—2011)进行混凝土试配，过程如下：

(1) 确定配置强度 $f_{cu,0}$

$$f_{cu,0} = f_{cu,k} + 1.645\sigma \tag{6.1}$$

当混凝土强度等级小于 C20 时，强度标准差 σ 取 4.0；当混凝土强度等级为 C25～C45，σ 取 5.0；当混凝土强度等级为 C50～C55，σ 取 6.0。试验混凝土设计强度为 C30，因此，$\sigma=5.0$。

$$f_{cu,0} = f_{cu,k} + 1.645\sigma = 30 + 1.645 \times 5.0 = 38.225\ \text{MPa}$$

（2）确定水胶比 W/B

根据规范，当混凝土强度等级小于 C60 时，混凝土的水胶比的计算公式为

$$W/B = \frac{\alpha_a f_b}{f_{cu,0} + \alpha_a \alpha_b f_b} \tag{6.2}$$

式中，W/B——混凝土的水胶比；

α_a，α_b——回归系数，$\alpha_a = 0.53$，$\alpha_b = 0.20$；

f_b——胶凝材料 28 d 抗压强度值，按式(6.3)计算，MPa。

$$f_b = \gamma_f \gamma_s f_{ce} \tag{6.3}$$

式中，γ_f——粉煤灰影响系数，当粉煤灰掺量为 0 时，取 1.0；

γ_s——矿渣粉影响系数，当矿渣粉掺量为 0 时，取 1.0；

f_{ce}——水泥 28 d 胶砂抗压强度值，按式(6.4)计算，MPa。

$$f_{ce} = \gamma_c f_{ce,g} \tag{6.4}$$

式中，γ_c——水泥强度等级值的富余系数，根据规范，取 $\gamma_c = 1.16$；

$f_{ce,g}$——水泥强度等级值，试验采用的水泥，$f_{ce,g} = 42.5$ MPa。

所以，

$$f_{ce} = 1.16 \times 42.5 = 49.3\ \text{MPa}$$

$$f_b = 1.0 \times 1.0 \times 49.3 = 49.3\ \text{MPa}$$

$$W/B = \frac{0.53 \times 49.3}{38.2 + 0.53 \times 0.2 \times 49.3} = 0.60$$

（3）确定用水量 m_{wo}

根据试验所要求的坍落度和碎石的公称直径，初步确定混凝土的用水量为

$$m_{wo} = 230\ \text{kg/m}^3$$

（4）确定水泥用量 m_{co}

胶凝材料用量：$m_{bo} = \dfrac{m_{wo}}{W/B} = \dfrac{230}{0.60} = 383.3\ \text{kg/m}^3$

水泥用量：$m_{co} = m_{bo} - m_{fo}$

其中，m_{fo} 为矿物掺合料用量，$m_{fo} = 0$。

所以，

$$m_{co} = m_{bo} - 0 = 383.3\ \text{kg/m}^3$$

（5）确定砂率 β_s

根据《喷射混凝土加固技术规程》，砂率宜为 0.45～0.55，取 0.48。

（6）确定砂、石用量 m_{go}、m_{so}

采用质量法计算混凝土的配合比，粗细骨料用量按式(6.5)计算：

$$m_{fo} + m_{co} + m_{go} + m_{so} + m_{wo} = m_{cp} \tag{6.5}$$

式中，m_{cp}——混凝土的假定质量，取 2450 kg/m³。

砂石总用量：

$$m_{go} + m_{so} = m_{cp} - m_{fo} - m_{co} - m_{wo}$$
$$= 2450 - 0 - 383.3 - 230 = 1836.7\ \text{kg/m}^3$$

砂率计算公式如下：

$$\beta_s = \frac{m_{so}}{m_{go} + m_{so}} \tag{6.6}$$

所以，砂用量：$m_{so} = (m_{go} + m_{so}) \cdot \beta_s = 1836.7 \times 0.48 = 881.6\ \text{kg/m}^3$，石用量：$m_{go} = 1836.7 - 881.6 = 955.1\ \text{kg/m}^3$

综合以上计算结果，1 m³ 混凝土中所需材料的质量分别为

水：$m_{wo} = 230$ kg；水泥：$m_{co} = 383.3$ kg；砂：$m_{so} = 881.6$ kg；石：$m_{go} = 955.1$ kg。质量比为：水泥∶砂∶石∶水＝383.3∶881.6∶955.1∶230＝1∶2.30∶2.49∶0.60

（7）混凝土的试配与调整

用以上计算得出的结果进行试配，根据喷射混凝土规范及其他相关规范规定，结合混凝土的和易性和工作性能进行调整，得出混凝土最终的基准配合比。试验水胶比 0.48，砂率 45%，水泥用量 440 kg/m³，细骨料 787 kg/m³，粗骨料 961.8 kg/m³，水用量 211.2 kg/m³，速凝剂等量取代水泥 2%。

6.1.4 试验分组

在喷射混凝土中，采用 D 型速凝剂，等量取代水泥 2%，掺量为 8.8 kg/m³；试验所用膨胀剂和钢纤维的量是变量，其中，钢纤维采用外掺法，体积率分别为 0.8%、1.2%、1.6%，掺量分别为 62.8 kg/m³、94.2 kg/m³、125.6 kg/m³；膨胀剂采用内掺法，等量取代水泥 6%、8%、10%，掺量分别为 26.4 kg/m³、35.2 kg/m³、44 kg/m³。进行正交试验，设计试验共 16 组，并进行编号，具体分组情况见表 6.2。

表 6.2　试验分组明细

编号	钢纤维		膨胀剂	
	体积率	掺量/(kg/m³)	比率	掺量/(kg/m³)
PS-1	0	0	0	0
PB-1	0	0	6%	26.4
PB-2	0	0	8%	35.2

续表

编号	钢纤维		膨胀剂	
	体积率	掺量/(kg/m³)	比率	掺量/(kg/m³)
PB-3	0	0	10%	44
PG-1	0.8%	62.8	0	0
PG-2	1.2%	94.2	0	0
PG-3	1.6%	125.6	0	0
PBG-1	0.8%	62.8	6%	26.4
PBG-2	1.2%	94.2	6%	26.4
PBG-3	1.6%	125.6	6%	26.4
PBG-4	0.8%	62.8	8%	35.2
PBG-5	1.2%	94.2	8%	35.2
PBG-6	1.6%	125.6	8%	35.2
PBG-7	0.8%	62.8	10%	44
PBG-8	1.2%	94.2	10%	44
PBG-9	1.6%	125.6	10%	44

注：表中，PS 代表喷射素混凝土；PB 代表喷射补偿收缩混凝土；PG 代表喷射钢纤维混凝土；PBG 代表喷射补偿收缩钢纤维混凝土。

6.1.5　试件制作与养护

试验采用强制式搅拌机进行搅拌，且一次搅拌量不超过搅拌机定额的 80%，搅拌过程中，应尽量避免钢纤维结团、弯曲与折断，以保证纤维分布的均匀性和钢纤维混凝土的密实性。具体的施工工艺流程如下：依据配合比设计，先将所需粗细骨料、钢纤维、胶凝材料、水进行称重，将粗细骨料和钢纤维倒入搅拌机中搅拌 2 min，再倒入水泥和膨胀剂，一起搅拌 1 min，加水湿拌 2 min，考虑到速凝剂的特性，在此 2 min 内的最后 30 s 拌入速凝剂，形成新拌混凝土。混凝土浇筑时，采用人工插捣和振动台振实相结合的方式，将新拌混凝土边装入试模内边用钢棒进行捣实，再将试模放到振动台上振动，此时，用抹刀刮去表面多余的混凝土，并进行初平，振动 90 s 以后，取下试模，收浆抹平，分类摆放整齐。在弯曲韧性试验中，为固定位移计，在每个试件上预埋 3 个小螺钉，根据制作的位移计夹具尺寸，螺钉预埋的位置如图 6.2 所示，再将砂浆灌入螺钉周围，以固定螺钉，然后用抹刀将混凝土表面抹平，并将试模周围多余的浆体清理干净，以防拆模时损坏表面，而且利于保护试模，混凝土带模养护 24 h(图 6.3)后拆模并编号，放入标准养护室中养护 7 d、28 d。

图 6.2 预埋螺钉位置

图 6.3 弯曲韧性试件成型

试件成型 6 h 后，盖上布并适量洒水，保持试件表面湿润，24 h 后拆模并编号，然后将其放入标准养护室中(养护室内温度约为 20 ℃，相对湿度在 95%以上)，盖布并洒水。由于掺膨胀剂的混凝土对养护的条件比较苛刻，因此在混凝土养护前 7 d，每天浇 3 次水，以后逐渐减少浇水次数，但要保证其湿养的条件。

6.1.6　试验模具及仪器

根据《钢纤维混凝土试验方法标准》(CECS 13:2009),试验所采用的钢纤维长度为 25 mm(小于 40 mm),在混凝土弯曲韧性试验中,采用截面为 100 mm×100 mm 的梁式试件,跨度为截面边长的 3 倍,长度比跨度大 100 mm,因此采用 100 mm×100 mm×400 mm 的小梁试件,方法是三点弯曲法。混凝土集料搅拌均采用 HJW-60 型微电脑单卧轴强制式混凝土搅拌机,试件振动均采用 HCZT-1 型混凝土磁性振动台。

弯曲韧性试验采用 WAW-600 型微机控制电液伺服万能试验机测试,如图 6.4 所示。

图 6.4　电液伺服万能试验机

6.2　补偿收缩钢纤维混凝土弯曲韧性试验与分析

钢纤维喷射混凝土的韧性是指钢纤维喷射混凝土在承载过程中承受变形的能力,亦即材料开裂产生较大变形,仍可保持材料强度不明显降低。从微观角度看,韧性是材料强度和延性的综合;而从宏观角度看,韧性为材料或结构从荷载作用到失效为止，可吸收能量的能力。在实际工程中，很多混凝土结构受到地震、冲击、爆炸等动荷载作用，即使这种结构的强度能够满足工程要求，但由于其延性不好，仍不能满足工程的耐久性要求，一旦发生事故，会造成巨大的灾难。因此，要保证混凝土结构的整体性，需从三个角度考虑：① 混凝土结构应具有较高的初裂弯拉强度；② 混凝土材料达到极限强度时，能够消耗大量的能量，即从安全性方面考虑要有保证；③ 超过极限强度以后，混凝土结构仍能承受较大的荷载而不立即破坏，即要求有较高的残余强度。

6.2.1 弯曲韧性评价方法介绍

6.2.1.1 ASTM C1018 韧度指数法

ASTM C1018 韧度指数法，又称为特征点法，较为广泛地用来评价和计算钢纤维混凝土弯曲韧性的标准。该标准的要求如表 6.3 所示。

表 6.3 ASTM C1018 韧度指数法标准

	控制方法	控制速率	一次加载时间	跨中挠度
ASTM C1018	位移	0.05～0.1 mm/min	≥15 min	≥$0.1I_{20}$

加载方式采用三分点加载，如图 6.5 所示。

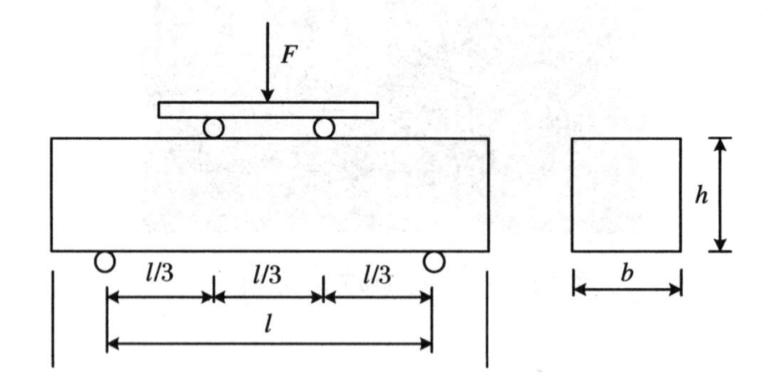

图 6.5 ASTM C1018 加载方式

注：L_S 为梁的跨度。

ASTM 标准以第一条裂缝出现时的韧性为依据，引入了 3 个评价混凝土弯曲韧性的指标，即梁初裂时的跨中挠度 δ、韧度指数 I 和残余强度指数 R。其中，I 和 R 可用以衡量混凝土的韧性和能量吸收能力，均以钢纤维混凝土的荷载-挠度曲线为依据，如图 6.6 所示。

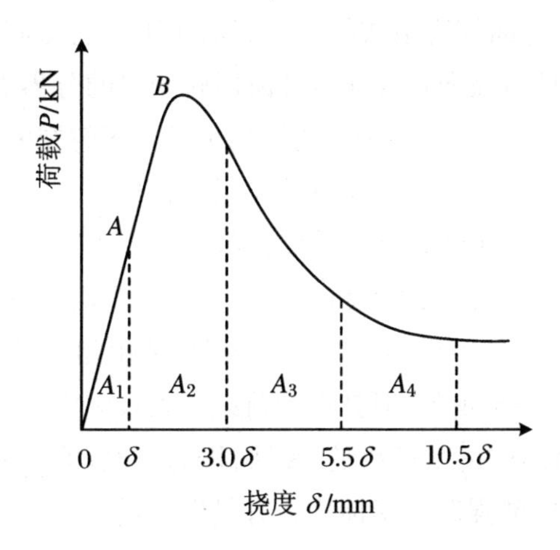

图 6.6　ASTM C1018 荷载-挠度标准曲线

ASTM C1018 定义的韧性指标有 I_5、I_{10}、I_{20} 三个，根据梁初裂点的变形和能量来确定，其计算方法为图 6.6 中初裂挠度 δ 的倍数（3.0δ，5.5δ 和 10.5δ）处曲线所包围的面积与初裂点处的曲线所包围的面积比，即

$$I_5 = \frac{A_1 + A_2}{A_1} \tag{6.7}$$

$$I_{10} = \frac{A_1 + A_2 + A_3}{A_1} \tag{6.8}$$

$$I_{20} = \frac{A_1 + A_2 + A_3 + A_4}{A_1} \tag{6.9}$$

对于残余强度指数 R，ASTM C1018 提出了 2 个系数：$R_{5,10}$、$R_{10,20}$，计算方法分别为

$$R_{5,10} = 20(I_{10} - I_5) \tag{6.10}$$

$$R_{10,20} = 10(I_{20} - I_{10}) \tag{6.11}$$

理想弹塑性的残余强度指数 $R \approx 100$，当 $R < 100$ 时，则证明该材料的塑性性能相对较低，而一般情况下，素混凝土的残余强度指数约为 0。

ASTM C1018 韧度指数法的优点如下：

（1）计算韧度指数均是以混凝土受力过程的全曲线为依据的，能够比较准确地反映其工作状态。

（2）以初裂挠度的倍数来确定终点挠度与延性比类似，且所选用的倍数与实际设计相近，便于工程应用。

（3）能够反映钢纤维特征参数与混凝土基体特性对混凝土韧性的改善程度。

（4）对钢纤维混凝土的性能和试件尺寸没有要求。

虽然这种方法有其特殊的优点，但仍存在着缺陷：

(1) 该方法所列弯曲韧度指数的计算都依赖于初裂点值,理论上,初裂点为荷载-挠度曲线由线弹性阶段向塑性非线性阶段转变时的分界点,而初裂点的选取存在很大的人为主观性,另外,试验条件的影响也是不容忽视的。这是 ASTM C1018 韧度指数法固有的缺陷,必然会影响试验结果的精确性。

(2) 经研究发现,ASTM C1018 韧度指数法只适用于高纤维率的混凝土,而用此法测定低纤维率高强基体的钢纤维混凝土时所得出的荷载-挠度曲线不稳定,不能用于计算弯曲韧性的各个指标。有试验表明,利用闭环控制的电液伺服万能试验机可以消除这种不稳定现象,但其最大荷载有限且刚度有限。

(3) 用该方法得出的韧度指数是曲线面积的比值,即材料吸收能量的相对值,无量纲,而实际工程中的强度等指标均为有量纲的量。

6.2.1.2 JCI 弯曲韧度系数法

1983 年由 JCI SFRC 提出的 JCI 弯曲韧度系数法,又称为强度法,用弯曲韧度系数 $\bar{\sigma}_b$ 来表示混凝土的韧性,公式如下:

$$\bar{\sigma}_b = \frac{T_b l}{\delta_{tb} b h^2} \tag{6.12}$$

式中,δ_{tb}——给定的挠度值 $l/150$,取 $\delta_{tb}=2$;

T_b——韧度,N·mm,挠度为 δ_{tb}时荷载-挠度曲线下的面积;

l——试件的跨度,取 $l=300$ mm;

b、h——分别为断裂截面的平均宽度和高度,取 $b=100$ mm,$h=100$ mm。

JCI 弯曲韧度系数法的荷载-挠度曲线如图 6.7 所示。

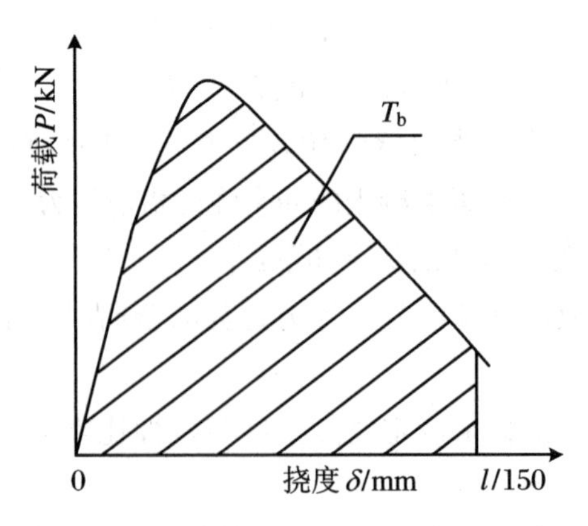

图 6.7 JCI 荷载-挠度曲线

由以上计算过程可知，该方法所得的韧度指数与初裂点的选取无关，计算简单且概念明确，但分析过程过于粗略且缺少工程意义，不便于实际工程应用。

6.2.1.3 我国弯曲韧性评价方法

我国《纤维混凝土应用技术规程》(JGJ/T 221—2010)对弯曲韧性的试验方法及评价指数做出了规定。在纤维长度不大于 40 mm 时，采用 100 mm×100 mm×400 mm 的小梁试件，按三分点加荷，每组试验至少为 4 个试件。采用精度为 0.01 mm 的位移传感器抵于角型支撑上，初裂前采用荷载控制，速率为 0.05～0.08 MPa/s，初裂后采用位移控制，使挠度增长速率相等。加载装置如图 6.8 所示。

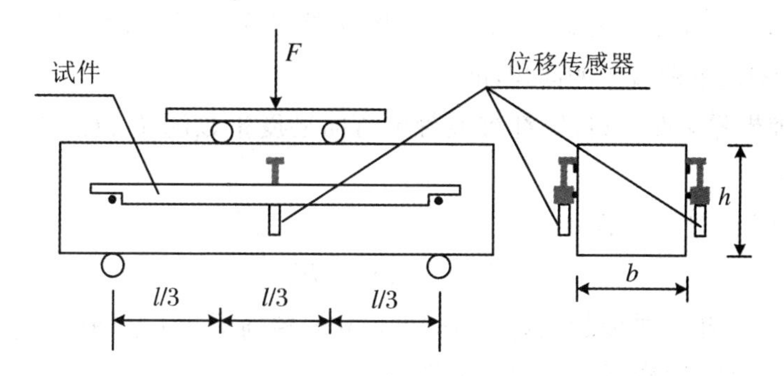

图 6.8 JGJ/T 221—2010 加载装置图

待试验结束后绘制荷载-挠度曲线，如图 6.9 所示。其中，A 点为初裂点，即荷载-挠度曲线由线性转为非线性的点。A 点所对应的横坐标为初裂挠度 δ，纵坐标为初裂荷载 F_{cra}。

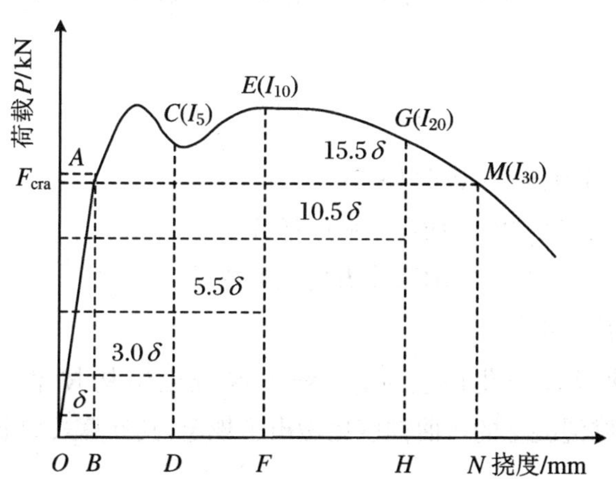

图 6.9 JGJ/T 221—2010 荷载-挠度曲线

（1）弯曲韧度指数的计算

$$I_5 = \frac{S_{OACD}}{S_{OAB}} \tag{6.13}$$

$$I_{10} = \frac{S_{OAEF}}{S_{OAB}} \tag{6.14}$$

$$I_{20} = \frac{S_{OAGH}}{S_{OAB}} \tag{6.15}$$

$$I_{30} = \frac{S_{OAMN}}{S_{OAB}} \tag{6.16}$$

式中，I_5、I_{10}、I_{20}、I_{30}——跨中挠度分别为初裂挠度 δ 的倍数 3.0、5.5、10.5、15.5 时的弯曲韧度指数，精确至 0.01；

S_{OAB}、S_{OACD}、S_{OAEF}、S_{OAGH}、S_{OAMN}——跨中挠度分别为 δ、3.0δ、5.5δ、10.5δ、15.5δ 时所对应的曲线下的面积，mm^2。

对于理想弹塑性材料，钢纤维混凝土弯曲韧度指数的 I_5、I_{10}、I_{20}、I_{30} 分别为 5、10、20、30。

（2）初裂强度的计算

$$f_{fc,cra} = F_{cra} l / bh^2 \tag{6.17}$$

式中，$f_{fc,cra}$——钢纤维混凝土的初裂强度，MPa，精确至 0.1 MPa；

F_{cra}——钢纤维混凝土的初裂荷载，N；

l——支座间距，取 $l = 100$ mm；

b——试件截面宽度，取 $b = 100$ mm；

h——试件截面高度，取 $h = 100$ mm。

（3）承载能力变化系数的计算［依据规范：《钢纤维混凝土试验方法标准》（CECS 13:2009）］

$$\zeta_{m,n,m} = \frac{\eta_{m,n,m} - a}{a - 1} \tag{6.18}$$

式中，a——倍数 3.0、5.5、10.5、15.5；

$\eta_{m,n,m}$——一组试件的平均弯曲韧度指数。

对于理想弹塑性材料，其承载能力变化系数 $\zeta_{m,n,m} = 1$。

（4）弯曲韧度比的计算

中国工程建设标准化协会标准《纤维混凝土结构技术规程》（CECS 38:2004）[98]对钢纤维混凝土的弯曲韧度比做出了规定，其计算式如下：

$$R_e = \frac{f_e}{f_{fcr}} \tag{6.19}$$

式中，f_e——弯曲韧度指数，即 JCI 规定的弯曲韧度指数 $\bar{\sigma}_b$，MPa；

f_{fcr}——初裂弯拉强度，MPa。

6.2.2 试验方法

综合以上各种方法，根据现有试验条件，依据规范，纤维长度 25 mm（小于 40 mm），采用尺寸为 100 mm×100 mm×400 mm 的小梁试件，试件跨度为 300 mm，每组 4 个，共 128 个，分别养护 7 d、28 d，膨胀剂掺量分别为 0、6%、8%、10%，钢纤维掺量分别为 0、0.8%、1.2%、1.6%，速凝剂掺量为水泥用量的 2%。试验在 WAW-600 型微机控制电液伺服万能试验机上进行测试，采用三分点加载，为测量小梁试件的荷载-挠度曲线，在小梁跨中布置一位移传感器，精度为 0.001 mm，试验装置示意图如图 6.10 所示。

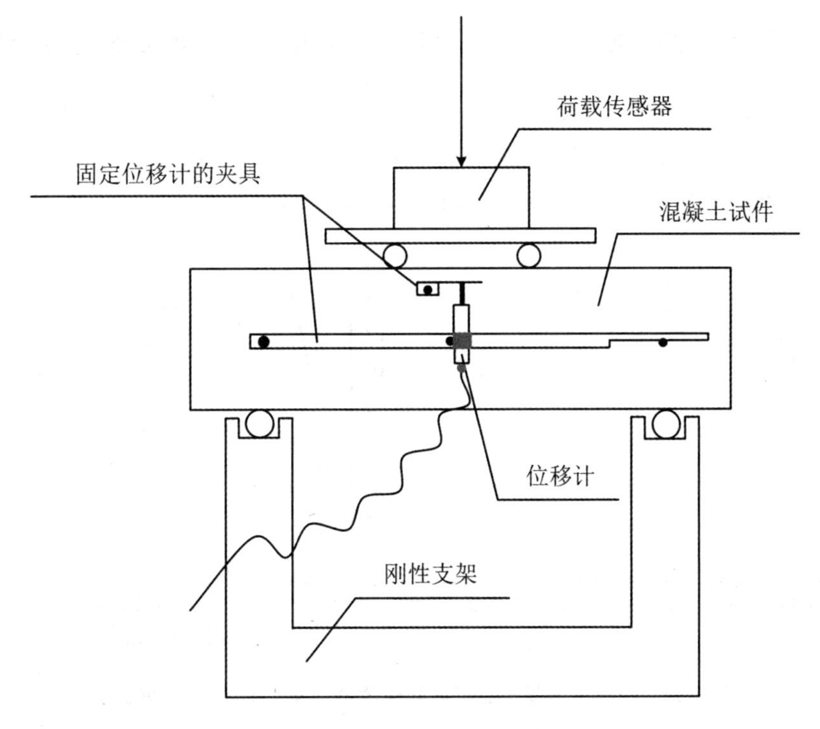

图 6.10　弯曲韧性试验装置图

弯曲韧性试验具体如下：

（1）在进行弯曲韧性试验的提前 12 h 将到期试件从养护室中取出，待表面水分完全晾干后，进行试验。

（2）试验前对试件进行划线，以便于无偏心地对试件进行加载。上支架加载点与试件边缘的距离为 150 mm,下支架加载点与试件边缘的距离为 50 mm。

(3) 将钢片用螺帽固定在试件上部的预埋螺钉上,位移计身架在试件的预埋螺钉上并拧紧螺帽,将位移计针头顶于钢片上。此时,位移计测量的挠度为试件的跨中挠度。

(4) 在下支架上涂上一层黄油,然后将装有位移计的试件放在试验支架上,启动试验机,采用位移闭环控制,加载速度为 0.1 mm/min,要求每次加载时间必须在 15 min 以上,试验结束时的挠度至少为 2 mm。

(5) 试件破坏后停止试验,对试验仪器进行卸压,将试件从支架上取下,并卸下位移计,试验结束。

6.2.3 试验结果与分析

6.2.3.1 喷射素混凝土和喷射补偿收缩混凝土试验结果与分析

由于喷射混凝土的脆性大,韧性不能很好地表现出来,在试验现有条件下,荷载-挠度曲线为:在混凝土试件破坏之前,挠度一直为 0,荷载直线上升,一旦达到混凝土的极限抗弯强度,挠度迅速增大,如图 6.11 所示。

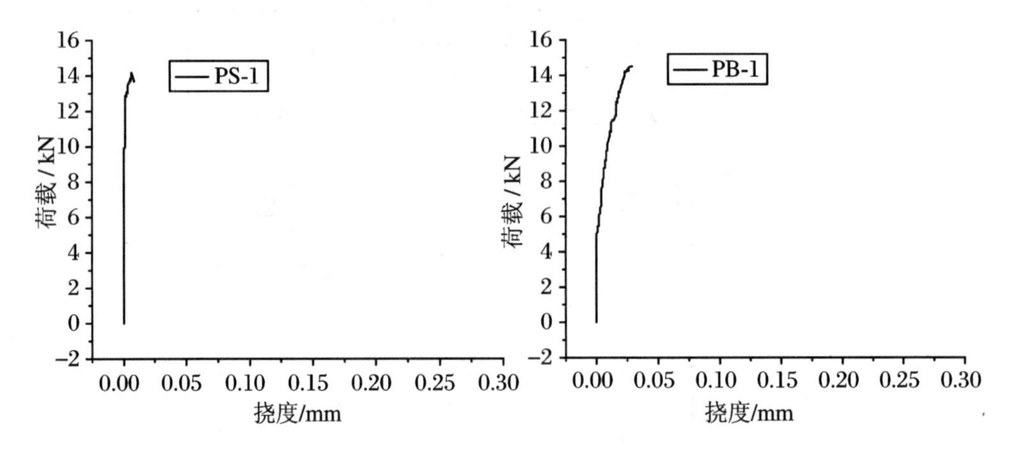

图 6.11 喷射素混凝土和喷射补偿收缩混凝土的荷载-挠度曲线

对其极限承载能力 F_{max} 进行比较,分析膨胀剂对喷射混凝土极限强度的影响。表 6.4 为膨胀剂掺量分别为 0、6%、8%、10%时,喷射混凝土养护 7 d、28 d 后的极限抗弯强度测试结果。

表 6.4　喷射素混凝土和喷射补偿收缩混凝土极限抗弯强度试验结果

名　称	编号	膨胀剂掺量	7 d 极限抗弯强度/kN		28 d 极限抗弯强度/kN	
喷射素混凝土	PS-1	0	11.16	11.00	12.46	14.02
			10.64		14.18	
			11.26		16.78 *	
			10.94		13.86	
喷射补偿收缩混凝土	PB-1	6%	10.70	11.85	14.50	14.16
			12.04		14.90	
			12.82		14.80	
			—		13.70	
	PB-2	8%	11.68	11.22	13.24	14.48
			10.66		14.82	
			11.76		14.64	
			10.76		13.96	
	PB-3	10%	10.46	10.50	13.78	13.43
			11.20		13.18	
			10.54		13.88	
			7.66 *		12.87	

注：表中 * 表示数据离散性过大，舍去；—表示该试件在试验前破坏。

从图 6.12 可以看出，膨胀剂掺量从 0 增加到 10%，喷射混凝土的极限抗弯强度先增大后减小。相比喷射素混凝土，当膨胀剂掺量为 6%时，喷射补偿收缩混凝土 7 d 的极限抗弯强度提高了 7.73%，28 d 的极限抗弯强度从 14.02 kN 增加到了 14.48 kN；而当膨胀剂掺量为 10%时，喷射补偿收缩混凝土 7 d、28 d 的极限抗弯强度则分别下降了 4.55%和 4.21%。这说明，在混凝土无限制的条件下，掺入适量的膨胀剂(6%)，其产生的自应力跟混凝土本身的收缩应力相互抵消，改善了混凝土的微观结构，减少其内部缺陷，起到补偿混凝土收缩的效果；膨胀剂掺量为 8%时，混凝土内部的膨胀变形已达不到其强度所需，承载力下降；膨胀剂掺量为 10%时，使得混凝土内部膨胀过大，破坏了其本身就有缺陷的内部结构，孔隙率更大，且水泥用量过少，膨胀剂搅拌不均匀，反而适得其反，此时喷射补偿收缩混凝土的脆性比喷射素混凝土的脆性还要大。因此，在无约束的情况下，膨胀剂的最佳掺量为 6%。图 6.13(a)、图 6.13(b)分别为喷射素混凝土和掺膨胀剂的喷射补偿收缩混凝土的破坏形态图。图中表明，掺入过量的膨胀剂，不但不能提高混凝土的抗弯承载能力，反而使得混凝土的脆性更大，破坏前毫无预兆，且破坏程度更大，在实际工程中应用时危害极大，因此，必须对此情况进行改善。

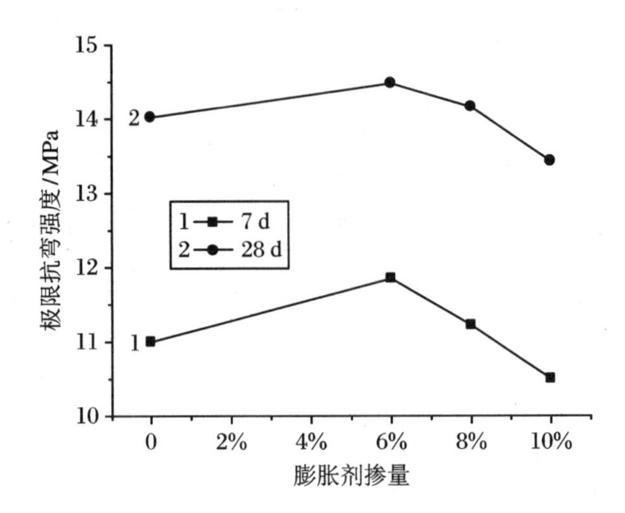

图 6.12　膨胀剂对喷射素混凝土极限抗弯强度的影响

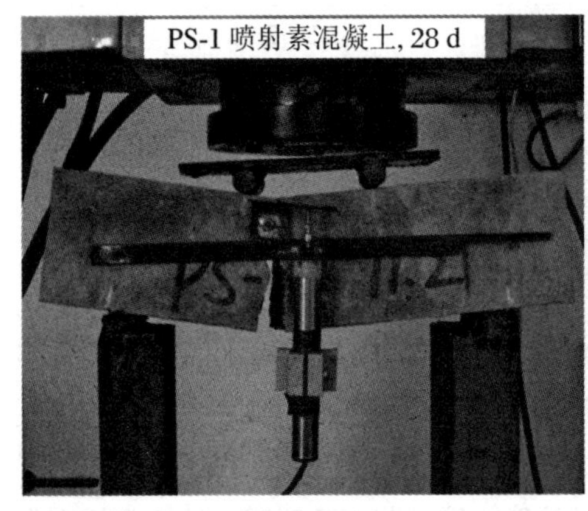

(a) 喷射素混凝土

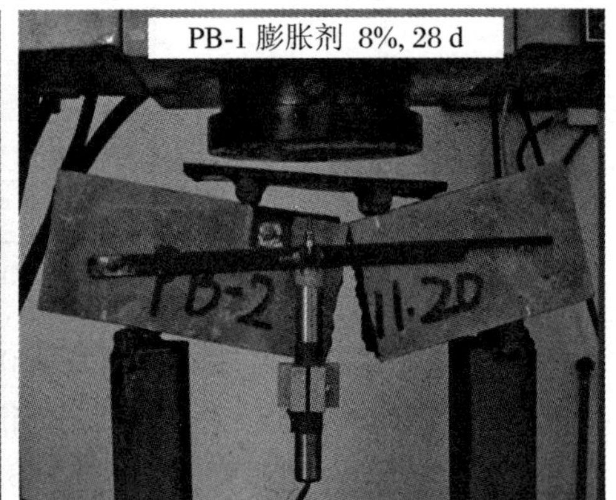

(b) 喷射补偿收缩混凝土

图 6.13　破坏形态

6.2.3.2　ASTM C1018 韧度指数法试验结果与分析

为了避免混凝土在实际工程应用中破坏无预兆的缺点，在喷射素混凝土和喷射补偿收缩混凝土中掺入钢纤维，进行弯曲韧性试验，得出数据结果，并分析钢纤维在混凝土的抗弯过程中承担的作用。表 6.5～表 6.8 分别为不同钢纤维掺量、相同膨胀剂掺量下的喷射补偿收缩钢纤维混凝土经标准养护 7 d、28 d 后所测得的弯曲韧度指数。

表 6.5　喷射钢纤维混凝土弯曲韧度指数(HCSA = 0)

<table>
<tr><th rowspan="2">编号</th><th rowspan="2">钢纤维掺量</th><th colspan="4">I_5</th><th colspan="4">I_{10}</th><th colspan="4">I_{30}</th></tr>
<tr><th colspan="2">7 d</th><th colspan="2">28 d</th><th colspan="2">7 d</th><th colspan="2">28 d</th><th colspan="2">7 d</th><th colspan="2">28 d</th></tr>
<tr><td rowspan="4">PG-1</td><td rowspan="4">0.8%</td><td>4.48</td><td rowspan="4">4.54</td><td>4.51</td><td rowspan="4">4.86</td><td>7.41</td><td rowspan="4">8.00</td><td>8.69</td><td rowspan="4">8.55</td><td>15.58 *</td><td rowspan="4">19.95</td><td>24.32</td><td rowspan="4">24.46</td></tr>
<tr><td>4.43</td><td>4.83</td><td>8.38</td><td>8.41</td><td>20.99</td><td>24.60</td></tr>
<tr><td>4.39</td><td>5.14</td><td>8.32</td><td>8.48</td><td>18.90</td><td>20.16 *</td></tr>
<tr><td>4.85</td><td>4.96</td><td>7.87</td><td>8.63</td><td>21.49</td><td>25.45</td></tr>
<tr><td rowspan="4">PG-2</td><td rowspan="4">1.2%</td><td>4.91</td><td rowspan="4">5.02</td><td>4.99</td><td rowspan="4">5.23</td><td>9.05</td><td rowspan="4">9.07</td><td>9.16</td><td rowspan="4">9.29</td><td>18.55</td><td rowspan="4">20.11</td><td>26.38</td><td rowspan="4">25.98</td></tr>
<tr><td>5.01</td><td>5.24</td><td>9.12</td><td>9.56</td><td>20.29</td><td>27.91</td></tr>
<tr><td>—</td><td>5.46</td><td>—</td><td>9.14</td><td>—</td><td>23.65</td></tr>
<tr><td>5.14</td><td>—</td><td>9.03</td><td>—</td><td>21.48</td><td>—</td></tr>
<tr><td rowspan="4">PG-3</td><td rowspan="4">1.6%</td><td>5.65</td><td rowspan="4">5.38</td><td>4.95</td><td rowspan="4">5.40</td><td>9.94</td><td rowspan="4">10.03</td><td>8.14</td><td rowspan="4">9.33</td><td>26.11</td><td rowspan="4">26.11</td><td>21.87</td><td rowspan="4">24.06</td></tr>
<tr><td>5.19</td><td>5.58</td><td>9.44</td><td>9.47</td><td>24.63</td><td>25.33</td></tr>
<tr><td>5.31</td><td>5.69</td><td>10.71</td><td>10.29</td><td>35.61 *</td><td>25.71</td></tr>
<tr><td>—</td><td>5.36</td><td>—</td><td>9.43</td><td>—</td><td>26.06</td></tr>
</table>

注:表中 * 表示本数据离散性过大,舍去;—表示该试件试验前破坏或是试验过程中位移计发生故障,导致数据无法取得。

对于理想的弹塑性材料,其弯曲韧度指数 I_5、I_{10}、I_{30} 的相应值分别为 5、10、30。表 6.5 为不掺膨胀剂时喷射钢纤维混凝土养护 7 d、28 d 的弯曲韧度指数,根据弯曲韧度指数的计算方法,普通混凝土的弯曲韧度指数均为 1,表中数据显示,相对于普通混凝土,掺入钢纤维后,混凝土已不再一裂即断,而是表现出一定的韧性,这与钢纤维在混凝土中的增韧机理是分不开的,纤维作用显著;但是表中数据均出现低于理想弹塑性材料相应值的现象,在钢纤维掺量较低的情况下,表现得尤为明显,说明此种材料的韧性不够,而 I_{30} 普遍较低,则更证明了此种材料的后期承载能力存在很大的缺陷,这种现象存在两方面的原因,第一是混凝土本身内部结构有缺陷,第二是钢纤维与混凝土基体的黏结锚固不可靠。

表 6.6 所示的数据为在喷射钢纤维混凝土的基础上掺入了 6% 的膨胀剂后制成喷射补偿收缩钢纤维混凝土,养护 7 d、28 d 后进行弯曲韧性试验所得出的弯曲韧度指数,从表中数据看来,相比理想弹塑性的弯曲韧度指数值,膨胀剂的掺入使得低于此相应值的数量明显减小,从混凝土本身内部结构来看,膨胀剂在水化过程中产生的膨胀物质填充了混凝土内部孔隙,混凝土密实,其韧性相对喷射钢纤维混凝土自然比较好,从钢纤维与混凝土基体的黏结锚固方面来看,膨胀剂在混凝土内部充当黏结剂的角色,使得混凝土承载后钢纤维慢慢拔出的过程更为缓慢,需要消

耗大量的能量,从而弯曲韧度指数增大,混凝土韧性提高,但在钢纤维掺量相对较低的情况下,I_{30}的值都低于理想弹塑性相应值,表明在承受荷载后期,混凝土的韧性达不到要求,发生这种现象的主要原因应归结于膨胀剂的掺量较少,所充当的黏结剂大小不足以与混凝土强度的发展相配。

表 6.6 膨胀剂掺量为 6%时的喷射补偿收缩钢纤维混凝土弯曲韧度指数(HCSA=6%)

编号	钢纤维掺量	I_5				I_{10}				I_{30}			
		7 d		28 d		7 d		28 d		7 d		28 d	
PBG-1	0.8%	5.18	5.31	5.26	5.27	8.69	9.17	9.70	9.69	23.51	23.42	25.86	24.52
		5.46		5.51		9.20		9.53		18.48 *		24.35	
		5.28		—		9.58		—		23.78		—	
		5.30		5.04		9.20		9.83		23.32		23.34	
PBG-2	1.2%	5.73	5.45	5.95	5.67	9.54	9.18	11.53	10.68	24.46	24.91	31.86	30.41
		5.42		5.81		9.42		10.33		27.13		29.11	
		5.20		—		8.58		—		23.13		—	
		—		5.25		—		10.17		—		30.27	
PBG-3	1.6%	5.99	5.89	6.33	6.25	10.12	10.33	10.41	10.56	26.25	26.67	30.59	30.59
		5.87		—		11.15		—		29.50		—	
		5.95		6.07		10.16		10.56		27.41		31.37	
		5.76		6.36		9.90		11.53 *		23.52		25.47 *	

注:表中 * 表示本数据离散性过大,舍去;—表示该试件试验前破坏或是试验过程中位移计发生故障,导致数据无法取得。

表 6.7 所示的数据为膨胀剂掺量为 8%的喷射补偿收缩钢纤维混凝土养护 7 d、28 d 后进行弯曲韧性试验所得出的弯曲韧度指数,表中数据显示,混凝土的弯曲韧度指数各数值均大于理想弹塑性材料相对应的值,这样从两方面来说明提高混凝土结构的韧性的原因,第一为钢纤维的增强阻裂效应,钢纤维在混凝土基体中的作用相当于微细钢筋的作用,钢纤维自身较大的弹性模量再加上其“短”而“乱”的分布特性,使得混凝土内部的微小裂缝在继续扩展的过程中受到了桥连其中的钢纤维的横向阻碍,消耗了大量的能量;第二为膨胀变形较大的混凝土在钢纤维的限制作用下产生自应力,膨胀剂水化后形成的膨胀结晶体等量补偿了混凝土的早期收缩并填充了毛细孔隙,在约束条件下使得混凝土的体积更加稳定,在膨胀剂和钢纤维的复合效应下,混凝土的内部结构得到改善,其弯曲韧性等物理力学性能也得到很大的提高。

表 6.7　膨胀剂掺量为 8%时的喷射补偿收缩钢纤维混凝土弯曲韧度指数(HCSA = 8%)

编号	钢纤维掺量	I_5				I_{10}				I_{30}			
		7 d		28 d		7 d		28 d		7 d		28 d	
PBG-4	0.8%	5.68	5.57	5.43	5.60	10.06	10.06	10.09	9.97	30.36	30.22	31.28	30.20
		5.47		5.53		10.08		10.14		38.12		31.42	
		5.50		5.78		10.01		10.55		30.99		30.32	
		5.63		5.64		10.07		9.11		29.41		27.78	
PBG-5	1.2%	5.87	5.63	5.89	6.10	10.42	10.51	10.38	10.86	31.61	30.21	32.28	31.06
		6.17		6.56		11.50		11.21		30.16		30.98	
		4.98		6.20		9.38		11.49		24.86 *		29.03	
		5.48		5.76		10.75		10.36		30.25		31.95	
PBG-6	1.6%	5.93	5.95	6.15	6.36	10.64	10.63	11.74	11.60	32.40	31.79	32.18	31.91
		4.67 *		6.37		8.53 *		10.85		22.94 *		30.54	
		5.96		6.29		10.62		11.82		31.92		33.23	
		6.20		6.63		11.42		11.99		31.65		31.68	

注:表中 * 表示本数据离散性过大,舍去;—表示该试件试验前破坏或是试验过程中位移计发生故障,导致数据无法取得。

表 6.8 所示的数据为膨胀剂掺量为 10%的喷射补偿收缩钢纤维混凝土养护 7 d、28 d 后进行弯曲韧性试验所得出的弯曲韧度指数,从表中可以明显看出,弯曲韧度指数大部分低于理想弹塑性材料相应值,这些数据表明此组喷射补偿收缩钢纤维混凝的韧性较差,分析其原因,主要在于膨胀剂的用量问题。第一是膨胀剂掺量过大,在混凝土养护过程中,会产生大量的膨胀物质,使得混凝土内部的应力过大,基体处于拉应力状态,引起混凝土开裂;第二则是在混凝土搅拌的过程中,大量的膨胀剂分散不均匀,使得混凝土内部部分填充物少,混凝土不密实,部分填充物过多,形成应力集中,混凝土存在不属于其干缩等原因形成的裂缝,因而此组混凝土的韧性差。

表 6.8　膨胀剂掺量为 10%时的喷射补偿收缩钢纤维混凝土弯曲韧度指数(HCSA = 10%)

编号	钢纤维掺量	I_5				I_{10}				I_{30}			
		7 d		28 d		7 d		28 d		7 d		28 d	
PBG-7	0.8%	4.88	4.83	4.20	4.36	7.08	7.38	7.79	8.49	15.74	16.12	17.62	17.57
		5.09		—		6.65		—		15.57		—	
		4.67		4.78		7.59		8.66		15.64		17.09	
		4.66		4.11 *		8.18		9.03		17.53		18.01	

续表

编号	钢纤维掺量	I_5				I_{10}				I_{30}			
		7 d		28 d		7 d		28 d		7 d		28 d	
PBG-8	1.2%	4.95	4.96	4.75	5.13	8.51	8.28	8.96	8.58	17.16	18.89	20.99	21.10
		5.35		5.11		8.58		9.64		20.14		21.75	
		4.73		5.40		7.43		8.41		18.32		15.62*	
		4.80		5.27		8.60		8.29		19.92		21.21	
PBG-9	1.6%	5.15	5.03	5.41	5.30	8.51	8.06	9.60	9.36	19.83	19.22	26.08	24.82
		5.05		5.21		7.91		9.15		18.61		24.94	
		4.88		5.27		7.45		9.32		15.86*		23.45	
		5.13		—		8.36		—		21.50		—	

注：表中 * 表示本数据离散性过大，舍去；—表示该试件试验前破坏或是试验过程中位移计发生故障，导致数据无法取得。

从另一个角度看，综合表 6.5～表 6.8，无论掺与不掺膨胀剂、掺多少剂量的膨胀剂，随着钢纤维掺量的增大，喷射钢纤维混凝土和喷射补偿收缩钢纤维混凝土的弯曲韧度指数逐渐增大，说明在喷射素混凝土的基础上，钢纤维的掺入，在混凝土内部乱向分布，对混凝土有阻裂增强的作用，从而增强了混凝土的韧性，使其破坏形态由脆性改为延性，根据弯曲韧度指数的计算方法，喷射素混凝土和喷射补偿收缩混凝土的 $I_5 = I_{10} = I_{30} = 1$。膨胀剂掺量一定(以 8% 为例)，混凝土分别养护 7 d、28 d 后，弯曲韧度指数 I_5、I_{10}、I_{30} 分别随钢纤维掺量的变化趋势如图 6.14 所示。不难看出，龄期相同而钢纤维掺量不同时，弯曲韧度指数随纤维掺量的增加而逐渐提高。钢纤维掺量从 0.8% 增加到 1.2%，混凝土养护 7 d 后，弯曲韧度指数 I_5、I_{10} 和 I_{20} 分别提高了 1.08%、4.43%、6.75%，而 I_{30} 有稍微降低的现象，相比其他指数，属于例外点，是由于混凝土试件本身的离散型大造成的；以喷射素混凝土和喷射补偿收缩混凝土为基体，纤维掺量为 1.2% 的喷射补偿收缩钢纤维混凝土的弯曲韧度指数分别提高了 436%、951%、1892% 和 2921%，韧性能够很好地表现出来。养护 28 d 后的弯曲韧度指数分别提高了 8.93%、8.93%、3.78% 和 2.85%，而以喷射普通混凝土为基体，掺有 1.2% 钢纤维的喷射补偿收缩钢纤维混凝土的弯曲韧度指数则提高了 510%、986%、1822% 和 3006%，韧性已非常明显。从图中可以看出，继续增加钢纤维的量，提高程度已不高，甚至不提高，而掺入的钢纤维越多越不经济，因此，不建议掺入太多的钢纤维。

根据 ASTM C1018 韧度指数法，残余强度指数 $R_{5,10}$ 和 $R_{10,20}$ 分别是用来评价 I_5 与 I_{10} 和 I_{10} 与 I_{20} 之间差值的参数，将这些参数与理想弹塑性的残余强度指数 100 相比较，评价混凝土破坏后残余变形的大小，进而证明其抵抗外部荷载的能

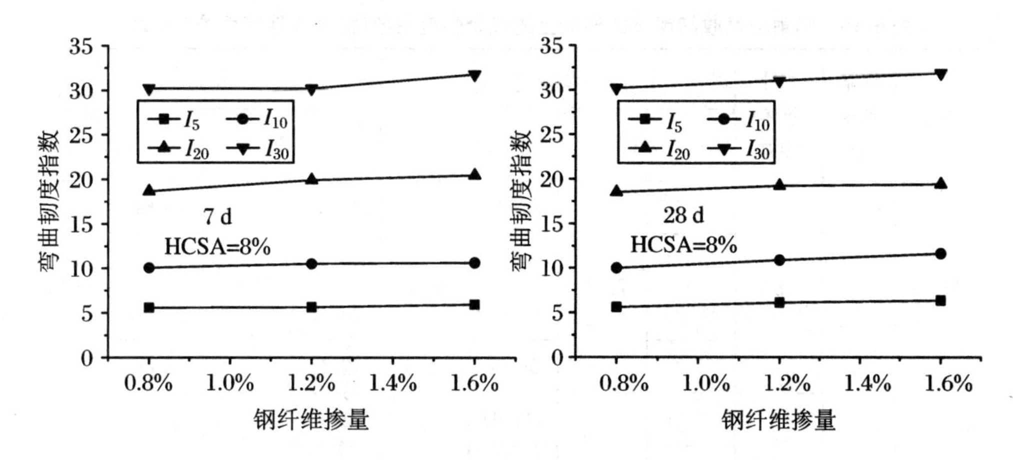

图 6.14　不同纤维掺量的弯曲韧度指数

力。表6.9为喷射钢纤维混凝土在标准条件下养护7 d、28 d后残余强度指数。表6.10为喷射补偿收缩钢纤维混凝土在标准条件下养护7 d、28 d后残余强度指数。

表 6.9　喷射钢纤维混凝土的残余强度指数(标准条件下养护 7 d、28 d)

编号	钢纤维体积率	$R_{5,10}$				$R_{10,20}$			
		7 d		28 d		7 d		28 d	
PG-1	0.8%	58.68 *	69.45	83.48 *	72.49	39.28 *	55.28	84.20	79.56
		78.83		71.59		59.42		82.93	
		78.62		66.81		51.14		57.28 *	
		60.28		73.39		64.64 *		76.18	
PG-2	1.2%	82.79	80.92	83.40	81.11	48.65	53.83	82.13	81.18
		82.20		86.32		55.54		90.77	
		—		73.62		—		70.64	
		77.77		—		57.29		—	
PG-3	1.6%	85.83	85.83	63.88 *	79.62	79.02	79.02	65.35 *	81.38
		85.03		77.79		69.90		81.96	
		107.85 *		91.98 *		115.4 *		80.80	
		—		81.45		—		84.39	

注：表中 * 表示本数据离散性过大，舍去；—表示该试件试验前破坏或是试验过程中位移计发生故障，导致数据无法取得。

表 6.10　喷射补偿收缩钢纤维混凝土的残余强度指数(标准条件下养护 7 d、28 d)

编号	膨胀剂掺量	钢纤维体积率	$R_{5,10}$				$R_{10,20}$			
			7 d		28 d		7 d		28 d	
PBG-1	6%	0.8%	70.23	77.23	88.84	88.39	74.51	71.52	79.69	75.61
			74.74		80.52		50.44 *		74.48	
			86.03		—		70.42		—	
			77.92		95.80		72.62		72.66	
PBG-2		1.2%	76.11	74.50	111.67	100.23	72.58	75.51	90.79	84.88
			79.87		90.55		82.93		86.65	
			67.51		—		71.02		—	
			—		98.46		—		77.19	
PBG-3		1.6%	82.67	83.50	81.52	91.58	80.74	84.20	86.21	81.18
			105.57 *		—		99.26 *		—	
			84.23		89.90		87.66		80.35	
			82.76		103.31		71.61		76.97	
PBG-4	8%	0.8%	87.64	89.71	93.11	92.66	84.70	86.01	82.57	82.97
			92.32		92.20		83.18		93.40	
			90.18		95.41		89.29		83.72	
			88.71		69.57 *		86.86		72.20	
PBG-5		1.2%	91.08	97.74	89.67	95.09	89.18	90.77	80.54	83.63
			106.44		92.82		92.36		91.89	
			88.01		105.79 *		72.01 *		80.35	
			105.41		92.08		97.42		81.72	
PBG-6		1.6%	94.29	93.75	111.81	108.94	93.41	96.77	89.85 *	75.63
			77.21 *		89.61 *		70.09 *		78.49	
			93.21		110.65		103.03		72.76	
			104.56		107.22		100.13		71.72	

续表

编号	膨胀剂掺量	钢纤维体积率	$R_{5,10}$				$R_{10,20}$			
			7 d		28 d		7 d		28 d	
PBG-7	10%	0.8%	43.89	51.13	71.87	71.87	39.02	38.13	55.13	55.13
			31.17 *		—		37.18		—	
			58.36		67.18		37.24		46.56 *	
			70.41 *		98.36 *		51.82 *		55.27	
PBG-8		1.2%	71.25	67.89	84.12 *	65.51	44.98 *	56.04	55.68	59.11
			64.53		70.48		55.90		62.53	
			54.02		60.32		56.18		44.69 *	
			76.10		60.53		58.33		65.08	
PBG-9		1.6%	67.15	60.87	83.86	81.18	58.29	55.77	84.57	79.27
			57.15		78.70		53.24		78.36	
			51.43 *		80.98		42.14 *		74.87	
			64.58		—		64.45 *		—	

注：表中 * 表示本数据离散性过大，舍去；—表示该试件试验前破坏或是试验过程中位移计发生故障，导致数据无法取得。

从表 6.9 和表 6.10 中可知，对于 7 d 龄期的混凝土，当钢纤维掺量为 0.8% 时，$R_{5,10}$ 和 $R_{10,20}$ 分别在 51.13～89.71 和 38.13～86.01 范围变化；钢纤维掺量为 1.2% 的混凝土，其 $R_{5,10}$ 和 $R_{10,20}$ 分别在 67.89～97.74 和 53.83～90.77 范围变化；当掺入 1.6% 的钢纤维后，混凝土的 $R_{5,10}$ 和 $R_{10,20}$ 分别在 60.87～93.75 和 55.77～96.77 范围变化。对于 28 d 龄期的混凝土，当钢纤维掺量为 0.8% 时，$R_{5,10}$ 和 $R_{10,20}$ 分别在 71.87～92.66 和 55.13～81.97 范围变化；钢纤维掺量为 1.2% 的混凝土，其 $R_{5,10}$ 和 $R_{10,20}$ 分别在 65.51～100.23 和 59.11～84.88 范围变化；当掺入 1.6% 的钢纤维后，混凝土的 $R_{5,10}$ 和 $R_{10,20}$ 分别在 79.62～108.94 和 75.63～81.38 范围变化。由于喷射素混凝土和喷射补偿收缩混凝土的残余强度指数为 0，试验数据表明，钢纤维的掺入，可以使混凝土的残余变形能力显著增强，而且随钢纤维掺量的增加，残余强度指数有逐渐提高的趋势，这是因为在小梁跨中出现裂缝后，混凝土基体的残余应力逐渐减小，此时，钢纤维利用其较大的抗拉强度可以继续承担裂缝截面上的应力，当达到钢纤维的极限抗拉强度时，钢纤维从基体中拔出或直接被拉断或被拔出，这个过程的发生需要一定的时间，并且需要吸收大量的能量[62]，因此，钢纤维的增韧作用得到了充分发挥。但是当钢纤维掺量从1.2%增加到1.6%时，韧性不仅不增强，反而有稍微降低的现象，这并不是说明钢纤维对喷射素混凝土和喷射补偿收缩混凝土的韧性增长不明显，而是钢纤维的掺量要有个合适的范围，在合理掺量下，混凝土的残余强度指数随钢纤维掺量的增加而提高，掺量过大时，在试件成型过程中出现钢纤维结团的现象，必然会影响到钢纤维增韧效果。

从试验结果看，有个别情况出现规律不稳定的现象，即：随纤维掺量的增加，混凝土的残余强度指数不但没有得到提高，反而下降。一方面，这跟初裂点的选取密不可分；另一方面，在混凝土搅拌过程中，膨胀剂、速凝剂或钢纤维没有均匀分散在集料中，造成局部膨胀压过大、局部提前初凝或是钢纤维结团。

6.2.3.3 JSCE SF4 弯曲韧度系数法试验结果与分析

首先分析在试验的现有条件下，钢纤维和膨胀剂的复合效应对喷射混凝土极限抗弯强度的影响规律。图6.15为喷射补偿收缩钢纤维混凝土的极限抗弯强度随钢纤维掺量变化的曲线图。

从图6.15可以看出，钢纤维掺量从0增加到1.6%，各种喷射混凝土的极限抗弯强度随纤维掺量的逐渐增加而逐步提高。相比喷射素混凝土，当钢纤维掺量为0.8%、1.2%、1.6%时，喷射钢纤维混凝土在标养7 d、28 d后，其极限抗弯强度分别提高了6.09%、20.18%、37.64%和3.57%、7.06%、10.25%。

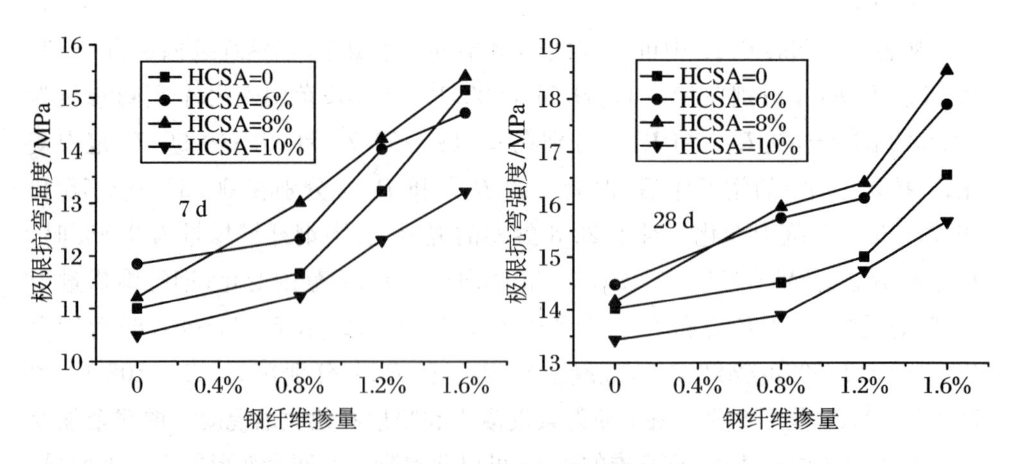

图6.15 极限抗弯强度与钢纤维掺量的关系曲线

在膨胀剂一定的情况下，掺入钢纤维可使混凝土的极限抗弯强度大为提高，例如，加入8%的膨胀剂，以喷射补偿收缩混凝土为基体，加入0.8%、1.2%、1.6%的钢纤维，喷射补偿收缩钢纤维混凝土养护 7 d、28 d 后的极限抗弯强度分别提高了 15.95%、26.74%、37.25%和 12.64%、15.89%、30.93%。从增长幅度上看，相比喷射钢纤维混凝土，喷射补偿收缩钢纤维混凝土的极限抗弯强度有较大的提高；针对喷射补偿收缩钢纤维混凝土而言，钢纤维体积率从 0.8%到 1.2%增长幅度比从 1.2%到 1.6%的增长幅度小，这说明，从极限抗弯强度（膨胀剂掺量一定）这个指标来看，纤维体积率为 1.6%的混凝土强度最高。

这是因为混凝土在搅拌过程中，钢纤维能均匀地分散于混凝土集料中，并且乱向分布，当混凝土终凝后，钢纤维相当于小钢筋，与混凝土基体紧紧锚固，这样在混凝土承载过程中，一方面，桥连于混凝土基体间的钢纤维利用其抗拉强度高的特点，能够有效阻碍混凝土受拉区裂缝的继续发展；另一方面，钢纤维与混凝土基体之间的界面黏结力能够消耗大量的能量，延长混凝土从开裂到破坏的时间，使得混凝土具有一定的抗弯韧性，并不像喷射素混凝土和喷射补偿收缩混凝土一样“一裂即断”，而是能保持混凝土小梁的完整性。破坏模式比较如图 6.16 所示。

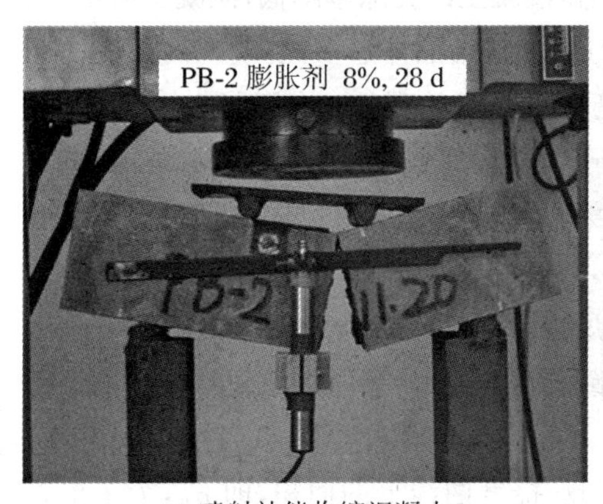

(a) 喷射补偿收缩混凝土

(b) 喷射补偿收缩钢纤维混凝土

图 6.16　喷射补偿收缩混凝土和喷射补偿收缩钢纤维混凝土破坏模式对比图

图 6.17 为钢纤维和膨胀剂对喷射混凝土 7 d、28 d 极限抗弯强度影响的曲线图。

从图 6.17 中可以看出，喷射补偿收缩钢纤维混凝土的极限抗弯强度随钢纤维掺量的增加而增大，7 d、28 d 的强度规律表现出一致性，这充分体现了钢纤维对混凝土基体的增强增韧性能，尤其是在混凝土承载过程中的弹塑性阶段，横跨在裂缝中间的短纤维作用显著。而喷射补偿收缩钢纤维混凝土的极限抗弯强度随膨胀剂掺量的增加出现先增大后减小的现象，以纤维掺量为 1.2%为例，膨胀剂掺量从 0 到 8%，极限抗弯强度分别增强了 7.56%、9.33%；而相对于掺入 8%膨胀剂的喷射补偿收缩钢纤维混凝土，膨胀剂掺入 10%时的抗弯极限荷载则分别降低了

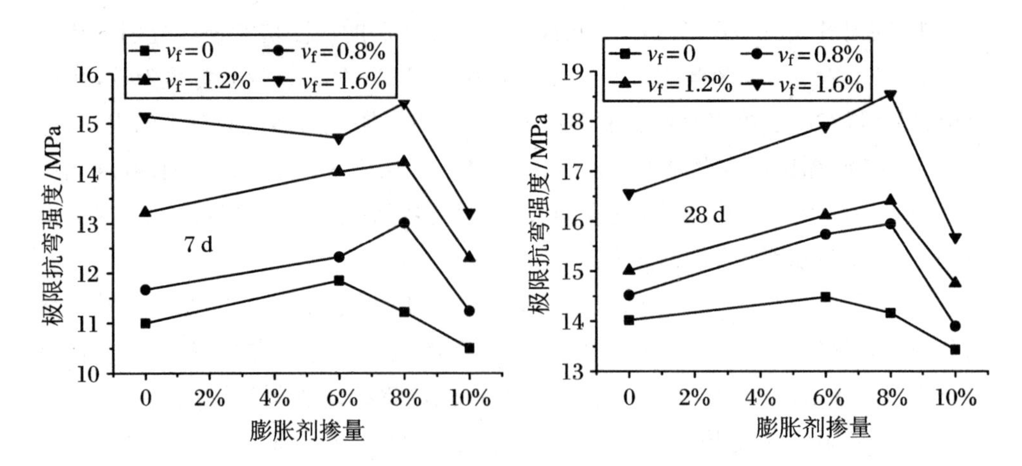

图 6.17　极限抗弯强度与膨胀剂掺量的关系曲线

15.61%、11.25%。这是由于膨胀剂经水化后产生了膨胀产物钙矾石、氢氧化钙等，填充在混凝土基体里固有的缝隙中，使得混凝土的孔隙率降低，混凝土密实，因此混凝土的承载能力提高，但膨胀剂掺量过大时，结晶体过多，混凝土内部应力局部过大，分布不均匀，所以会出现极限抗弯强度下降的现象。在膨胀剂掺量为 8%时，喷射补偿收缩钢纤维混凝土的极限抗弯强度达到了最大值，而在钢纤维掺量为 1.6%时，混凝土 7 d、28 d 的极限抗弯强度规律不一致，钢纤维的增韧增强作用有所降低，这说明纤维掺量并不是越大越好，掺量过大容易引起混凝土搅拌困难且纤维分散不均匀，从经济上考虑也不可取。所以，钢纤维和膨胀剂的复合效应有一个最佳配比，即：当钢纤维体积率为 1.2%、膨胀剂掺量为 8%时的喷射补偿收缩钢纤维混凝土的极限抗弯强度最高。

根据 SF4 弯曲韧度系数法，计算出荷载-挠度曲线下的面积，即 σ_b，为了更直观形象地查看试验结果并对其进行分析，将数据反馈到柱形图中，图 6.18 为利用日本 JCI 弯曲韧度系数法得出的喷射补偿收缩钢纤维混凝土 7 d、28 d 韧度系数 σ_b 的柱形图。

从图 6.18 中可以明显看出，喷射钢纤维混凝土和喷射补偿收缩钢纤维混凝土的 SF4 韧度系数 σ_b 随着钢纤维体积率的增大而逐渐增大，而对于喷射素混凝土和喷射补偿收缩混凝土，$\sigma_b\approx0$。当膨胀剂掺量为 8%时，钢纤维掺量从 0 增加到 1.2%，混凝土养护 7 d、28 d 后的 SF4 韧度系数 σ_b 分别提高了 357%、408%。钢纤维掺量从 0.8%增加到 1.2%再增加到 1.6%，喷射钢纤维混凝土养护 7 d 后的 SF4 韧度系数 σ_b 分别提高了 15.53%、31.39%，养护 28 d 后则分别提高了 5.97%、39.74%。这是因为钢纤维在混凝土基体中起到阻裂的作用，且对裂后形态改善显著。有研究表明[64]，相比素混凝土，钢纤维混凝土断裂后的延伸率比其高两个数量级，所以随着钢纤维体积率的增大，钢纤维混凝土的韧性更加明显。

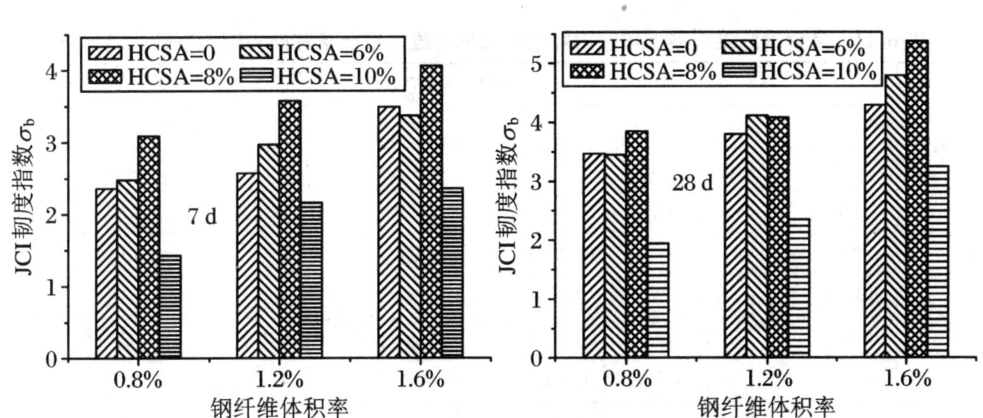

图 6.18　JSCE SF4 韧度系数 σ_b

当钢纤维掺量一定时，膨胀剂掺量从0逐渐增加到10%，喷射补偿收缩钢纤维混凝土的SF4韧度系数 σ_b 随膨胀剂掺量的增加先提高后降低。从图6.18中不难看出，当膨胀剂掺量为8%时的SF4韧度系数 σ_b 最大，相比喷射钢纤维混凝土，SF4韧度系数 σ_b 提高程度最多的达到了38.91%。而膨胀剂掺量为10%的SF4韧度系数 σ_b 最小，比不掺膨胀剂的喷射钢纤维混凝土的SF4韧度系数 σ_b 还要小，下降率最大为78.87%。可见，适量的膨胀剂能充分发挥其对混凝土结构补偿收缩的作用，再加上钢纤维的桥连增韧作用，使得混凝土结构的抗弯韧性得到改善；过量的膨胀剂使混凝土结构内部原有的孔隙没填实，反而使原本没有孔洞的地方由于胀裂形成微小裂缝，这将对混凝土结构的使用性存在很大的潜在危害，并有可能发生次生危害。

6.2.3.4　我国弯曲韧性评价方法试验结果与分析

我国对弯曲韧性的评价系数主要有四种，分别在《纤维混凝土应用技术规程》(JGJ/T 221—2010)、《纤维混凝土结构技术规程》(CECS 38:2004)、《钢纤维混凝土试验方法标准》(CECS 13:2009)三项规范中做出规定。

① 承载能力变化系数：$\alpha=3$ 时的 $\zeta_{m,3,m}$，$\alpha=5.5$ 时的 $\zeta_{m,10,m}$ 和 $\alpha=15.5$ 时的 $\zeta_{m,30,m}$；② 初裂强度(f_{fcr})；③ 初裂韧性；④ 弯曲韧度比(R_e)。其中，初裂强度和初裂韧性属于2010版规范中规定的内容，弯曲韧度比是2004版规范中规定的内容，承载能力变化系数为2009版规范中规定的内容。

承载能力变化系数反映的是混凝土在承受荷载的过程中，其压缩韧性的情况。表6.11为根据《钢纤维混凝土试验方法标准》计算出的承载能力变化系数7 d、28 d

的试验结果。

表 6.11　喷射钢纤维混凝土和喷射补偿收缩钢纤维混凝土承载能力变化系数试验结果

编号	承载能力变化系数											
	7 d						28 d					
	$\alpha=3$		$\alpha=5.5$		$\alpha=15.5$		$\alpha=3$		$\alpha=5.5$		$\alpha=15.5$	
	$\zeta_{m,3,m}$		$\zeta_{m,10,m}$		$\zeta_{m,30,m}$		$\zeta_{m,3,m}$		$\zeta_{m,10,m}$		$\zeta_{m,30,m}$	
PG-1	0.74	0.73	0.43 *	0.59	0.01 *	0.31	0.76 *	0.95	0.71	0.68	0.61	0.62
	0.72		0.64		0.38		0.92		0.65		0.63	
	0.69		0.63		0.23		1.07		0.67		0.32 *	
	0.93 *		0.53		0.41 *		0.98		0.70		0.69	
PG-2	0.95	1.01	0.79	0.79	0.21	0.32	1.00	1.12	0.81	0.84	0.73	0.73
	1.01		0.80		0.33		1.12		0.90		0.86 *	
	—		—		—		1.23		0.81		0.56 *	
	1.07		0.78		0.41		—		—		—	
PG-3	1.32	1.19	0.99	0.99	0.73	0.73	0.97 *	1.24	0.59 *	0.88	0.44 *	0.69
	1.10		0.88		0.63		1.29		0.88		0.68	
	1.16		1.16		1.39 *		1.34		1.06 *		0.70	
	—		—		—		1.18		0.87		0.73	
PBG-1	1.09	1.15	0.71	0.82	0.55	0.55	1.13	1.10	0.93	0.91	0.71 *	0.61
	1.23		0.82		0.21 *		1.25		0.90		0.61	
	1.14		0.91		0.57		—		—		—	
	1.15		0.82		0.54		1.02		0.90		0.54	
PBG-2	1.37	1.23	0.90	0.87	0.62	0.62	1.47	1.40	1.34 *	1.08	1.13	1.03
	1.21		0.87		0.80 *		1.40 *		1.08		0.94	
	1.10		0.68 *		0.53		—		—		—	
	—		—		—		1.13		1.04		1.02	
PBG-3	1.49	1.44	1.03	1.04	0.74	0.78	1.67	1.63	1.09	1.12	1.04	1.04
	1.43		1.25 *		0.97 *		—		—		—	
	1.47		1.04		0.82		1.53		1.12		1.09	
	1.38		0.98		0.55 *		1.68		1.34 *		0.69 *	
PBG-4	1.34	1.29	1.01	1.01	1.00	1.02	1.22	1.30	1.02	1.03	1.09	1.06
	1.23		1.02		1.01		1.27		1.03		1.10	
	1.25		1.00		1.07		1.39		1.12		1.02	
	1.32		1.01		0.96		1.32		0.80 *		0.85 *	

续表

编号	承载能力变化系数											
	7 d						28 d					
	$\alpha=3$		$\alpha=5.5$		$\alpha=15.5$		$\alpha=3$		$\alpha=5.5$		$\alpha=15.5$	
	$\zeta_{m,3,m}$		$\zeta_{m,10,m}$		$\zeta_{m,30,m}$		$\zeta_{m,3,m}$		$\zeta_{m,10,m}$		$\zeta_{m,30,m}$	
PBG-5	1.44	1.34	1.09	1.13	1.11	1.02	1.45	1.53	1.08	1.18	1.16	1.10
	1.59 *		1.33 *		1.01		1.78 *		1.27		1.07	
	0.99 *		0.86 *		0.64 *		1.60		1.33		0.93 *	
	1.24		1.17		1.02		1.38		1.02		1.13	
PBG-6	1.46	1.47	1.14	1.14	1.17	1.20	1.58	1.68	1.39	1.36	1.15	1.13
	0.84 *		0.67 *		0.51 *		1.68		1.19		1.04	
	1.48		1.14		1.13		1.64		1.40		1.22	
	1.60		1.32		1.11		1.81		1.44		1.12	
PBG-7	0.94	0.89	0.35	0.41	0.02	0.02	0.60	0.60	0.51 *	0.70	0.14	0.14
	1.05 *		0.26 *		0.01		—		—		—	
	0.84		0.46		0.01		1.15 *		0.70		0.11	
	0.83		0.59 *		0.14 *		0.56 *		0.78		0.17	
PBG-8	0.98	0.94	0.67	0.68	0.11 *	0.25	0.88 *	1.10	0.80 *	0.68	0.38	0.39
	1.18 *		0.68		0.32 *		1.06		0.70		0.43	
	0.86		0.43 *		0.19		1.20		0.65		0.01 *	
	0.90		0.69		0.31		1.13		0.62		0.39	
PBG-9	1.08	1.03	0.67	0.59	0.30	0.28	1.20	1.22	0.91	0.86	0.73	0.65
	1.03		0.54		0.21 *		1.11		0.81		0.65	
	0.94		0.43 *		0.25		1.36		0.85		0.55 *	
	1.07		0.64		0.41 *		—		—		—	

注：表中 * 表示本数据离散性过大，舍去；—表示该试件试验前破坏或是试验过程中位移计发生故障，导致数据无法取得。

从表6.11的数据可知，随着钢纤维掺量的增加，混凝土的承载能力变化系数逐渐增大，且幅度明显。在喷射补偿收缩钢纤维混凝土中，膨胀剂对混凝土的内部结构有着不可忽视的作用，膨胀剂太少，生成的钙矾石量少，不足以填充毛细孔隙，相比喷射钢纤维混凝土，虽能改善混凝土的质量，但是对混凝土的承载能力提高程度不大，不能很好地起到补偿混凝土收缩的作用，而膨胀剂太多，在原有完整的结构内部又生成钙矾石，这些多余的物质使得周围应力过大，产生局部膨胀变形过大的现象，再在速凝剂的作用下使得内部微小裂缝增多，又会出现适得其反的效果。根据前三种弯曲韧性法得出的结论，当膨胀剂掺量为8%、钢纤维掺量为1.2%时的喷射补偿收缩钢纤维混凝土的韧性最好，根据我国试验方法得出的结果可知，PBG-4、PBG-5、PBG-6的承载能力变化系数的值均大于1，由于钢纤维的阻裂效应，随着钢纤维掺量的增大，混凝土结构的承载能力上升，而理想弹塑性的承载能力变化系数约为1，这说明，此种复合材料与理想弹塑性材料最为接近，其弯曲韧性可以达到最佳效果，既能提高韧性指标中的承载能力变化系数，又在经济上合理。

1. 初裂强度

从图6.19可以看出，喷射补偿收缩钢纤维混凝土的初裂强度随钢纤维掺量的增加而逐渐增大，当掺入6%的膨胀剂时，钢纤维掺量从0.8%增大到1.6%，混凝土养护7 d、28 d的初裂强度分别提高了16.07%、19.63%；当掺入8%的膨胀剂时，钢纤维掺量从0.8%增大到1.6%，混凝土养护28 d的初裂强度提高了16.35%；当掺入10%的膨胀剂时，钢纤维掺量从0.8%增大到1.6%，混凝土养护7 d、28 d的初裂强度分别提高了16.18%、20.92%。这是因为乱向分布的钢纤维对新裂缝的形成有一定的抑制作用，并且桥连在裂缝中间的钢纤维越多，这种抑制作用就会越强。但也存在着个别现象，比如钢纤维掺量从0.8%增加到1.2%，喷射钢纤维混凝土的28 d初裂强度降低，钢纤维掺量从1.2%增加到1.6%，喷射补偿收缩钢纤维混凝土的7 d初裂强度也出现降低的现象。在钢纤维掺量一定的情况下，膨胀剂对混凝土初裂强度有一定的影响，基本上是先提高后降低，当纤维掺量为1.2%时，膨胀剂掺量从0增加到8%，混凝土的初裂强度分别提高了10.81%、23.08%。但当掺入1.6%的钢纤维时，7 d混凝土的初裂强度随膨胀剂掺量的增加逐渐降低。这说明钢纤维和膨胀剂的双重效应对混凝土的初裂强度影响规律存在着一定的误差。因为初裂强度的大小与初裂点的选取有着密不可分的关系，若

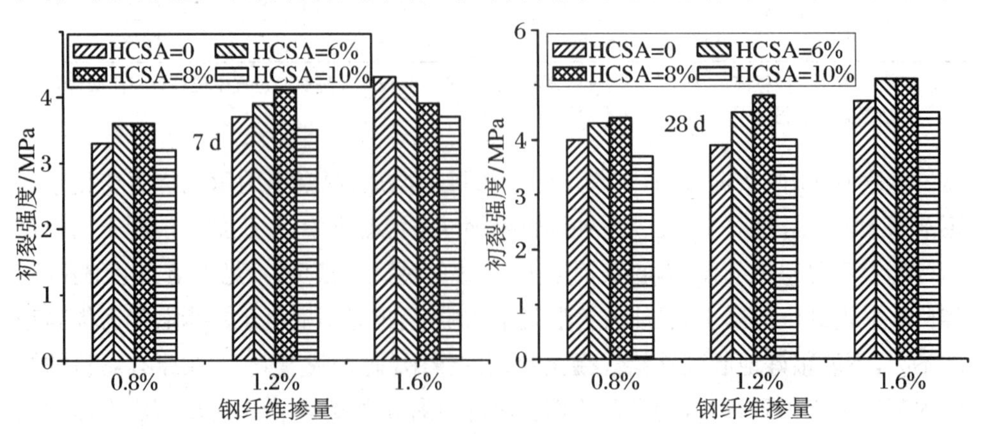

图6.19 初裂强度与纤维掺量的关系曲线

初裂点的选取靠前，则使得混凝土的初裂强度降低，初裂点选取的准确性在实际中很难把握，需经过精密仪器配合严格的试验才能得出。

2. 初裂韧性

从图6.20可以明显看出，喷射钢纤维混凝土和喷射补偿收缩钢纤维混凝土的初裂韧性随纤维掺量的增加显著提高。不掺膨胀剂时，纤维体积率从0.8%增加到1.2%，喷射钢纤维混凝土的初裂韧性分别增强了1.08倍、1.05倍，从0.8%增加到1.6%时，初裂韧性分别增强了1.16倍、1.19倍；当掺入8%的膨胀剂时，喷射补偿收缩钢纤维混凝土的初裂韧性则分别增强了1.12倍、1.06倍和1.21倍、1.32倍。这说明钢纤维和膨胀剂的复合效应对混凝土的初裂韧性贡献明显[66]。在承载过程中，混凝土跨中的裂缝不断扩大，当裂缝尖端遇到钢纤维时，钢纤维能够迫使裂缝的延伸方向发生改变，滋生出更多更细的裂纹，使得裂纹扩展的能量消耗大为增加，为混凝土的韧性提供可靠的基础，而掺膨胀剂的混凝土在养护过程中一直保持着很好的湿润状态，水化充分，生成的钙矾石不仅填充了混凝土本身的微细裂缝，产生微膨胀，而且膨胀剂的浆液包裹在钢纤维周围，使得钢纤维与混凝土基体的黏结强度大为提高，纤维作为约束又限制了混凝土在膨胀剂作用下的过分膨胀，两者相辅相成，各得其所，因此，喷射补偿收缩钢纤维混凝土的初裂韧性能够显著增强，韧性得到很大的改善。

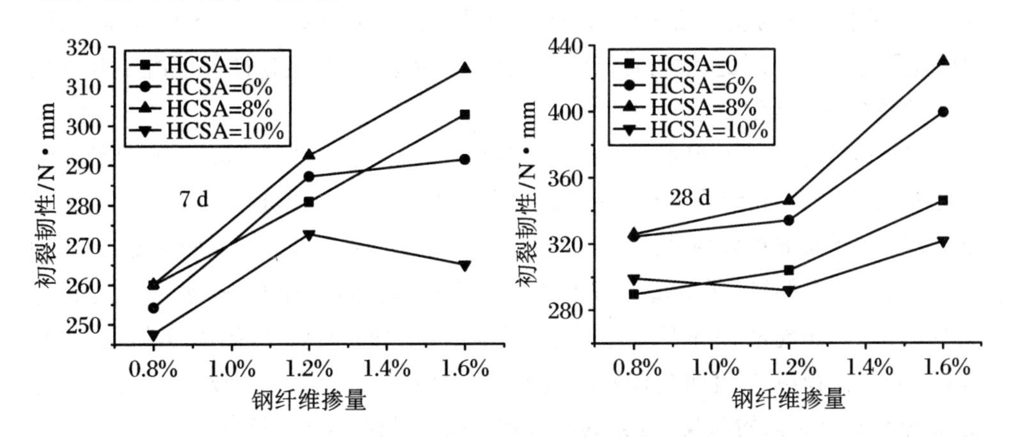

图6.20　初裂韧性随钢纤维掺量的变化规律

图6.21所示的是混凝土的初裂韧性与膨胀剂掺量的关系曲线。从图上可以看出，以钢纤维掺量为不变量、膨胀剂为变量时，膨胀剂掺量逐渐增加，喷射混凝土的初裂韧性先提高而后又降低。以喷射钢纤维混凝土为基体，纤维体积率为0.8%、1.2%、1.6%时，膨胀剂掺量为8%的喷射补偿收缩钢纤维混凝土标养7 d后的初裂韧性分别提高了8.08%、4.15%、3.80%，标养28 d后的初裂韧性则分别提高了12.52%、13.83%、24.32%。膨胀剂掺量从8%增加到10%，喷射补偿收缩

钢纤维混凝土的初裂韧性迅速降低,最大幅度竟降低了 33.71%。

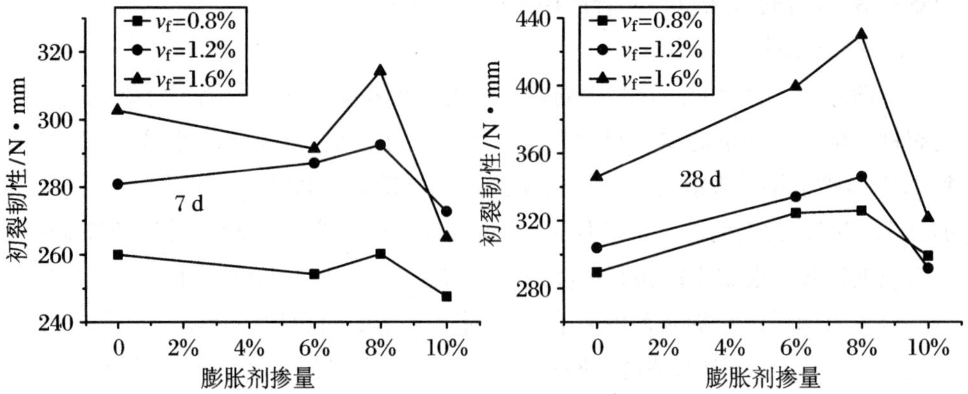

图 6.21　初裂韧性随膨胀剂掺量的变化规律

可见,初裂韧性不仅与钢纤维体积率和膨胀剂掺量有关,还与混凝土的基体强度有关。喷射补偿收缩钢纤维混凝土的强度与韧性随着龄期的增长而逐渐增强,混凝土在养护 7 d 时,其内部水泥和膨胀剂均没有完全水化完成,强度并没有达到最大的状态,握裹在纤维周围的膨胀剂没有最大程度地发挥其补偿收缩和黏结剂的作用,初裂韧性不能很好的体现,而混凝土养护 28 d 后,其强度基本上已经稳定,达到承载所需的强度,混凝土初裂时,基体与钢纤维均要消耗更多的能量,初裂韧性也随之提高。因此,喷射补偿收缩钢纤维混凝土的初裂韧性与混凝土基体强度的发展有一个匹配关系。

初裂韧性的变化规律同样存在着个别现象,膨胀剂掺量为 10%的喷射补偿收缩钢纤维混凝土的初裂韧性并不随着纤维体积率的增大而提高,相比喷射钢纤维混凝土,掺入 6%膨胀剂的喷射补偿收缩钢纤维混凝土 7 d 的初裂韧性反而降低,但这种个别现象并不是偶然。在试验过程中能够观察到,膨胀剂或钢纤维掺量过大,在试件成型时就有结团现象,这本身就存在着一个最佳配比的问题。而初裂韧性的大小与混凝土试件的荷载-挠度曲线有关,每个试件的曲线不可能完全一致,混凝土有一定的离散性,而初裂点的选取又是通过直尺在曲线上得到的,在计算过程中又存在一定的误差,因此,在施工过程中要注重喷射补偿收缩钢纤维混凝土的最佳配比问题。

3. 弯曲韧度比

从图 6.22 可以看出,喷射补偿收缩钢纤维混凝土的弯曲韧度比随钢纤维体积率或是膨胀剂掺量的变化规律与弯曲韧性其他指数的变化规律基本一致。

膨胀剂掺量为 8%,钢纤维体积率从 0.8%增加到 1.2%时,混凝土的弯曲韧度比分别提高了 9.41%、4.55%,从 1.2%增加到 1.6%时,弯曲韧度比分别提高了 18.28%、14.13%。钢纤维体积率为 1.2%时,养护 7 d 的膨胀剂掺量为 8%的喷射

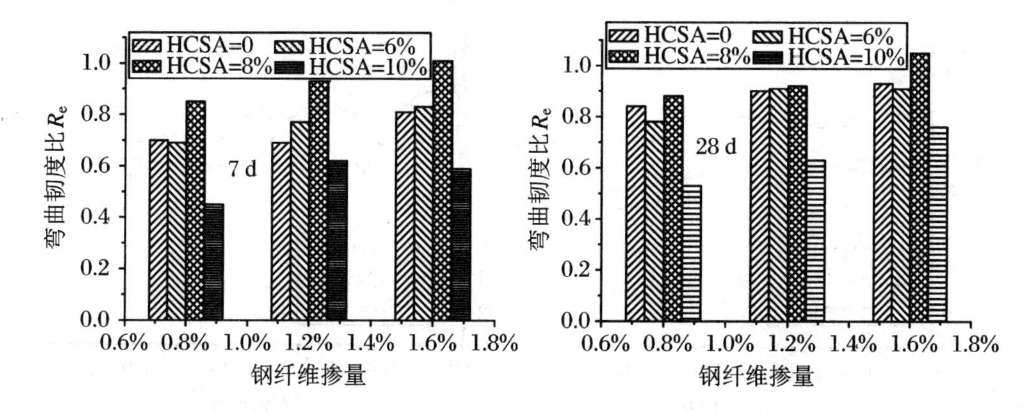

图 6.22　弯曲韧度比的变化规律

补偿收缩钢纤维混凝土的弯曲韧度比相比喷射钢纤维混凝土提高了 34.78%，而膨胀剂掺量从 8%继续增加到 10%时，喷射补偿收缩钢纤维混凝土的弯曲韧度比降低了 33.33%。可见，在混凝土中乱向分布的钢纤维对混凝土的膨胀变形产生均匀的限制作用，使得混凝土在承载后期不至于发生没有预兆的脆性破坏，而膨胀剂的掺入，使得水泥浆的含量降低，可避免或减少混凝土的开裂或干缩变形，喷射补偿收缩钢纤维混凝土更加密实，提高了混凝土内部骨料对钢纤维的侧向压力，增强了混凝土基体界面与钢纤维之间的黏结力，从而改善混凝土的韧性[67]，而在很多应用条件下，纤维对混凝土韧性的改善比强度的改善显得更为重要，因此，膨胀剂和钢纤维的复合效应对混凝土的弯曲韧度比有较大的提高。

6.2.3.5　荷载-挠度曲线分析

图 6.23(a)～图 6.23(c)为钢纤维体积率分别为 0.8%、1.2%、1.6%时，掺入 0、6%、8%、10%膨胀剂的喷射补偿收缩钢纤维混凝土弯曲韧性试验的荷载-挠度曲线。

以多组试件为对象，从变量为膨胀剂的角度分析，从图中不难看出，只掺入钢纤维使得混凝土的强度值达到第一峰值后仍能继续上升，由脆性转为延性。这是因为钢纤维在混凝中均匀分散，形成均匀的三维约束，发挥了其增强增韧和阻裂的作用，但其强度并不高，韧性也不显著。

掺入少量的膨胀剂(6%)，喷射补偿收缩钢纤维混凝土的峰值提高，曲线面积逐渐增大，但在承载后期，曲线不饱满，说明钢纤维与基体间的黏结力不够；掺入适量的膨胀剂(8%)，混凝土的初裂荷载、抗弯极限荷载均有提高，在承受荷载的过程中，韧性显著，混凝土延性较好，试验中发现，混凝土破坏时能够保持完整性，图形显示荷载-挠度曲线饱满，由此看出，在此配比下，混凝土的变形和强度得到同步发

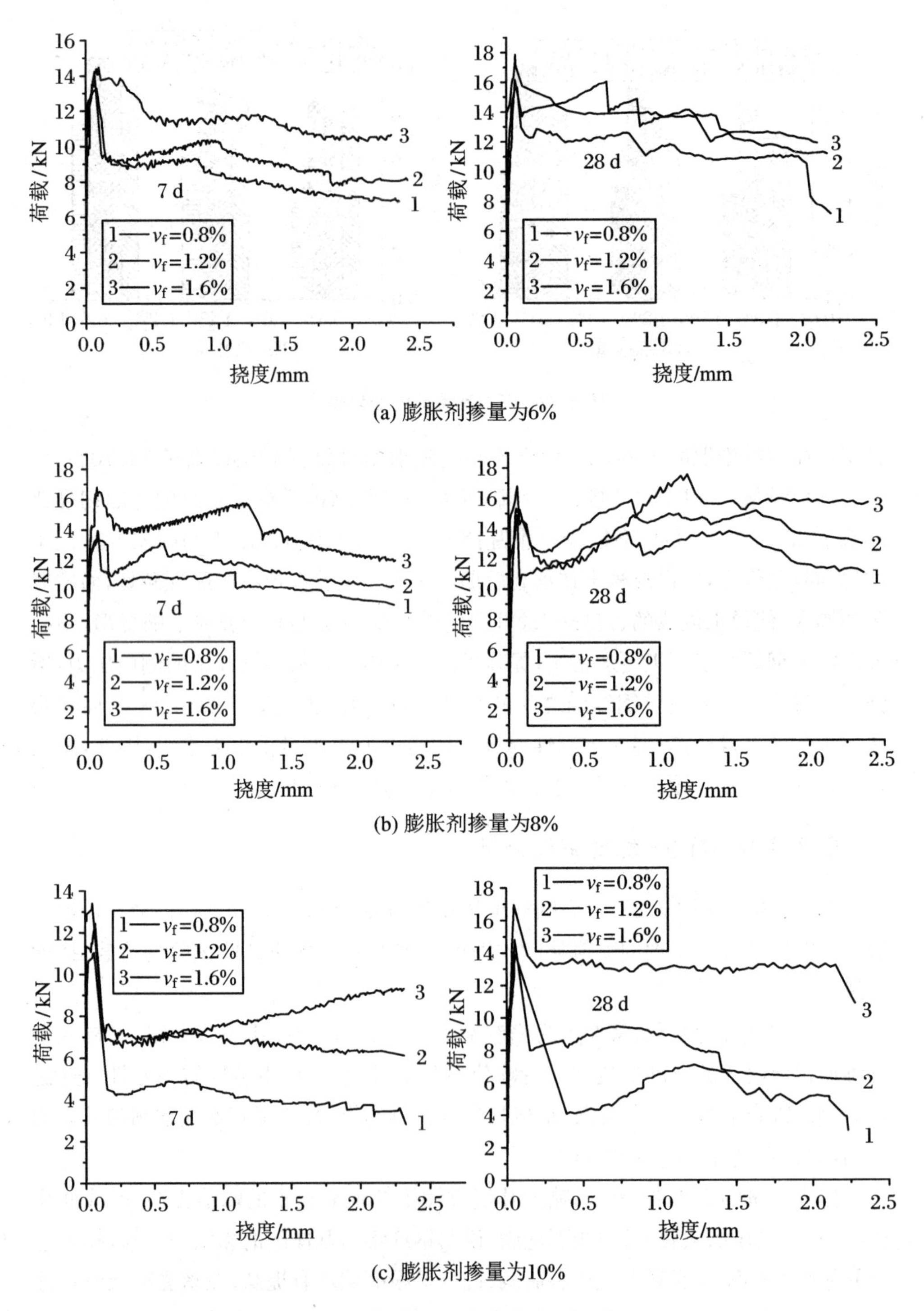

(a) 膨胀剂掺量为6%

(b) 膨胀剂掺量为8%

(c) 膨胀剂掺量为10%

图 6.23　荷载-挠度曲线

展，钢纤维和膨胀剂的复合效应达到了最佳状态；掺入过量的膨胀剂(10%)，抗弯极限荷载明显降低，混凝土一旦出现宏观裂缝，其承载能力迅速下降，表现出一定的脆性。这是因为膨胀剂经水化后产生结晶体，填充了钢纤维周围缝隙，使得混凝土具有一定的延性，但是晶体过多，在缝隙中的分布不均匀，补偿混凝土收缩的效果适得其反，浪费了钢纤维，并伴有搅拌不均匀的现象。综上所述，当膨胀剂掺量为8%、钢纤维体积率为1.2%时的喷射补偿收缩钢纤维混凝土的荷载-挠度曲线最为饱满，韧性最为显著。

图6.24、图6.25分别表示的是喷射补偿收缩混凝土试件和喷射补偿收缩钢纤维混凝土试件的破坏过程，以充分说明钢纤维对增强混凝土韧性的效应。

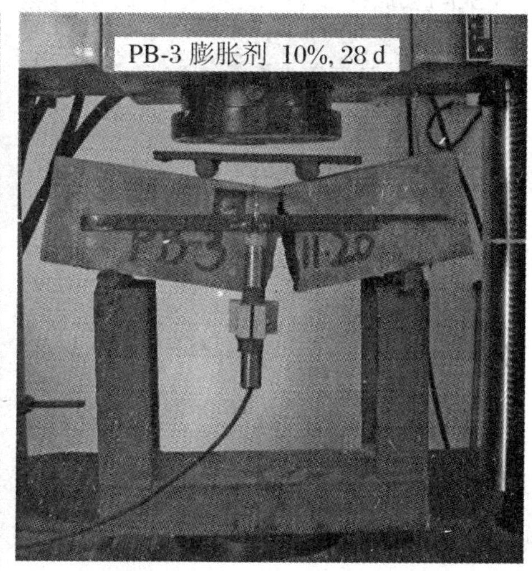

图6.24　喷射补偿收缩混凝土试件破坏全过程

以单个喷射补偿收缩混凝土试件为对象，分析其从开始承载到破坏的过程。试件架于仪器上之前，先在支座处涂上黄油，以消除支座沉降及荷载传感器与支架接触不匀的影响，然后启动机器进行试验。混凝土试件在承载初期，从外表上看没有任何变化，从位移计记录的数据上看，此时试件的跨中挠度一直为零，当达到混凝土极限荷载(喷射补偿收缩混凝土的初裂荷载与极限荷载几乎同时发生)时，混凝土试件由原来的完好无损立刻产生一条相当宽的裂缝，挠度值迅速增大，此时混凝土试件彻底破坏，这种脆性破坏没有任何预兆，卸下位移计后发现，试件断为两截，完全失去其整体性。

以单个喷射补偿收缩钢纤维混凝土试件为对象，从变量为钢纤维的角度分析混凝土的荷载-挠度曲线。试件架于仪器上之前，对混凝土试件作与喷射补偿收缩混凝土试件同样的处理，然后开始试验，当荷载达到初裂荷载前，混凝土外观看来

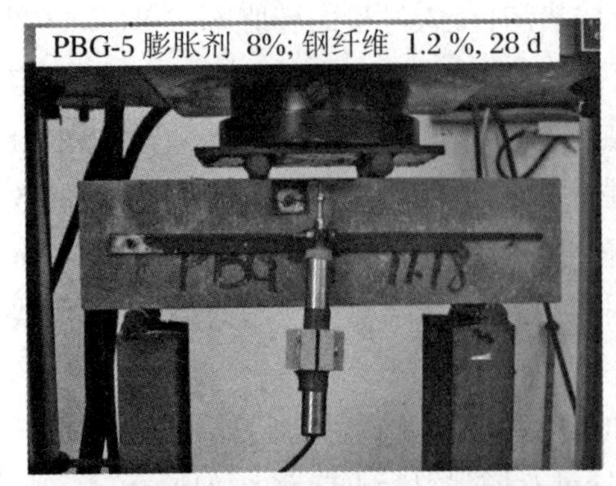

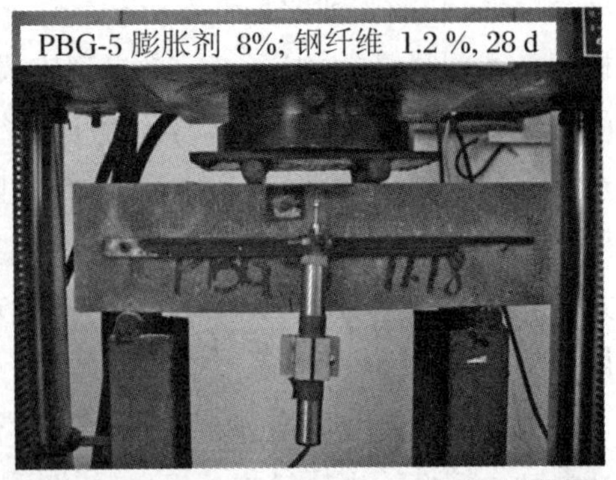

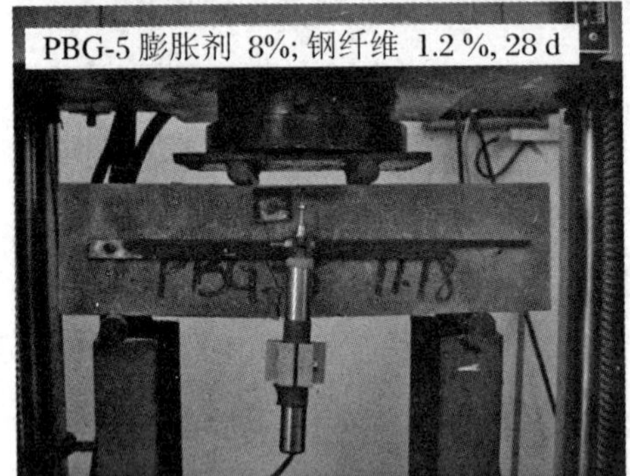

图 6.25 喷射补偿收缩钢纤维混凝土试件破坏全过程

完好无损，但其内部可能已存在许多微小裂缝，此时混凝土处于弹性阶段，荷载能够稳定增长，荷载-挠度曲线呈直线[68]；达到初裂荷载后，混凝土外观上有极其细微的裂缝，此时荷载-挠度曲线呈非线性继续上升；荷载继续增大，待荷载超过混凝土的极限抗弯强度时，听到混凝土试件“砰”的声音，荷载显著降低，混凝土的宏观裂缝开始趋于明显，荷载-挠度曲线开始缓慢下降，在此之后，桥连在裂缝中间的钢纤维开始发挥作用，使得混凝土抵抗裂缝生长的能力提高，一方面这些钢纤维承担了一部分的荷载，另一方面钢纤维的端钩能消耗一部分的能量，因此混凝土的承载能力还能继续提高，荷载-挠度曲线再度上升；随着荷载的逐渐增大，混凝土试件的裂缝不断扩大，并产生出许多微细裂缝，混凝土的承载能力逐渐下降，荷载-挠度曲线亦随着逐渐下降，此时基体与钢纤维的黏结力小于混凝土所受荷载，混凝土基体不断破坏，钢纤维逐渐被拔出，待听到第二次的“砰”声时，裂缝突然增大，试件彻底破坏，混凝土试件表面有剥落现象且支座处混凝土被压碎，除了跨中存在一条宽裂缝外，在周围产生出无数条小裂缝。喷射补偿收缩钢纤维混凝土试件破坏时仍能保持其完整性，体现了“裂而不断”的特性，可见钢纤维的掺入，能够改善材料的韧性，提高混凝土的延性。

本 章 小 结

本章分别根据 ASTM C1018、JSCE SF4 韧度指数法和我国弯曲韧性试验方法,从不同的角度对喷射素混凝土、喷射补偿收缩混凝土、喷射钢纤维混凝土、喷射补偿收缩钢纤维混凝土四种类型的混凝土进行弯曲韧性分析,主要得出以下结论:

(1) 相比喷射素混凝土,单掺适量膨胀剂的喷射补偿收缩混凝土的极限抗弯强度有一定程度的提高,但是两者的破坏模式一样,都是一裂即断,且无法对弯曲韧性的其他参数进行比较评价。

(2) 当单掺钢纤维时,喷射钢纤维混凝土的破坏模式改变,表现出明显的韧性性能,极限抗弯强度相比喷射素混凝土和喷射补偿收缩混凝土都有一定的提高,弯曲韧度指数都随着纤维体积率的提高而提高。

(3) 当双掺钢纤维和膨胀剂时,喷射补偿收缩钢纤维混凝土的破坏模式表明,其具有显著的韧性。弯曲韧度指数和承载能力变化系数有明显的提高,在适合掺量情况下,均大于理想弹塑性的相应值。

(4) 喷射钢纤维混凝土和喷射补偿收缩钢纤维混凝土的荷载-挠度曲线形状相似,在曲线与 X 轴、Y 轴的范围内,均有一定的面积,但存在着饱满与不饱满的区别,荷载-挠度曲线随纤维体积率的增加愈显饱满,膨胀剂对曲线的饱满度也有一定的作用,当掺量过大时,相对喷射素混凝土和喷射补偿收缩混凝土有一定的韧性,但是后期承载能力下降幅度较大。在钢纤维体积率为 1.2%和膨胀剂掺量为 8%时的荷载-挠度曲线最为饱满。

第7章　补偿收缩钢纤维混凝土抗裂性能与抗渗性能试验研究

补偿收缩钢纤维混凝土的抗裂性能是其优越性的体现，良好的抗裂性能有助于该材料的推广应用。本章主要依据《纤维混凝土结构技术规程》(CECS 38:2004)[98]，对补偿收缩钢纤维混凝土的抗裂性能和抗渗性能进行试验研究，并分析其抗裂和抗渗机理。

7.1　补偿收缩钢纤维混凝土抗裂性能试验与分析

7.1.1　试验内容

膨胀变形试验和力学性能试验表明，喷射补偿收缩钢纤维混凝土中膨胀剂和钢纤维的最佳匹配值为：HCSA膨胀剂内掺8%，钢纤维体积率为1.2%。本章主要研究最佳匹配掺量下的喷射素混凝土、喷射钢纤维混凝土、喷射补偿收缩混凝土和喷射补偿收缩钢纤维混凝土四种材料的抗裂性能，试验编号如表7.1所示。

表7.1　抗裂性能试验编号

编号	1	2	3	4
HCSA内掺	0	0	8%	8%
钢纤维体积率	0	1.2%	0	1.2%

7.1.2　试验测定与计算方法

混凝土大板浇筑成型24 h后，观察大板表面的裂缝，并测量裂缝的数量、宽度以及长度。裂缝为可见裂缝(裂缝宽度大于0.05 mm),按照裂缝的形状将其分成若干段,并用游标卡尺分别测量每段的长度,各段裂缝的长度之和即为该条裂缝的总长度。

在测量裂缝的宽度时,当整条裂缝上不同位置的宽度相差较大时,先在裂缝宽度显著变化处将其分成若干段,并分别测量其宽度,以各段平均值作为该条裂缝的名义最大宽度;当裂缝宽度无明显变化时,可直接取裂缝中点处的宽度作为该条裂缝的名义最大宽度。

按公式(7.1)计算裂缝的总面积:

$$A_{cr} = \sum_{i=1}^{n} \omega_{i,\max} l_i \tag{7.1}$$

式中,A_{cr}——对比试件裂缝的名义总面积,mm^2,用来对比的基准试件记作A_{mcr};

$\omega_{i,\max}$——第i条裂缝名义最大宽度,mm;

l_i——第i条裂缝的长度,mm。

按公式(7.2)计算裂缝降低系数η:

$$\eta = \frac{A_{mcr} - A_{cr}}{A_{mcr}} \tag{7.2}$$

裂缝降低系数计算出以后,按表7.2的规定,直观地确定限裂等级,以评价抗裂性能的优劣。

表7.2　限裂等级评定标准

限裂等级	一级	二级	三级
评定标准	$\eta \geqslant 70$	$55 \leqslant \eta < 70$	$40 \leqslant \eta < 55$

7.1.3　试验结果与限裂等级评定

1. 喷射素混凝土与喷射钢纤维混凝土

如图7.1所示,素混凝土和钢纤维混凝土成型后在大板的一侧增加平行风,用以加速混凝土中水分的蒸发。

混凝土成型24 h后撤去风扇,以测量裂缝的数量、宽度和长度。用游标卡尺测量每条裂缝的最大宽度后,为了准确测量裂缝的数量和长度,用铅笔将混凝土大板上的裂缝描绘出来,如图7.2(a)、图7.2(b)所示。图7.2(c)、图7.2(d)标出了两种混凝土裂缝分布的具体情况,其中,图7.2(c)为素混凝土的裂缝分布,图7.2(d)为钢纤维体积率为1.2%的钢纤维混凝土裂缝分布。

图 7.1　喷射素混凝土与喷射钢纤维混凝土抗裂试验

(a) 喷射素混凝土裂缝分布实况

(b) 喷射钢纤维混凝土裂缝分布实况

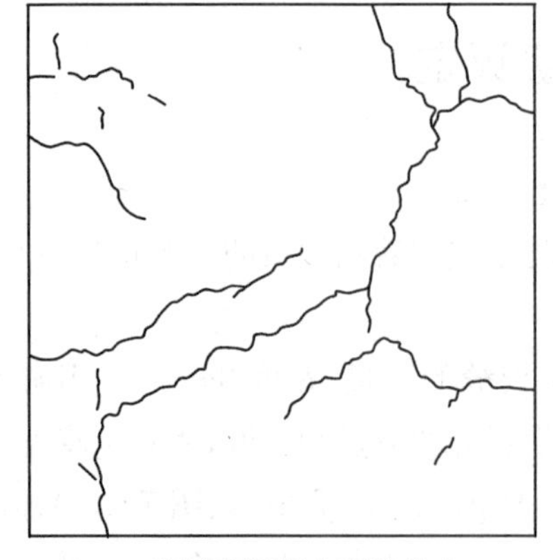

(c) 喷射素混凝土裂缝分布

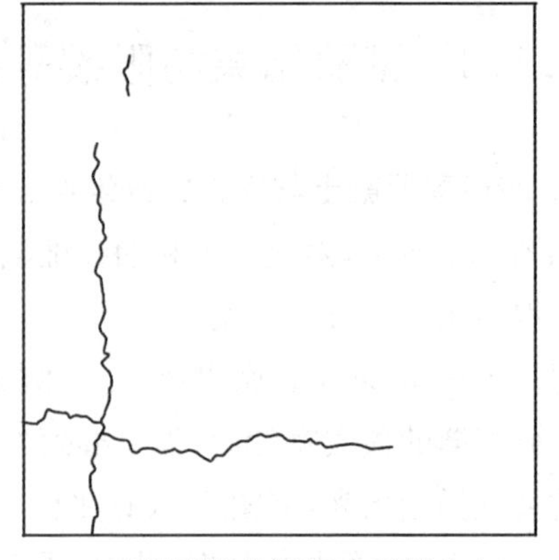

(d) 喷射钢纤维混凝土裂缝分布

图 7.2　喷射素混凝土与喷射钢纤维混凝土裂缝分布图

图7.2明显表明，喷射素混凝土大板上分布的裂缝明显多于喷射钢纤维混凝土大板上的裂缝。

从图7.2(c)中可以看出，素混凝土大板上的裂缝比较复杂，一条主裂缝贯穿大板的两对角，且在大板的边角处，裂缝和大板边缘形成了不规则的“口”字形；图7.2(d)中钢纤维混凝土大板的裂缝出现在边角限制钢筋配筋率突变的位置(如图7.3所示单板模具边角处限裂钢筋)，在边缘限制钢筋的截断处，裂缝沿着限制区与未限制区发展，在边角处同样形成了不规则的“口”字形。且从两个板的裂缝宽度上看，在边缘钢筋限制区，裂缝宽度较小，且在边沿主裂缝上发展出许多叉开的微小裂缝，而出现在未限制区的裂缝一般比较明显，最大裂缝宽度达到了0.3 mm。

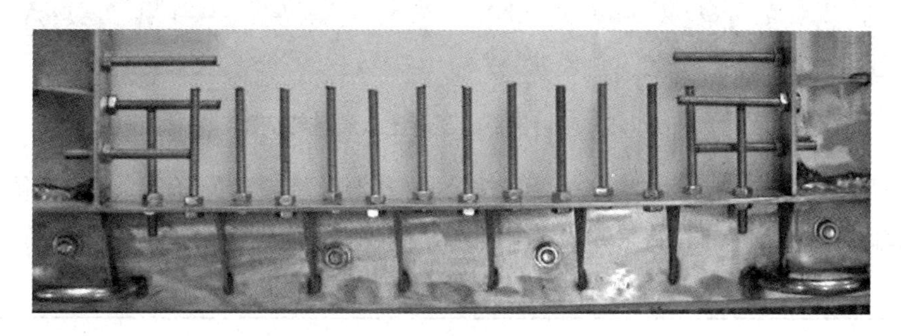

图7.3　大板模具边角限制钢筋

图7.4和图7.5给出了素混凝土和钢纤维混凝土大板的裂缝特征图，从图中可以直观地看出，喷射素混凝土板上出现的裂缝宽度要明显大于喷射钢纤维混凝土板上的裂缝宽度。

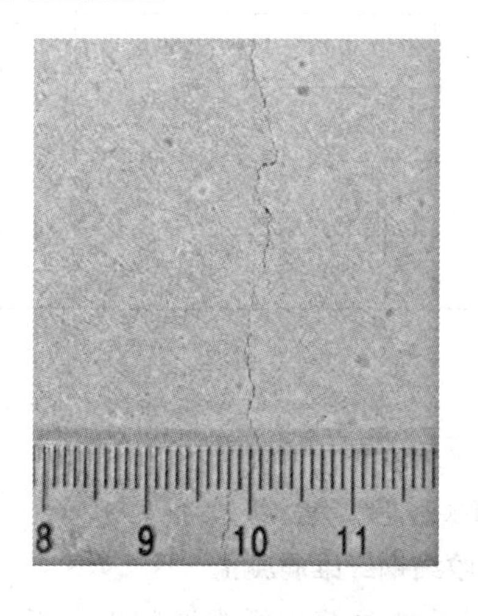

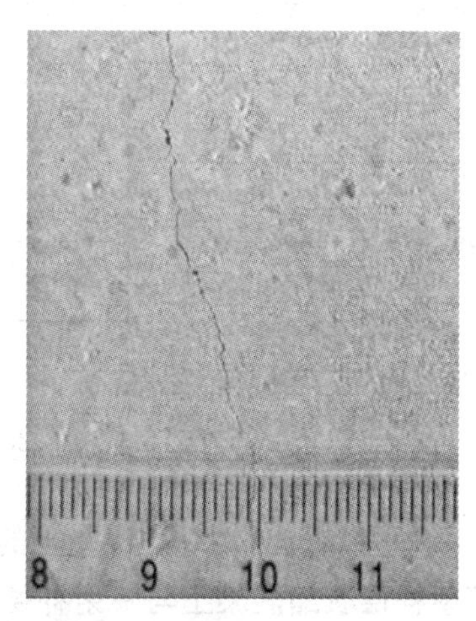

图7.4　喷射素混凝土板裂缝特征图

图 7.5　喷射钢纤维混凝土板裂缝特征图

根据公式(7.1)计算裂缝总面积，按公式(7.2)计算裂缝的降低系数，素混凝土与钢纤维混凝土的试验结果如表 7.3 所示。

表 7.3　开裂试验结果

编号	名义最大宽度/mm	裂缝条数	裂缝总长度/mm	裂缝面积/mm²	裂缝名义总面积/mm²
(1) 素混凝土	0.05	4	451	22.6	263.0
	0.10	6	1061	106.1	
	0.20	4	418	83.6	
	0.30	3	169	50.7	
(2) 钢纤维混凝土	0.05	2	449	22.5	109.5
	0.15	2	580	87.0	

钢纤维混凝土裂缝降低系数为

$$\eta = \frac{A_{mcr} - A_{cr}}{A_{mcr}} = \frac{263.0 - 109.5}{263.0} = 58.4\%$$

由表 7.2 可以查出，钢纤维混凝土的限裂等级为二级。

2. 喷射补偿收缩混凝土与喷射补偿收缩钢纤维混凝土

成型后喷射补偿收缩混凝土和喷射补偿收缩钢纤维混凝土大板如图 7.6 所示。

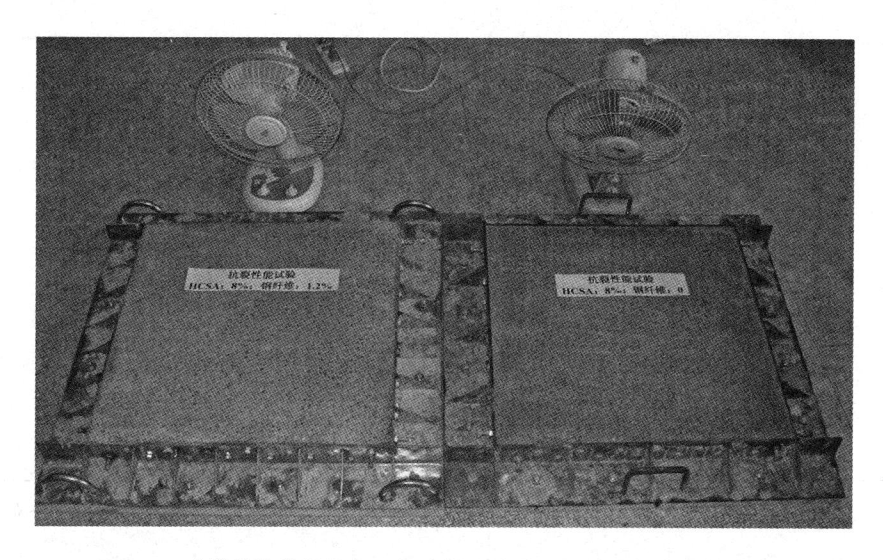

图 7.6 喷射补偿收缩混凝土与喷射补偿收缩钢纤维混凝土抗裂试验

混凝土成型 24 h 后，同样先用游标卡尺测量每条裂缝的最大宽度，然后将混凝土大板上的裂缝描绘出来，如图 7.7(a)、图 7.7(b)所示。图 7.7(c)为喷射补偿收缩混凝土的裂缝分布，图 7.7(d)为喷射补偿收缩钢纤维混凝土裂缝分布。

从图 7.7 中可以明显看出，膨胀剂的加入，表面裂缝也明显减少。

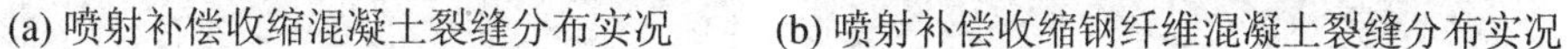
(a) 喷射补偿收缩混凝土裂缝分布实况　　(b) 喷射补偿收缩钢纤维混凝土裂缝分布实况

图 7.7 喷射补偿收缩混凝土与喷射补偿收缩钢纤维混凝土裂缝分布图

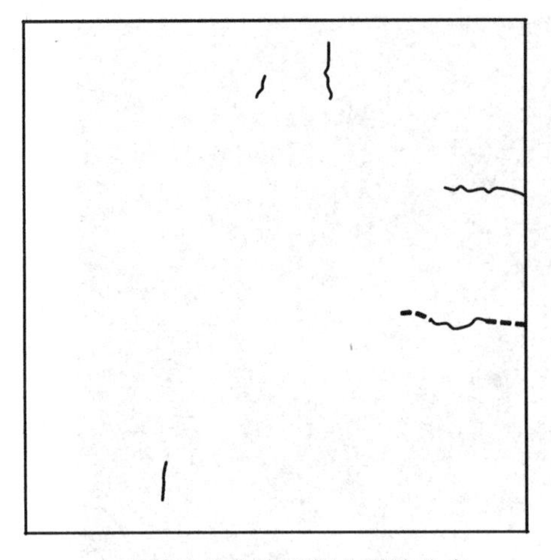

(c) 喷射补偿收缩混凝土裂缝分布

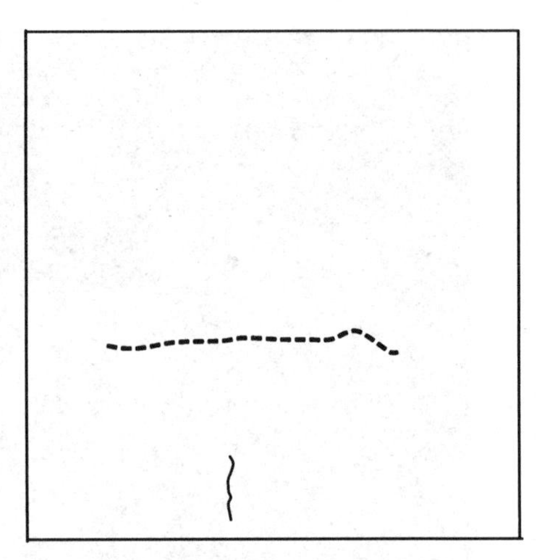

(d) 喷射补偿收缩钢纤维混凝土裂缝分布

图 7.7　喷射补偿收缩混凝土与喷射补偿收缩钢纤维混凝土裂缝分布图(续)

喷射补偿收缩混凝土大板第一条裂缝出现较早,如图 7.7(a)中标示①,大约在大板成型后 2 h 出现。随后出现第二条裂缝,如图 7.7(a)中标示②。24 h 后观察裂缝发现,各裂缝与初始裂缝相比,均有不同程度的减小,其中标示②裂缝的两端(图 7.7(c)中虚线处)已自动愈合。

喷射补偿收缩钢纤维混凝土大板在成型的早期也有裂缝出现,24 h 后再观察,发现位于大板中心的一条较长裂缝(图 7.7(d)中虚线处)已完全愈合,其裂缝变化如图 7.8 所示。说明膨胀剂的膨胀作用已经发挥效能,补偿了混凝土由于失水收缩产生的裂缝,达到了预期的目的。

(a) 初始观察裂缝

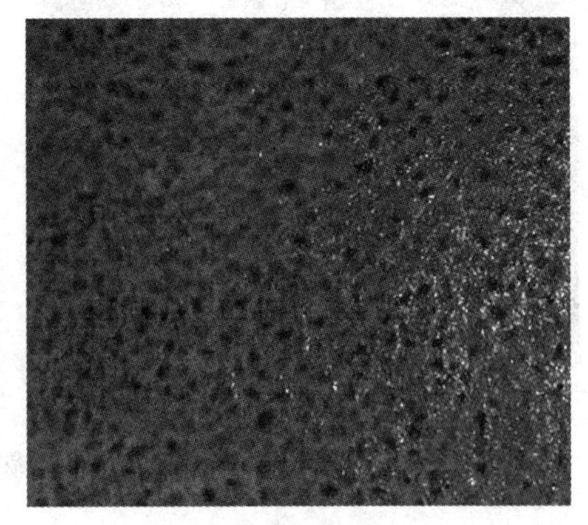

(b) 24 h观察裂缝

图 7.8　喷射补偿收缩钢纤维混凝土板裂缝变化图

测出裂缝的数量、宽度和长度后，根据公式(7.1)、(7.2)计算裂缝总面积和裂缝的降低系数，补偿收缩混凝土与补偿收缩钢纤维混凝土的试验结果如表7.4所示。

表7.4　开裂试验结果

编号	名义最大宽度/mm	裂缝条数	裂缝总长度/mm	裂缝面积/mm^2	裂缝名义总面积/mm^2
(3) 补偿收缩混凝土	0.05	3	214	10.7	22.0
	0.10	2	113	11.3	
(4) 补偿收缩钢纤维混凝土	0.10	1	83	8.3	8.3

补偿收缩混凝土和补偿收缩钢纤维混凝土的裂缝降低系数分别为

$$补偿收缩混凝土：\eta = \frac{A_{mcr} - A_{cr}}{A_{mcr}} = \frac{263.0 - 22.0}{263.0} = 91.6\%$$

$$补偿收缩钢纤维混凝土：\eta = \frac{A_{mcr} - A_{cr}}{A_{mcr}} = \frac{263.0 - 8.3}{263.0} = 96.8\%$$

由表7.2可以查出，补偿收缩混凝土和补偿收缩钢纤维混凝土的限裂等级均为一级，而以补偿收缩钢纤维混凝土的限裂效果最优。

7.1.4　抗裂机理分析

喷射素混凝土、喷射钢纤维混凝土、喷射补偿收缩混凝土和喷射补偿收缩钢纤维混凝土的劈裂抗拉强度、抗折强度、最大限制膨胀率和裂缝名义总面积对比直方图如图7.9所示。

从图7.9中可以看出，向素混凝土中均匀加入钢纤维后，可以显著提高混凝土的劈裂抗拉强度和抗折强度，而钢纤维混凝土的限制膨胀率却较小，在水中养护14 d后几乎没有膨胀，钢纤维混凝土的限裂等级为二级；向素混凝土中加入膨胀剂后，混凝土的限制膨胀率明显增加，补偿收缩混凝土的抗裂能力也较明显，限裂等级为一级，但其劈裂抗拉强度和抗折强度却低于素混凝土；钢纤维和膨胀剂的联合加入，混凝土不但保留较大的限制膨胀率(0.021%)，劈裂抗拉强度和抗折强度的增强性能也优于钢纤维混凝土，限裂等级为一级，且裂缝名义总面积均小于其他三种混凝土。综合比较四种混凝土的各项性能，喷射补偿收缩钢纤维混凝土具有钢纤维混凝土和补偿收缩混凝土的优点，起到了增强与抗裂的协同效果。

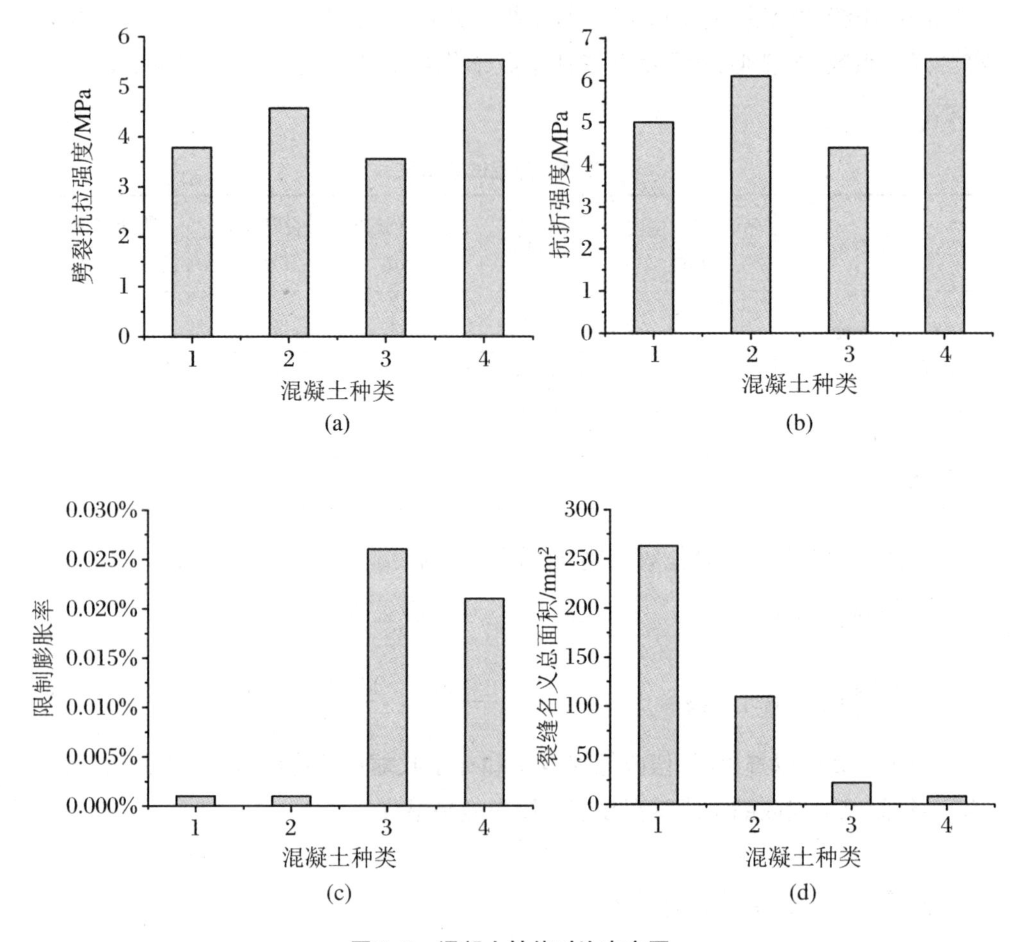

图 7.9　混凝土性能对比直方图

注:1 代表素混凝土;2 代表钢纤维体积率为 1.2%的钢纤维混凝土;3 代表膨胀剂掺量为 8%的补偿收缩混凝土;4 代表钢纤维体积率为 1.2%、膨胀剂掺量为 8%的补偿收缩钢纤维混凝土。

混凝土浇筑成型早期,若表面失水速度大于泌水速度,混凝土表面就易出现早期裂缝,这是因为成型早期的混凝土还处于塑性状态,混凝土中水分的大量散失必将导致基体本身的收缩,且此时的混凝土抗拉强度较低,在约束作用下产生的拉应力超过了混凝土当时的极限抗拉强度,混凝土的裂缝也就产生了。

试验表明,混凝土中加入钢纤维后,虽然推迟了混凝土大板表面开裂的时间,但表面的早期裂缝名义总面积依然比较大,限裂等级为二级。该结论与文献[101]的结论是一致的,该文献表明,钢纤维的加入对混凝土微观裂缝出现前的性能并没有显著的改善作用,只有当混凝土表面出现微观裂缝以后,钢纤维才开始发挥其增强抗裂的性能。这是因为钢纤维抗裂是“桥连裂缝两端,阻止裂缝发展”的结果。混凝土微观裂缝出现以前,钢纤维在混凝土中通过改善内部结构、减少裂缝源数量来延缓初始裂缝出现的时间，混凝土一旦开裂，钢纤维就开始发挥作用，通过搭接在裂缝上的钢纤维来阻止裂缝进一步扩展，改变裂缝尖端的应力状况。可见，钢纤维混凝土增强阻裂的功能主要表现在混凝土开裂以后。

补偿收缩混凝土是通过膨胀剂的水化生成膨胀结晶体而达到补偿混凝土塑性收缩、使裂缝自愈合的目的。其早期限裂等级为一级，但由于膨胀剂降低了混凝土结构内部的性能，所以不利于结构强度的发挥。可见，补偿收缩混凝土的抗裂功能主要发挥在混凝土成型的早期。

喷射补偿收缩钢纤维混凝土同时使用钢纤维和膨胀剂，可充分发挥混凝土开裂前膨胀剂的抗裂功能和混凝土开裂以后钢纤维的增强阻裂功能，在混凝土成型后的不同阶段达到抗裂的目的，实现“层次抗裂、阶段抗裂”。膨胀剂在早期水分充足的条件下发挥作用，水化产物能够填充混凝土的毛细孔缝，减少内部缺陷和有害孔洞的数量，从而在源头上减少了混凝土内部裂缝源的数量和尺寸，且具有自愈合混凝土早期裂缝的功能；钢纤维的加入增加了基体混凝土的早期强度，从而增大了混凝土处于塑性状态时的抗拉强度，这不仅能够延缓早期裂缝的出现、抑制裂缝的扩展和减小裂缝宽度，而且还能够改善混凝土的各项强度指标。试验表明，喷射补偿收缩钢纤维混凝土是一种集抗裂和承重于一体的优良材料。

7.2　补偿收缩钢纤维混凝土抗渗性能试验与分析

7.2.1　试验材料与试验配合比

1. 试验材料

水泥采用P·O42.5普通硅酸盐水泥，水泥的物理性能及化学成分符合现行国家标准；细集料采用中砂，符合规定级配，细度模数为2.63，砂率为45%；粗集料采用碎石，考虑喷射混凝土施工工艺，选择粒径范围为5～10 mm的连续级配；水采用普通自来水；速凝剂采用淮南矿业集团生成的D型速凝剂；膨胀剂采用天津豹鸣股份有限公司生产的CSA混凝土膨胀剂；钢纤维采用剪切端钩型，规格为0.5 mm×0.5 mm×25 mm，长径比45，抗拉强度≥800 MPa。

2. 试验配合比

试验配合比设计如表 7.5 所示。

表 7.5 配合比一览表 （单位：kg/m^3）

试验编号	水泥	水	石子	砂子	膨胀剂掺量	速凝剂掺量	钢纤维掺量
PS	431.2	220	984.5	805.5	0	2%	0
PB	396.0	220	984.5	805.5	8%	2%	0
PG	431.2	220	984.5	805.5	0	2%	1.0%
PBG	396.0	220	984.5	805.5	8%	2%	1.0%

7.2.2 补偿收缩钢纤维混凝土抗渗性能试验

1. 试验方法和测试仪器

巷道喷射混凝土支护，从受力上有一定的支承作用，同时也要求混凝土自身结构有一定的防水能力，因此要求喷射混凝土具有一定的抗渗性能，按表 7.5 配合比对普通混凝土和补偿收缩钢纤维混凝土的抗渗性能进行试验研究。

依据《水工混凝土试验规程》(SL/T 352—2020)[97]规定的混凝土相对抗渗性试验，测定混凝土在恒定水压下的渗水高度，计算相对渗透系数，比较不同混凝土的抗渗性。

试件制作采用试模尺寸：上口直径为 175 mm，下口直径为 185 mm，高为 150 mm 的圆台体。试件制作时，采用人工浇筑和振捣的方法进行，普通混凝土和补偿收缩钢纤维混凝土的试件各做一组，每组 6 个试件。成型试件如图 7.10 所示。试件成型养护 28 d 后在抗渗试验机 HS-40 上进行试验，如图 7.11 所示。将渗透仪的水压力一次加到 0.8 MPa，同时开始记录时间，在此压力下恒定 24 h，然后降压，从试模中取出试件。在试件两端面直径处，按平行方向各放一根直径为 6 mm 的钢垫条，用压力机将试件劈开，2～3 min 即可看见水痕，此时用笔画出水痕位置，便于量测渗水高度。将劈开面的底边十等分，在各等分点处量出渗水高度，以各等分点渗水高度的平均值作为该试件的渗水高度。

图 7.10　抗渗试件

图 7.11　HS-40 型混凝土渗透仪

2. 试验结果分析

渗水高度与渗透系数之间的关系为

$$k = \frac{\omega D^2}{2tH} \tag{7.3}$$

式中，k——渗透系数，cm/s；

D——平均渗水高度，cm；

H——水压力，以水柱高度表示，cm；

t——恒压持续时间，s；

ω——混凝土吸水率，一般为 0.03。

表 7.6 为两种混凝土的平均渗水高度以及渗透系数，从表 7.6 中可以看出，普通混凝土的最大平均渗水高度为 11.5 cm，补偿收缩钢纤维混凝土最大平均渗水高度为 4.2 cm，比普通混凝土减小了 63.5%，这说明钢纤维和膨胀剂双掺对提高喷射混凝土抗渗性能更为明显。

表 7.6　两种材料抗渗试验结果

试件名称	试验水压 /MPa	试验时间 /h	平均渗水高度/cm	渗透系数 /(cm/s)
喷射普通混凝土	0.8±0.05	24	9.3	1.877×10^{-9}
			10.5	2.393×10^{-9}
			11.1	2.674×10^{-9}
			11.5	2.870×10^{-9}
			10.3	2.302×10^{-9}
			9.4	1.918×10^{-9}

续表

试件名称	试验水压/MPa	试验时间/h	平均渗水高度/cm	渗透系数/(cm/s)
喷射补偿收缩钢纤维混凝土	0.8±0.05	24	3.2	0.222×10^{-9}
			3.5	0.266×10^{-9}
			2.8	0.170×10^{-9}
			4.2	0.383×10^{-9}
			2.7	0.158×10^{-9}
			3.3	0.236×10^{-9}

补偿收缩钢纤维混凝土的抗渗性能优于普通混凝土的主要原因如下:钢纤维的掺入,有效抑制了喷射混凝土早期收缩裂缝的生成和发展,同时由于膨胀剂与水泥水化产物生成膨胀晶体导致体积微膨胀,并填充毛细孔隙,使混凝土更加密实,降低了混凝土的孔隙率,改善了混凝土的内部结构,从而提高了混凝土的抗渗性能。

本章小结

本章根据喷射补偿收缩钢纤维混凝土中膨胀剂和钢纤维的最佳匹配值(HCSA膨胀剂内掺8%,钢纤维体积率为1.2%),通过大板试验研究了钢纤维与膨胀剂单掺和双掺下的喷射素混凝土、喷射补偿收缩混凝土、喷射钢纤维混凝土和喷射补偿收缩钢纤维混凝土四种材料的抗裂试验和抗渗试验,主要得出以下结论:

(1) 从开裂情况看,素混凝土大板的表面开裂情况比钢纤维混凝土复杂得多,从形状上看,在两种混凝土大板的边角处,裂缝均沿着限制钢筋截断处和大板边缘形成不规则的“口”字形。

(2) 膨胀剂的加入,均显著改善了素混凝土和钢纤维混凝土的裂缝形状和大小,且早期裂缝24 h后有自愈合的趋势。

(3) 钢纤维混凝土并不能显著改善混凝土的早期开裂状况,早期限裂等级为二级。

(4) 补偿收缩混凝土大板的裂缝名义总面积为基体混凝土的8.4%,限裂等级为一级,补偿收缩混凝土的抗裂能力得到显著提高,但其劈裂抗拉强度和抗折强度明显低于素混凝土。

(5) 补偿收缩钢纤维混凝土的裂缝降低系数为96.8%,限裂等级为一级,抗裂效果显著。

(6) 普通混凝土的最大平均渗水高度为11.5 cm,补偿收缩钢纤维混凝土最大平均渗水高度为4.2 cm,比普通混凝土减小了63.5%,这说明钢纤维和膨胀剂双掺对提高喷射混凝土抗渗性能更为明显。

第8章　补偿收缩钢纤维混凝土支护结构模型试验研究

8.1 概　　述

我国煤矿巷道常用的支护形式有素喷混凝土支护、锚杆支护、锚喷支护、锚喷网支护、浇筑混凝土支护、棚架支护等[100]，每种支护方式都有其适用范围。而锚喷支护是目前使用范围最广的支护方式。作为锚喷支护的重要组成部分，喷射补偿收缩钢纤维混凝土对封闭新鲜岩面，防止岩体风化、及时提供支护抗力、提高岩体的强度、改善岩体的变形性能、保持巷道的平整外形、均匀分配围岩荷载等方面具有非常重要的作用。喷射补偿收缩钢纤维混凝土具有柔性与刚性双重特点，即在初期硬化之前它是一种柔性支护，能够允许围岩产生一定的变形，减轻支护结构因过度变形而造成的过大压力。在产生变形的同时，也可以让锚杆逐渐发挥其支护作用；当混凝土硬化后，又会变成一种刚性支护，限制岩体的变形，并直接对已经松动的岩块起到支撑作用。因此，喷射补偿收缩钢纤维混凝土与锚杆共同作用，其“先柔后刚”的特点适合岩体工程支护中满足围岩能量释放，而其整体性却不至于破坏的要求。

支护结构的作用除支撑一部分围岩压力之外，更重要的是改善岩体结构的力学性能，增加岩体的自承能力。混凝土支护，改变了围岩中因开挖而暴露的不连续面的力学性能，胶结张开的不连续面，从而使不连续面具有较高的强度与变形性能，同时，支护结构提供的支护反力对围岩中不连续面的扩展起抑制作用，从而维护岩体结构的稳定。在锚喷支护中，混凝土支护结构的破坏与剥离是引起片帮、冒顶的主要原因之一。混凝土支护结构在围岩的挤压作用下，破坏往往也是从局部开始产生裂纹，然后裂纹逐渐扩展而造成整体剥落。

另外巷道混凝土支护结构由于施工和早强的需要添加速凝剂，使得混凝土的早期收缩增大，以至于在施工中经常出现由混凝土收缩造成的裂缝和渗水现象，使得整个支护结构的使用寿命大大降低，影响巷道的正常使用。为了解决上述支护结构的缺点，采用喷射补偿收缩钢纤维混凝土，在保证力学性能的前提下，增加混凝土的密实性，减少混凝土早期收缩，同时利用膨胀剂的膨胀力作用在混凝土中建立一定的预压应力，用来抵消由收缩产生的拉应力，达到补偿收缩的效果，从而最大限度地限制和减少裂缝的产生与扩展，提高巷道的使用寿命和降低巷道的维护成本。

利用安徽理工大学地下结构研究所的大型地下结构试验台，进行围压作用下原材料半圆拱直墙支护结构模型试验，研究补偿收缩钢纤维混凝土支护结构的力学性能和承载能力，以及不同混凝土材料支护结构的变形、破坏形态与裂缝扩展情况，以确保支护设计的可靠性，同时也为理论分析和计算提供一定的参考依据。

8.2 相似模型试验的基本要求

模型试验是解决复杂工程问题的一种行之有效的试验方法，以相似理论作为理论基础[102]。在试验应力与应变分析中，用缩小模型比例进行试验，常常是一种经济有效的方法。根据相似关系，建立相似准则，利用相似准则可以把模型的试验数据换算成原结构的数据。随着测试技术的快速发展及各种新型优质模型材料的开发和应用，模型试验在土木工程研究中日益成为一种现代化的试验研究手段，用模型试验代替大型原结构试验或作为大型结构试验的辅助试验，可以避免许多不利因素的影响，降低试验费用，缩短试验周期等。某些新设计或难以用理论分析的结构，需要用模型试验为其提供设计参数，为新的理论假定提供试验基础、检验理论假设的可靠性。模型试验中所用模型是根据真实结构并以一定相似关系复制而成的，因此，模型与原型之间应满足一定的相似关系是模型试验的基本要求，而且只有模型与原型保持相似，才能根据模型试验得到的数据和结果推算出原结构的数据和结果。相似是物理现象之间所具有的对应关系，包括物理量之间的相似关系及物理过程的相似关系。物理量相似的前提是几何相似，一般几何相似比为常数，在相似理论中称为相似系数，在相似理论中，物理量相似还包括荷载相似、质量相似和刚度相似等。为了保证两物理现象的相应物理量在对应地点与对应时间都具有相同的相似系数，在保证物理量相似的前提下，还必须使物理量的相似系数间保持一定的组合关系，即保证物理过程相似。由此可见，模型试验中相似的含义很广泛，包括几何相似，相应物理量成比例，物理量的相似常数间应满足一定的组合关系，而组合关系的建立基于相似理论[103,104]。

根据工程实际情况来设计相似模型试验。试验以淮南矿业集团朱集东煤矿 −965 m 水平轨道大巷支护结构为原型，采用相同材料进行相似模型试验。目的是研究补偿收缩钢纤维混凝土支护结构与其他不同材料支护结构，在静载作用下的支护结构应力分布、变形情况、破坏情况及整个混凝土支护结构极限承载力的大小等。

8.3　支护结构模型试验与分析

8.3.1　相似准则推导

根据试验条件，结合淮南矿业集团朱集东煤矿 −965 m 轨道大巷实际工程情况，取支护模型的几何相似比为 $C_l=2$。即工程设计中的原型与试验模型尺寸之比为 2∶1，模型所用的材料与原型相同，即 $C_E=C_P=1$。

试验主要量测模型结构中混凝土的荷载-应变变化以及支护结构模型的位移变形情况，根据力学知识可知影响混凝土结构应力的参量有应力 σ(N/m^2)、法向分布荷载 P(N/m^2)、支护结构截面积 A(m^2)、支护结构抗弯截面模量 W(m^3)、巷道跨度 L(m)、巷道直墙高 H(m)，混凝土的弹性模量 E(N/m^2)。根据 π 定理，主要参数用下述函数表示为

$$f(\sigma,P,A,W,L,H,E)=0 \tag{8.1}$$

采用量纲分析法求出相似准则，设 a_1、a_2、…、a_7 分别代表参量 σ、P、…、E 的指数，则系统的量纲矩阵如表 8.1 所示。

表 8.1　系统的量纲矩阵

	a_1	a_2	a_3	a_4	a_5	a_6	a_7
	σ	P	A	W	L	H	E
F	1	1	0	0	0	0	1
L	−2	−2	2	3	1	1	−2
T	0	0	0	0	0	0	0

根据矩阵，可得 2 个线性齐次代数方程：

$$\begin{cases} a_1 + a_2 + a_7 = 0 \\ -2a_1 - 2a_2 + 2a_3 + 3a_4 + a_5 + a_6 - 2a_7 = 0 \end{cases} \tag{8.2}$$

上式中有 7 个参数，只有 2 个方程，所以可以建立 5 个相似准则，对于多个相似准则的求解，一般采用量纲矩阵法，将式中的 a_1、a_5 转化为 a_2、a_3、a_4、a_6 和 a_7 的函数关系：

$$\begin{cases} a_1 = -a_2 - a_7 \\ a_5 = 2a_1 + 2a_2 - 2a_3 - 3a_4 - a_6 + 2a_7 \end{cases}$$

因为相似准则数为 5 个，故 a_2、a_3、a_4、a_6 和 a_7 应前后设定 5 套参数，最简便的方法是分别设其中一个值为 1，其余相应为零，将结果采用 π 矩阵列出，如表 8.2 所示，根据表 8.2 推导出相似准则如式(8.3)：

$$\pi_1 = \frac{P}{\sigma}, \quad \pi_2 = \frac{A}{L^2}, \quad \pi_3 = \frac{W}{L^3}, \quad \pi_4 = \frac{H}{L}, \quad \pi_5 = \frac{E}{\sigma} \tag{8.3}$$

表 8.2　π 矩阵

	a_1	a_5	a_2	a_3	a_4	a_6	a_7
	σ	L	P	A	W	H	E
π_1	−1	0	1	0	0	0	0
π_2	0	−2	0	1	0	0	0
π_3	0	−3	0	0	1	0	0
π_4	0	−1	0	0	0	1	0
π_5	−1	0	0	0	0	0	1

模型与原型是几何相似，模型上所有的尺寸都是按几何尺寸进行缩小，故准则 $\pi_2 = \dfrac{A}{L^2}$，$\pi_3 = \dfrac{W}{L^3}$，$\pi_4 = \dfrac{H}{L}$是满足的。由准则 $\pi_5 = \dfrac{E}{\sigma}$可得 $C_E = C_\sigma$。因模型所用材料与原型相同，在不考虑混凝土支护结构自重条件下，则有 $C_E = C_\sigma = 1$。即模型上各点的应力值与原型上对应位置点的值相等。同理由 $\pi_1 = \dfrac{P}{\sigma}$可以推出 $C_\sigma = C_P = 1$。即加在模型上的法向分布荷载与原型上所受的实际荷载相等。

8.3.2　试验方案与模型制作

采用素混凝土、补偿收缩混凝土、钢纤维混凝土和补偿收缩钢纤维混凝土四种材料分别进行模型制作，每种材料浇筑 2 个模型，共 8 个支护模型进行试验，并浇筑一组标准试块测试其立方体抗压强度，浇筑模型如图 8.1 所示。

图 8.1　模型浇筑成型图

试验方案如表 8.3 所示。为了保证加载期间混凝土试件强度和弹性模量的稳定，等到试件达到养护龄期后方可进行加载。模型截面方向布置 9 个测点，分别布置环向和径向应变片，模型内面布置 9 个测点，分别布置环向和径向应变片，在拱顶、拱肩和拱腰分别布置 5 个位移计，模型测点布置如图 8.2 所示。

表 8.3　支护结构试验方案

模型编号	试验配合比				速凝剂	膨胀剂	钢纤维
	C	*W*	*S*	*G*	掺量 2%	掺量 8%	掺量 1.0%
PS-ZJ	431.2	220	783	957	8.8	0	0
PB-ZJ	396	220	783	957	8.8	35.2	0
PG-ZJ	431.2	220	805.5	984.5	8.8	0	78.5
PBG-ZJ	396	220	805.5	984.5	8.8	35.2	78.5

8.3.3　加载与量测系统

为了模拟围岩荷载分布，采用 7 个油压千斤顶加载，每个油缸的最大压力为

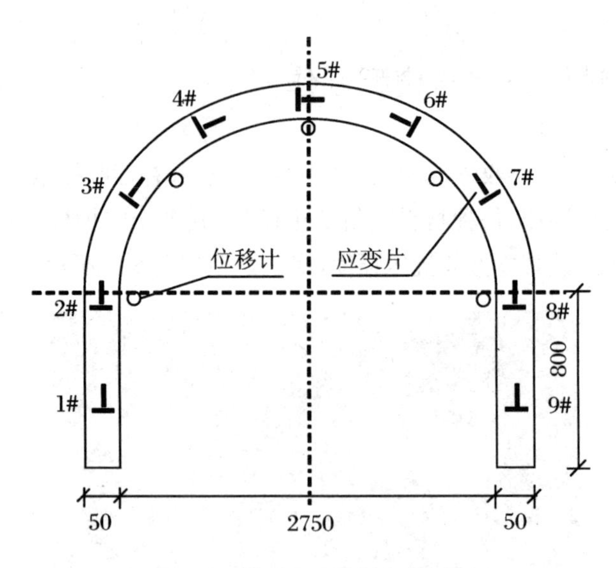

图 8.2　模型尺寸及测点布置图

100 T，油缸的标定如式(8.4)，F 为试件上作用的力，单位为 kN；σ 为每个油缸作用的压应力，单位为 MPa，油缸启动为 0.5 MPa，其余每级 0.1 MPa 缓慢加载，直到试件破坏。

$$F = -10.551 + 30.823\sigma \tag{8.4}$$

根据油缸的标定曲线可以确定其压力换算关系，再结合加载面积的大小，可以换算出作用在试件表面上的工作荷载。

$$P = 0.12P_{油缸} \tag{8.5}$$

用厚钢板和砂浆将千斤顶的点荷载转换成近似分布面荷载，均匀围压同步加载，如图 8.3 所示。试件两端采用工字钢进行固定，并在中间钢板上抹上黄油，使得试件可以沿径向滑动，这样可以避免在试件两端出现非常大的应力集中现象，不至于试件在较小的工作荷载下过早破坏。加压设备如图 8.4 所示。测量设备采用了 YJD-27 静动态电阻应变仪，按照设计要求将应变片贴在混凝土试件的不同部位，每组均配有补偿片，贴应变片之前，首先打磨贴片部位，然后用丙酮清洗，再涂上环氧树脂，等待环氧树脂干后，再打磨并用丙酮清洗，最后采用 502 胶贴片，并用烙铁焊接在测试电缆上。数据采集系统数据线连接时采用万用表测量位移计和应变片的阻值，确保各元件的安装连接正常。加载时，先对试件进行预载试验，使试件和测试元件进入正常工作状态，同时检查加载系统和测试系统仪表的工作是否正常。加载方式采用分级稳压加载，每级稳压后，记录测量数据，然后再施加下一级荷载。

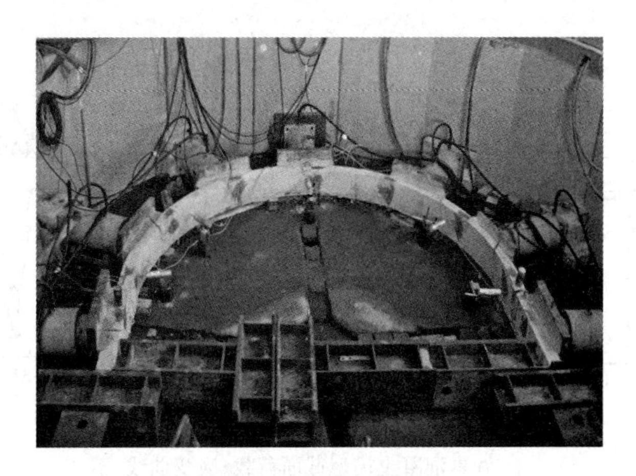

图 8.3　加载装置图

图 8.4　加压设备

8.3.4　试验结果分析

1. 支护结构的混凝土应变和位移

从图 8.5 可以看出，四种材料模型测点环向应变基本为负值，表明环向受压；径向应变为正值，表明径向处于受拉状态，同时发现，环向应变峰值比较大，而径向应变变化较小，素混凝土和补偿收缩混凝土支护模型的环向极限压应变约为 300 $\mu\varepsilon$；而钢纤维混凝土和补偿收缩钢纤维混凝土支护模型的环向极限压应变约为 600 $\mu\varepsilon$；钢纤维的掺入对支护结构承载能力和变形有明显的改善作用。

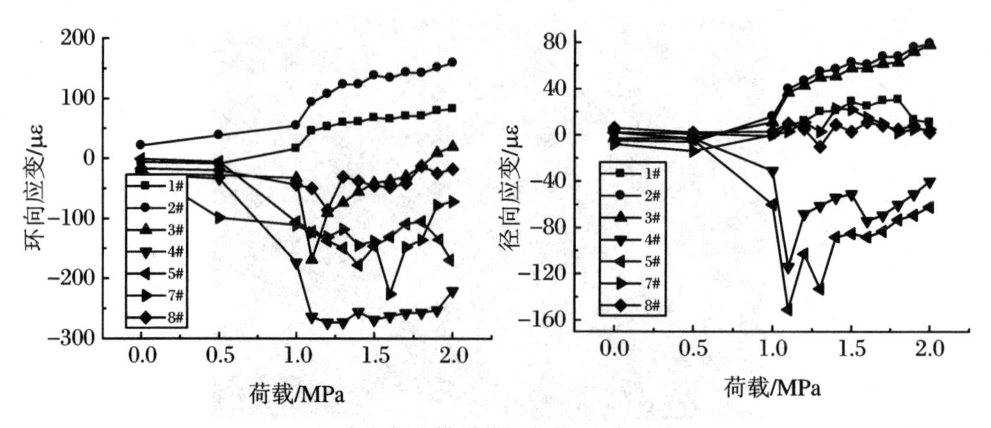

(a) 素混凝土模型截面荷载-应变曲线

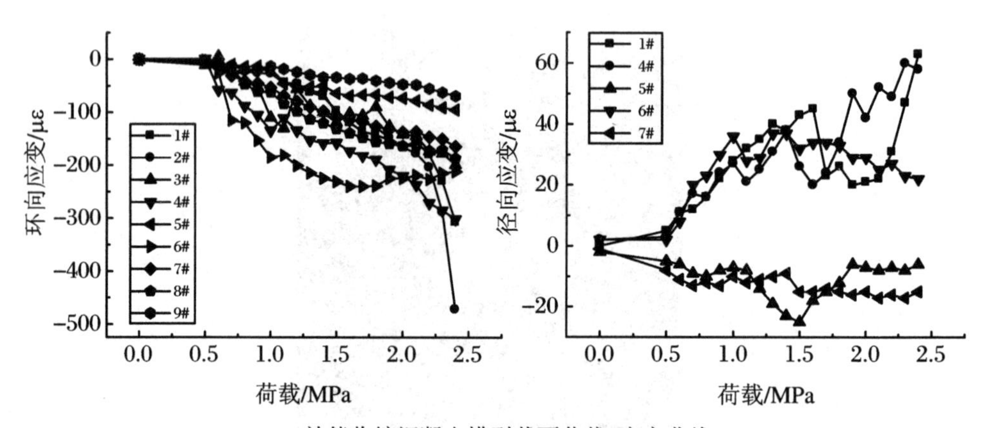

(b) 补偿收缩混凝土模型截面荷载-应变曲线

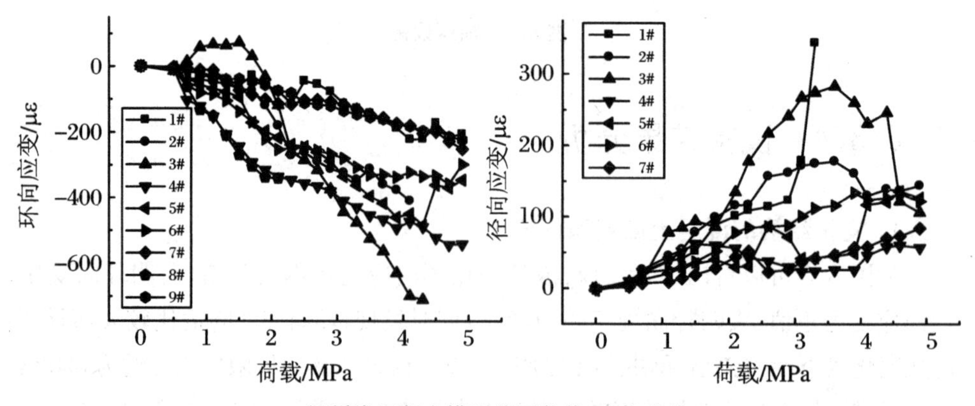

(c) 钢纤维混凝土模型截面荷载-应变曲线

图 8.5 支护结构模型截面荷载-应变曲线

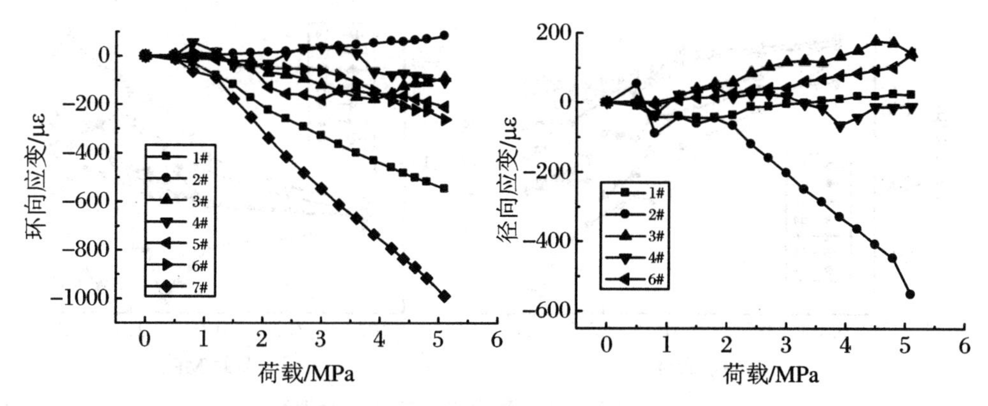

(d) 补偿收缩钢纤维混凝土模型截面荷载-应变曲线

图8.5　支护结构模型截面荷载-应变曲线(续)

支护结构内表面混凝土应变与荷载的关系如图8.6所示，图中素混凝土和补偿收缩混凝土的环向应变基本达到了300 με，而钢纤维混凝土和补偿收缩钢纤维混凝土结构中环向应变平均为200 με，测点处基本上处于受压状态；径向应变值呈现正值较多，表明该方向混凝土处于受拉状态，主要是支护结构截面方向没有约束造成的。

图8.7为四种材料支护模型的荷载与位移关系曲线，从图中可以看出，四种混凝土材料支护模型的位移随荷载的发展趋势比较接近，油缸荷载在0.5 MPa之前位移比较小，主要是因为油缸和试件没有充分接触，随着荷载的增加，位移增加比较显著，在试件的直墙部位的位移都比较大，在围压作用下，试件直墙部位向内发生变形，导致在1点和5点的向内位移最大，且这两处的位移值相差不大；但在图8.7(a)和图8.7(b)中，1点位移比5点大，主要是由于试件率先在左直墙处发生破坏造成的。对于3点拱顶处，四种材料的位移都是负值，表明该处位移是向外发展的，掺入钢纤维混凝土支护结构的拱顶位移要比没有钢纤维的大，表明钢纤维的掺入不仅可以提高支护体的承载力，也改善了支护结构的变形能力。

2. 模型试件破坏特征与机理

四种材料混凝土支护模型破坏主要部位是直墙与半圆拱交界处，且裂缝主要为直缝断裂，表明该处混凝土处于受拉状态，在荷载作用下混凝土达到其极限拉应变时，出现裂纹，导致模型构件的受拉破坏。如图8.8(a)所示，对于拱肩和拱顶部位混凝土模型发生破坏的形式与交界处明显不同，从图8.8(b)、图8.8(c)中可以看出，破坏面为斜面，破坏面与最大主应力的夹角为30°～45°，属压剪破坏。

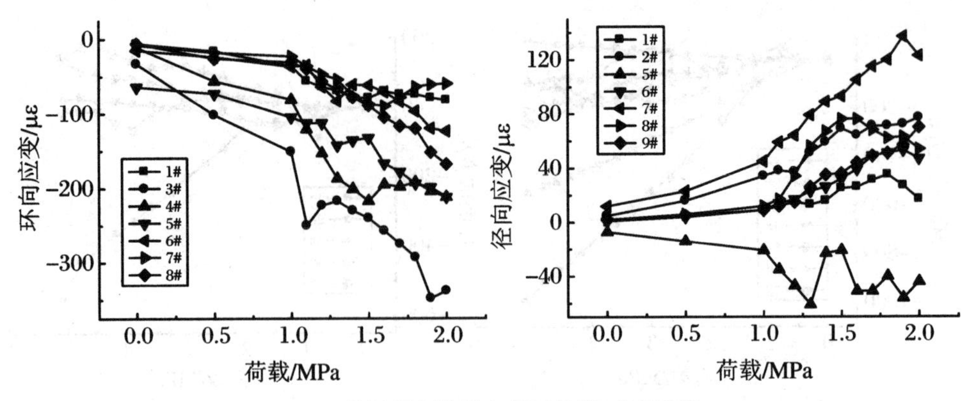

(a) 素混凝土模型内表面荷载-应变曲线

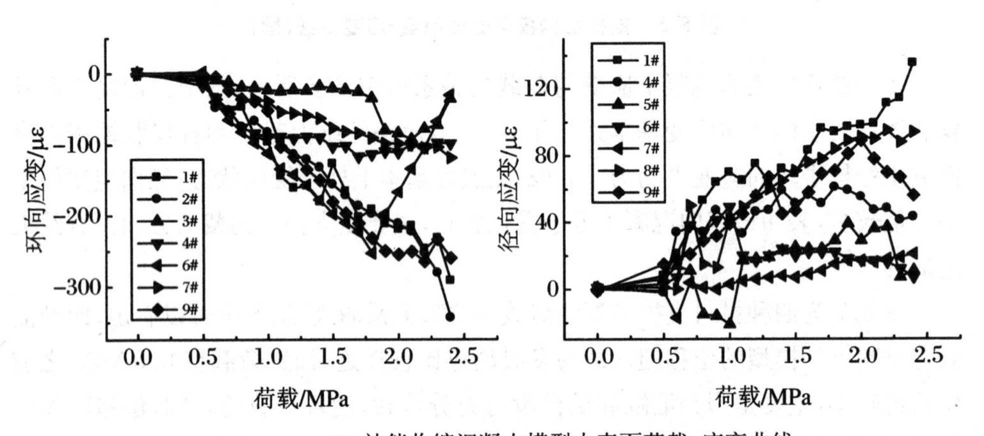

(b) 补偿收缩混凝土模型内表面荷载-应变曲线

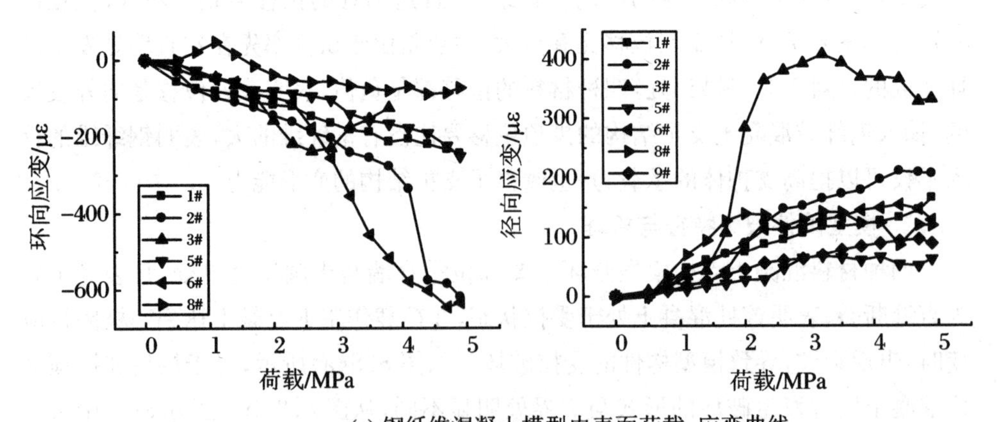

(c) 钢纤维混凝土模型内表面荷载-应变曲线

图 8.6　支护结构模型内表面荷载-应变曲线

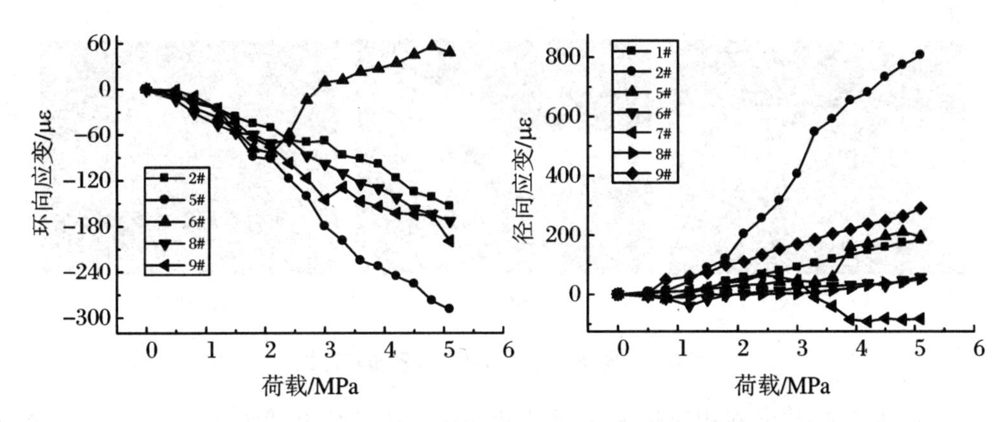

(d) 补偿收缩钢纤维混凝土模型内表面荷载-应变曲线

图 8.6　支护结构模型内表面荷载-应变曲线(续)

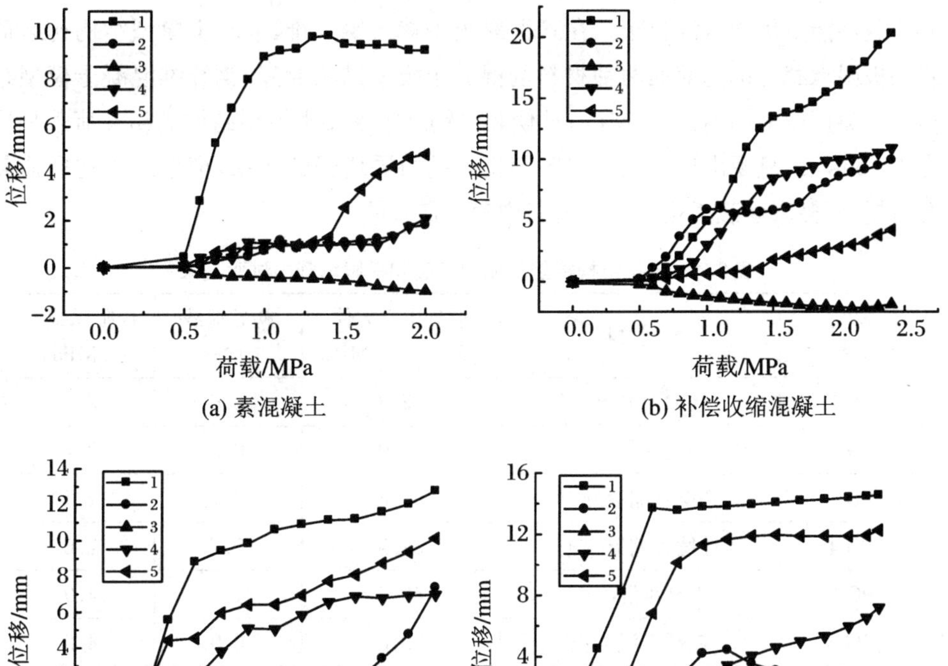

(a) 素混凝土

(b) 补偿收缩混凝土

(c) 钢纤维混凝土

(d) 补偿收缩钢纤维混凝土

图 8.7　不同材料支护模型荷载-位移曲线

注:1. 左直墙;2. 左拱肩;3. 拱顶;4. 右拱肩;5. 右直墙

(a) 交界处

(b) 拱顶

(c) 拱肩

图 8.8　模型构件的破坏部位和破坏形式

由表 8.4 可知，在相同配比下，素混凝土抗压强度比补偿收缩混凝土要低，导致整个支护结构的承载力要略小，同时发现，补偿收缩混凝土的初裂荷载平均为 0.70 MPa，素混凝土模型结构的初裂荷载平均为 0.55 MPa，表明补偿收缩混凝土的抗裂性能要优于素混凝土。在素混凝土中掺入钢纤维，混凝土模型结构初裂荷载和极限承载力都比前面两种材料的混凝土模型结构要好，钢纤维混凝土模型结构的初裂荷载平均为 1.00 MPa，补偿收缩钢纤维混凝土模型结构的初裂荷载平均为 1.35 MPa，显现出钢纤维与膨胀剂良好的协同增强的效果，模型结构初裂荷载有所提高，极限承载力也是四种材料中表现最好的。

表 8.4　支护结构模型的初裂荷载和极限承载力试验结果

模型编号	模型材料	混凝土立方体抗压强度/MPa	初裂荷载/MPa	极限承载力/MPa
PS-1	素混凝土	32.3	0.6	2.0
PS-2	素混凝土	39.9	0.5	3.4
PB-3	补偿收缩混凝土	40.8	0.7	2.4
PB-4	补偿收缩混凝土	39.3	0.7	2.6
PG-5	钢纤维混凝土	40.6	1.1	4.9
PG-6	钢纤维混凝土	39.0	0.9	4.5
PBG-7	补偿收缩钢纤维混凝土	41.5	1.2	4.2
PBG-8	补偿收缩钢纤维混凝土	42.3	1.5	5.1

注：初裂荷载和极限承载力均为油缸荷载。

通过对四种模型支护结构加载试验，分析其破坏形式和破坏过程，素混凝土和补偿收缩混凝土支护结构开裂前没有太多的裂纹，破坏具有明显的脆性破坏，破坏时发出很脆的响声，整个试件破坏后，分成若干段。而对于钢纤维混凝土和补偿收缩钢纤维混凝土发生破坏时，试件基本都从拱顶部位发生断裂，其他部位比较完整，有较好的塑性变形能力。

图8.9是整个支护结构模型的破坏形态，从结构破坏面上混凝土特性来看，素混凝土和补偿收缩混凝土支护结构内侧边缘处有较多的粉碎性破坏现象，而外侧为较整齐的斜向破裂面。由此可见混凝土的破坏机理是支护结构在承受较大外载时，结构内侧混凝土环向应力达到其极限强度，由于内侧方向为自由方向，故内侧混凝土出现微小环向裂纹，局部出现脱皮。此时，混凝土已不能继续承受外荷载作用，随着外载荷的继续增加，超过极限强度的高应力区由结构内侧迅速向外侧发展，最终发生压剪破坏，形成一个贯穿整个厚度的破坏面。

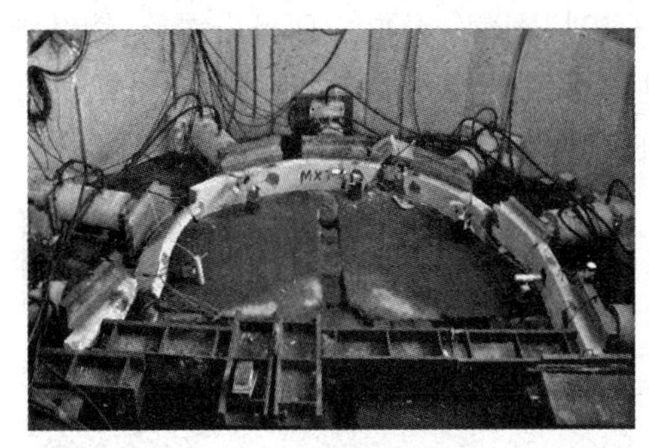

(a) 素混凝土

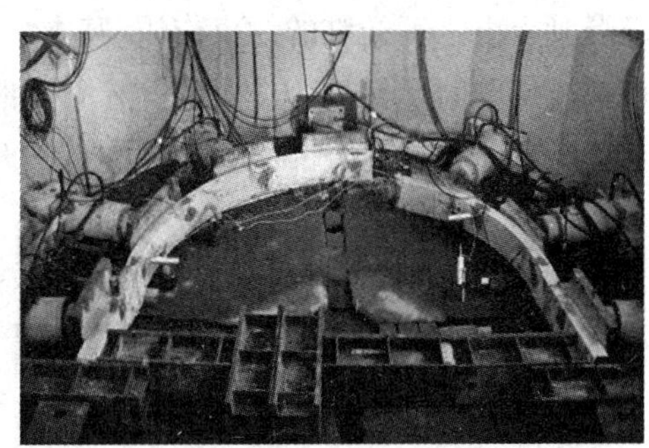

(b) 钢纤维混凝土

(c) 补偿收缩混凝土

(d) 补偿收缩钢纤维混凝土

图8.9　支护结构模型破坏图

3. 模型试件破坏模式分析

破坏模式关系到混凝土破坏后，对整体结构承载能力和安全性产生重要影响[105]。根据试验结果可知，混凝土材料中的水泥砂浆与骨料间的界面是整体材料中的薄弱环节，但是，在外力的作用下，并不是所有的界面都发生破坏，只是当界面在某一方向上受到的拉应力或剪应力大于界面的抗拉强度或抗剪强度时，界面才发生破坏。模型试件加载时，重点掌握试件的第一道裂缝的发生部位和初裂荷载，对每种混凝土模型支护结构关键部位的裂缝开展情况进行对比分析，找出支护结构主要受力的部位，通过裂缝的断面形式来判断混凝土模型破坏的原因。

从图 8.10 可以看出，素混凝土和补偿收缩混凝土模型裂缝发展形态是不同于掺钢纤维的，试件刚刚加载后就产生裂缝，而且裂缝比较明显，随着荷载的增加，裂缝周围的混凝土逐渐剥落，形成断裂面，直到构件发生断裂，断裂后断裂面净面积明显减小。而钢纤维和补偿收缩钢纤维混凝土模型的裂缝发展过程很相似，加载初期出现微裂纹，随着荷载增加，裂纹逐渐增大，整个影响面也比素混凝土和补偿收缩混凝土要大，试件断裂前，有明显的征兆，破坏面较少，且断裂面比较完整，边缘混凝土由于钢纤维的约束作用，基本没有碎块剥落。从断裂面可以看出，钢纤维在被拔出的时候消耗不少能量，整个构件的承载力提高，同时也由于钢纤维的存在，使得混凝土的脆性降低，延缓裂缝的开展和构件断裂时间。

(a) 素混凝土

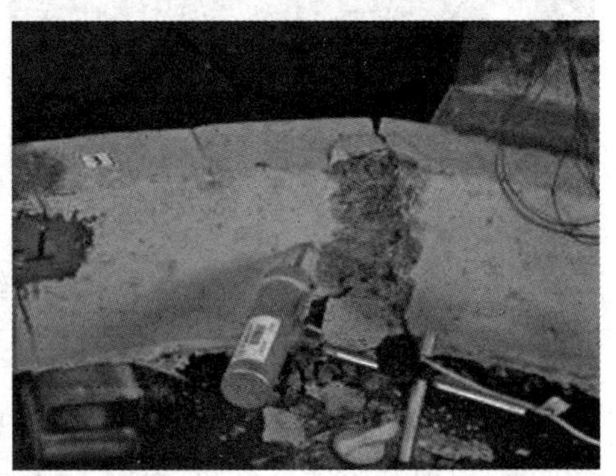

(b) 补偿收缩混凝土

图 8.10　混凝土试件裂缝发展过程

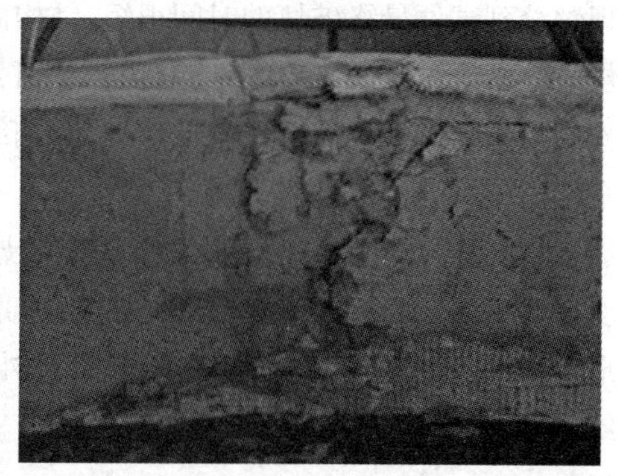

(c) 钢纤维混凝土

(d) 补偿收缩钢纤维混凝土

图 8.10　混凝土试件裂缝发展过程(续)

本 章 小 结

相似模型研究是一种重要的科学研究手段，本章主要采用相似理论，对巷道喷射混凝土支护结构进行相似模型试验，主要得出以下结论：

(1) 通过相似模型试验，研究素混凝土、钢纤维混凝土、补偿收缩混凝土和补偿收缩钢纤维混凝土四种材料支护结构的极限承载力，得出补偿收缩钢纤维混凝土支护结构表现较高的极限承载力和较好变形性能，其支护结构初裂荷载和极限承载力比普通混凝土提高了 146% 和 72%，试件破坏呈现延性破坏。

(2) 混凝土的抗拉强度很低，外荷载作用下，引起较小的拉应变就可能出现裂缝。混凝土支护结构的破坏是由于微裂缝在局部应力下的扩展造成的，其破坏断裂过程分为：裂缝引发、裂缝缓慢生长、裂缝快速生长。掺入钢纤维和膨胀剂，可以提高混凝土的抗裂能力。

(3) 素混凝土和补偿收缩混凝土支护结构破坏属于脆性破坏，试件从开始出现裂缝到试件最终破坏的时间很短，结构破坏比较严重；而对于钢纤维混凝土和补偿收缩钢纤维混凝土支护结构，由于钢纤维的掺入，明显提高了混凝土的韧性，试件中掺入的钢纤维被拔出而导致破坏，钢纤维在拔出的时候消耗不少能量，使得整个构件的承载力提高。

（4）通过测试混凝土截面的应变和支护结构位移，得出拱顶部位产生向外的变形，该处截面外缘受拉，截面破坏为拉剪破坏；直墙与圆拱交界处产生向内的变形，由于底部截面的约束作用，直墙部位外边缘受压，内缘受拉，主要裂缝产生在内缘，截面破坏为受拉破坏。

第9章　补偿收缩钢纤维混凝土支护结构稳定性分析

巷道支护结构的稳定性对煤矿安全掘进至关重要,巷道支护结构必须与围岩的工程地质特征和岩体的物理力学性质等相适应,这样才能确保支护结构的稳定性。锚喷支护结构是锚杆与喷射混凝土所组成的联合支护结构,其具有良好的柔性特征,能适应围岩初期的变形位移,允许围岩释放强大的弹性潜能并部分转移到深部围岩,从而减小围岩的应力,同时又具有一定的支护抗力,能防止围岩产生过大的位移乃至失稳。采用数值分析方法分析支护体系作用机理以及应力和变形情况,为模型试验和现场测试提供一定的依据。

9.1　锚喷支护机理分析

锚喷支护体系中,锚杆对围岩起着加固作用,主要表现为[106]:① 悬吊作用。锚杆将不稳定的岩层悬吊在坚固岩层上,以阻止围岩移动滑落。② 减跨作用。在巷道顶板岩层中打入锚杆,相当于在巷道顶板上增加了支点,使巷道的跨度减小,从而减小顶板岩石的应力,起到维护巷道的作用。③ 组合梁作用。在层状岩体中打入锚杆把若干薄层岩体锚固在一起,使层间紧密,形成组合梁,从而提高顶板岩层的自支承能力。④ 挤压加固作用。预应力锚杆群锚入围岩后,其两端附近岩体形成圆锥形压缩区。环向布置的锚杆群所形成的压缩区域相互组合,便形成了组合拱。由于锚杆的约束力使围岩锚固区径向受压,从而提高了围岩的强度,充分发挥围岩的自身承载能力。

喷射混凝土力学作用机理为[107,108]:① 加固和防止围岩风化。喷射混凝土在外力作用下,高速射入岩石张开的节理裂隙,并与围岩密贴和黏结,从而提高岩体的抗力和剪力。同时,喷射混凝土层封闭了围岩,防止围岩风化。② 改善围岩应力状态。巷道掘进后及时喷射混凝土,一方面,可以将围岩表面的凹凸不平处填平，减弱因岩面不平引起的应力集中现象，避免过大的集中应力造成围岩的破坏；另一方面，由于喷层与围岩紧密黏结，并增加围岩表面抗力，从而使围岩处于三向受力的有利状态，提高围岩强度。③ 柔性支护结构。一方面，喷射混凝土的黏结强度大，能与围岩紧密结合在一起，同时由于喷层较薄，可以和围岩共同变形产生一定的径向位移，使得围岩的自支撑能力充分发挥，从而使喷层本身的受力状态得到改善；另一方面，混凝土喷层在与围岩共同变形中受到压缩，对围岩产生较大的支护反力，能够抑制围岩产生过大变形，防止围岩发生松动破碎。④ 与围岩共同作用。巷道开挖后及时喷射一层混凝土，增加喷层与岩石的黏结力和抗剪强度以抵抗围岩的局部破坏。

锚喷支护的实质是用锚杆加固深部围岩，用喷层封闭巷道表面，防止围岩风化，抵抗围岩变形。经过锚喷支护处理后，锚杆、喷层和围岩形成承载拱结构，支承围岩压力。支护结构施工过程中，通过监测掌握围岩变形情况，待围岩位移趋于稳定，支护抗力与围岩压力相适应时，进行复喷，增强喷层抗力，使变形收敛，提高安全系数。实践表明，喷射混凝土与锚杆联合使用时，由于混凝土本身的收缩和徐变，导致巷道混凝土喷层仍会开裂和破坏。为了解决这类问题，需要对喷射混凝土进行改进，采用复合材料提高混凝土的抗渗和抗裂性能。把锚网喷支护结构中喷射混凝土改为掺入钢纤维和膨胀剂的补偿收缩钢纤维混凝土，利用膨胀剂的早期膨胀性能，提高喷层抗渗和抗裂性能，掺入钢纤维防止混凝土喷层发生局部脆性破坏，改善混凝土的柔性性能，减少喷射混凝土的回弹率。与先前使用的喷射混凝土相比较，该支护结构充分发挥了混凝土材料柔性支护的性能，改善了混凝土的脆性特征，提高了支护结构的承载能力和抗渗防裂能力。

9.2 衬砌结构的内力计算

9.2.1 薄壳基本理论

两个曲面所限定的物体，如果曲面之间的距离比物体的其他尺寸要小，就称为壳体。这两个曲面就称为壳面[109]。为了方便对开敞壳体进行分析和计算，假定切割面是由一根直线保持与中面垂直、移动而形成的。也就是说，所讨论的开敞壳体，它的边缘（即所谓壳边）总是由垂直于中面的直线所构成的直纹曲面。

在壳体理论中，采用如下的计算假定[110]：① 垂直于中面方向的正应变可以不计；② 中面的法线保持为直线，而且中面法线及其垂直线段之间的直角保持不变，这两个方向的剪应变为零；③ 与中面平行的截面上的正应力（即挤压应力）远小于其垂直面上的正应力，因而它对变形的影响可以不计；④ 体力及面力均可简化为作用于中面的荷载。如果壳体的厚度 t 远小于壳体中面的最小曲率半径 R，即比值 t/R 是很小的数值，这个壳体就称为薄壳。反之，它就称为厚壳。对于薄壳，可以在壳体的基本方程和边界条件中略去某些很小的量（随着比值 t/R 的减小而减小的量），使得这些基本方程可能在边界条件下求解，从而得到一些近似解。一般地，在工程上所常遇到的壳体，常可按薄壳理论计算。

9.2.2　巷道支护结构内力分析

巷道喷射混凝土支护结构静力计算，采用剪切理论进行载荷预设计。该理论认为围岩稳定性的丧失，主要是由于围岩在地应力作用下形成剪切滑移楔形体的缘故。

对于受轴对称外荷载作用的柱壳，取 α 轴（巷道走向）为对称轴，由简化结果可知：$N_1=0$，$S_{12}=S_{21}=0$，$Q_2=0$，$M_{12}=M_{21}=0$。工程中喷射混凝土结构所受的荷载主要是法向荷载，则荷载分量 $X=Y=0$，法向荷载分量 Z 假定为已知，即 $Z=q(\alpha)$。其他内力的表达式，可以通过求解柱壳结构的一般力学方程，并由其边界条件和轴对称性质来确定。当柱壳只受轴对称的径向外荷载 $Z=q(\alpha)$ 作用，且边界条件也是轴对称时，径向位移和内力必是轴对称的，表达式都将只是 α 的函数。

根据巷道衬砌结构的特征，可以近似把这种壳体支护结构看成是一个开口短圆柱壳。计算时把围岩压力当作外荷载考虑。结合衬砌结构受力特性，得出壳体结构的微分方程：

$$\frac{d^2\omega}{d\alpha^4}+\frac{Et}{R^2D}\omega=\frac{q}{D} \tag{9.1}$$

式中，ω——衬砌结构的径向位移，mm；

t——衬砌结构的厚度，mm；

E——衬砌结构的变形模量，GPa；

D——衬砌结构的弯曲刚度，$D=Et^3/12(1-\mu^2)$；

μ——衬砌结构的泊松比；

q——巷道径向外荷载，kN。

采用求解弹性地基梁的方法，根据柱壳的边界条件求出衬砌结构的内力表达式：

$$\left.\begin{aligned}&N_2=(Et/R)\omega\\&M_1=(q_0/\beta^2)(A\cos\xi\operatorname{ch}\xi-B\sin\xi\operatorname{sh}\xi),M_2=\mu M_1\\&Q_1=(-q_0/\beta)[(A+B)\sin\xi\operatorname{ch}\xi-(A-B)\cos\xi\operatorname{ch}\xi]\end{aligned}\right\}\tag{9.2}$$

式中，M_1，Q_1——衬砌结构纵断面中曲面的内力，kN；

M_2，N_2——衬砌结构横断面中曲面的内力，kN；

β——常数，$\beta^4=\dfrac{Et}{4R^2D}$；

ξ——无因次的坐标，$\xi=\beta\alpha$，$\xi_0=\beta t$；

$$A=\frac{\sin\xi_0\operatorname{ch}\xi_0-\cos\xi_0\operatorname{sh}\xi_0}{\sin2\xi_0+\operatorname{sh}2\xi_0},\quad B=\frac{\sin\xi_0\operatorname{ch}\xi_0+\cos\xi_0\operatorname{sh}\xi_0}{\sin2\xi_0+\operatorname{sh}2\xi_0}$$

确定了壳体的应力状态之后，就可以采用合适的强度理论对其危险点进行强度校核。利用上面导出的计算公式，可以对衬砌结构的内力进行计算并进一步优化设计[111,112]。

9.3 混凝土结构的有限元理论

目前，工程实际应用中常用的数值计算方法包括有限单元法、有限差分法、边界单元法以及加权残值法等。运用有限单元法分析可以提供大量的信息，如结构位移、应力和应变变化、混凝土压屈、钢筋流动以及破坏荷载等，这对研究钢筋混凝土结构的性能，改进工程设计都具有重要的意义[113]。巷道喷射混凝土支护体是一种钢筋混凝土结构，但对钢筋混凝土的力学性能分析还不够完善，为了能正确分析钢筋混凝土结构的应力或内力，采用有限元法对补偿收缩钢纤维混凝土锚喷支护结构进行数值模拟分析，研究喷射混凝土支护结构的内力和变形发展的全过程。

9.3.1 单元选取和参数设置

为了了解混凝土结构的详细受力机理和破坏过程，利用三维实体单元进行非线性有限元分析。而混凝土本身同时具有开裂、压碎、塑性等复杂力学行为，在三维条件下这些力学行为更加难以确定，给实际应用带来了较大的困难。为了便于应用，数值计算软件内部设定了专门面对混凝土材料的三维实体单元形式SOLID65，可以考虑混凝土的压溃与开裂，并建立了三维情况下混凝土的破坏准则。LINK8 可以用来模拟钢筋，钢筋混凝土支护结构采用分离式模型[114]。利用空间杆单元 LINK8 建立钢筋模型，此时钢筋为离散单元，并和混凝土单元 SOLID65 共用节点。其优点是建模比较方便，可以任意布置钢筋并可直接获得钢筋的内力。缺点是建模比整体式模型复杂，需要考虑共用节点的位置，且容易出现应力集中拉坏混凝土的问题。

在分离式模型[115]当中，SOLID65 是一具有 8 节点的三维非线性实体材料单元类型，LINK8 是一种三维杆单元，其几何形状、节点位置以及坐标系取向如图 9.1 所示。

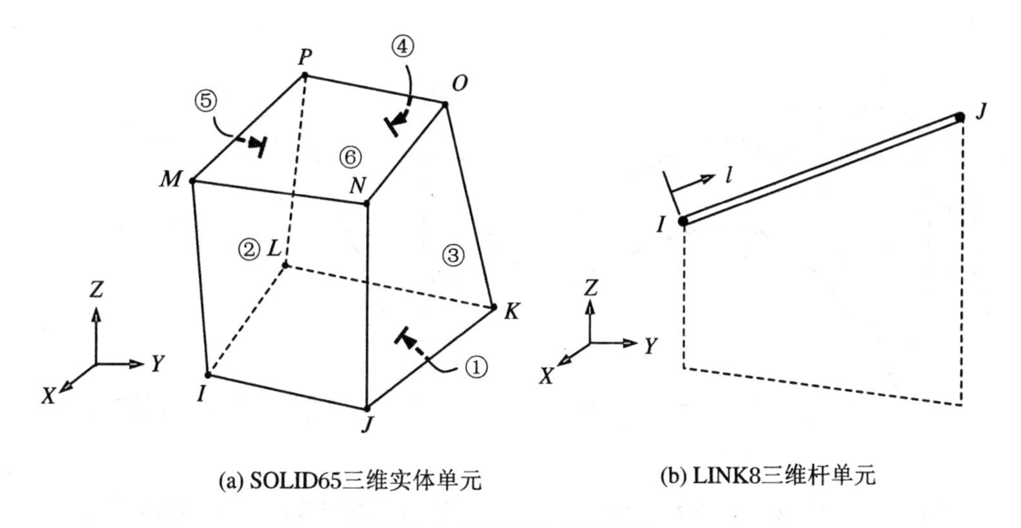

(a) SOLID65三维实体单元　　(b) LINK8三维杆单元

图 9.1　混凝土和钢筋单元

9.3.2　本构关系及破坏准则

混凝土结构有限元分析的最大难点在于如何准确选择材料的本构模型。混凝土作为一种混合材料，其本构模型非常复杂。SOLID65 单元可以使用三个非线性本构关系，多线性等向强化（multilinear isotropic hardening）模型、多线性随动强化（multilinear kinematic hardening）模型和 Drucker-Prager（D-P）模型[116]。其中，D-P 模型在混凝土中为理想弹塑性模型。在合理地选取参数以后，随动强化模型比较接近混凝土模型。该模型可以描述下降段，反映混凝土的软化。而典型的混凝土材料卸载时刚度下降特别快，几乎指向原点，关键是该模型无法反映混凝土压溃和开裂后退出工作的特性，而混凝土不开裂则钢筋不能发挥作用，从而也就不能发挥钢筋混凝土的优点。综上所述，随动强化模型可以在一定范围内描述混凝土的特性，如弹性阶段或混凝土单调加载进入非线性阶段。

混凝土的破坏准则从单参数到五参数模型有数十个，各个破坏准则的表达方式不同，适用范围和计算精度差别也较大。混凝土材料模型的基本参数有开裂截面和裂缝闭合截面剪切应力传递系数、单轴和多轴抗拉、抗压强度等。SOLID65本构关系的判断在破坏准则之前，一般情况下，使用塑性或塑性下降段[117]。混凝土本构关系按 Mansur M A 等[118]提出的钢纤维混凝土的应力-应变关系式，并结合混凝土试块单轴抗压强度试验，来确定补偿收缩钢纤维混凝土材料的本构关系，单轴压缩应力应变曲线，如图 9.2 所示。

钢筋采用双直线模型，如图 9.3 所示。当 $\varepsilon_s \leqslant \varepsilon_y$ 时，$\sigma_s = E_s \varepsilon_s$；当 $\varepsilon_y \leqslant \varepsilon_s \leqslant \varepsilon_{s,h}$ 时，$\sigma_s = f_y$。

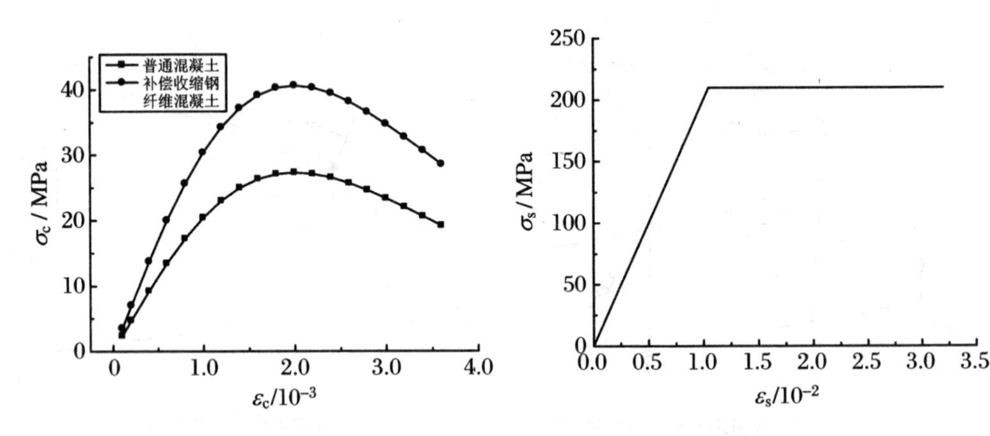

图 9.2　混凝土材料的本构关系模型　　　　图 9.3　钢筋应力应变曲线数学模型

补偿收缩钢纤维混凝土是一种新型的巷道支护结构材料。为掌握支护结构的受力机理和性能，运用弹塑性分析方法，对其进行非线性有限元数值模拟分析，并与普通混凝土支护结构进行对比，为这种新型混凝土支护结构的应用提供理论依据。补偿收缩钢纤维混凝土的本构模型分为完全弹塑性（双直线）模型和弹塑性模型，普通混凝土的本构模型为多线性随动强化模型，混凝土强度等级均为 C30。两种材料的 ANSYS 模型参数根据试验取值见表 9.1。钢筋采用双线性随动硬化材料，$E_s = 200$ GPa，$\mu = 0.30$，屈服应力 $\sigma_s = 210$ MPa。

表 9.1　计算模型参数

材料类型	强度等级	峰值强度		弹性模量/(N/mm²)	泊松比
		抗压/MPa	抗拉/MPa		
普通混凝土	C30	27.3	2.73	23672	0.2
补偿收缩钢纤维混凝土	C30	40.6	4.06	35205	0.2

9.4　巷道支护结构有限元分析

9.4.1　原型概况

采用淮南矿业集团朱集东煤矿－965 m轨道大巷断面形状为直墙半圆拱形，断面尺寸：净宽×净高＝5.2 m×4.2 m，喷层厚度为150 mm，钢筋网规格 ϕ 6.5 mm×200 mm×200 mm；锚杆参数 ϕ 22 mm×2500 mm，间距800 mm×800 mm，$S_{净}=18.93\ m^2$，$S_{掘}=20.69\ m^2$。

9.4.2　模型单元的建立

采用分离式模型，位移协调方法建模。对补偿收缩钢纤维混凝土结构，假定钢纤维均匀分散于整个混凝土单元中，并把SOLID65单元视为连续均匀材料。在对喷层支护结构进行数值模拟时，取0.80 m长度(纵向)进行分析计算。混凝土衬砌结构单元和钢筋网单元分别如图9.4、图9.5所示。

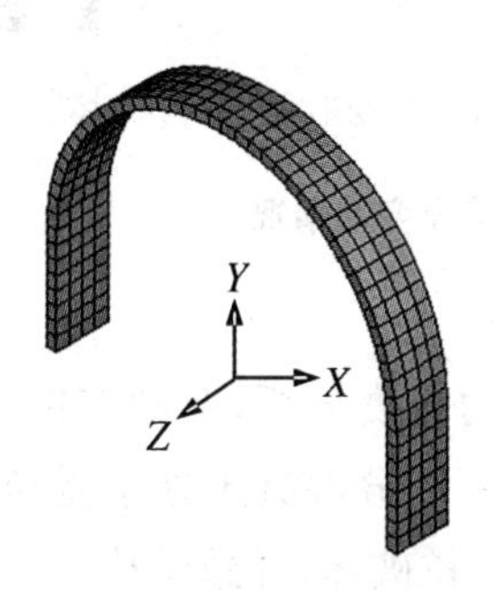

图9.4　混凝土衬砌单元

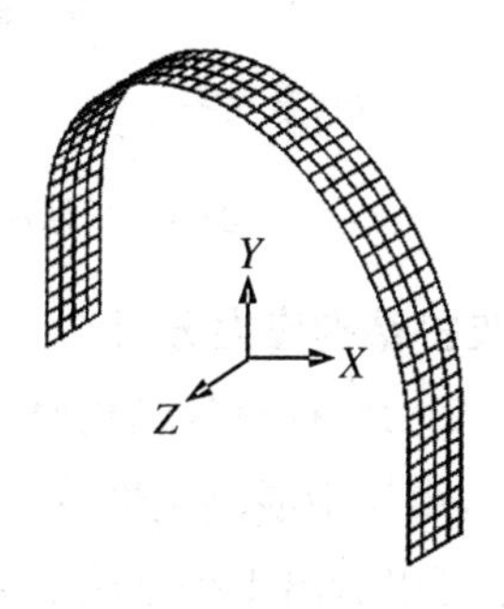

图9.5　钢筋网单元

9.4.3　加载与求解设置

采用均布荷载施加在支护结构外表面，根据支护结构模型试验，荷载采用0.50 MPa的围压；采用大变形求解，为了加速收敛，巷道衬砌结构的底面施加全部约束，模型两端侧面限制水平移动。为了得到较好的非线性性质，进行缓慢加载，将荷载分为100个子步，打开自动步长和线性搜索(INSRCH，ON)及预测(PRED，ON)选项等加速收敛，收敛准则采用残余力的二范数控制收敛，收敛容差调整为0.05[119]。

9.4.4 求解结果分析

1. 支护结构位移分析

从图9.6中可以看出，两种材料支护结构的承载力和变形有较大区别，在相同荷载作用下，素混凝土支护结构的变形明显大于补偿收缩钢纤维的支护结构，也就是说，在极限荷载作用下，补偿收缩钢纤维混凝土比普通混凝土支护结构有更大的安全系数。两种材料结构的最大位移出现在拱顶部位，最大位移分别为3.468 mm和3.745 mm，表明补偿收缩钢纤维混凝土有较好的柔性变形能力，计算结果与模型试验结构基本一致，从而验证模型试验的可靠性。

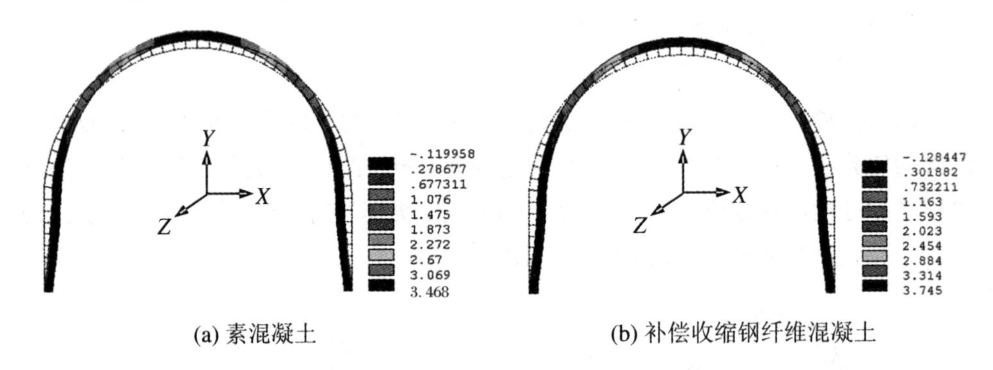

(a) 素混凝土　　(b) 补偿收缩钢纤维混凝土

图9.6　两种材料支护结构UY位移及变形情况

2. 支护结构应力分析

图9.7为两种材料结构竖向应力云图。从应力角度分析，两种支护结构在围压作用下，结构中混凝土部分处于受压状态，也有一部分混凝土处于受拉状态，从图9.7中可以看出支护结构的破坏主要是混凝土受拉破坏，导致结构发生失稳，支护结构中最大拉应力出现在直墙与圆拱交界处，这与试验情况基本一致，而钢纤维的掺入可以显著提高混凝土的抗拉强度和弯曲韧性，有利于巷道的稳定和提高巷道的安全系数。

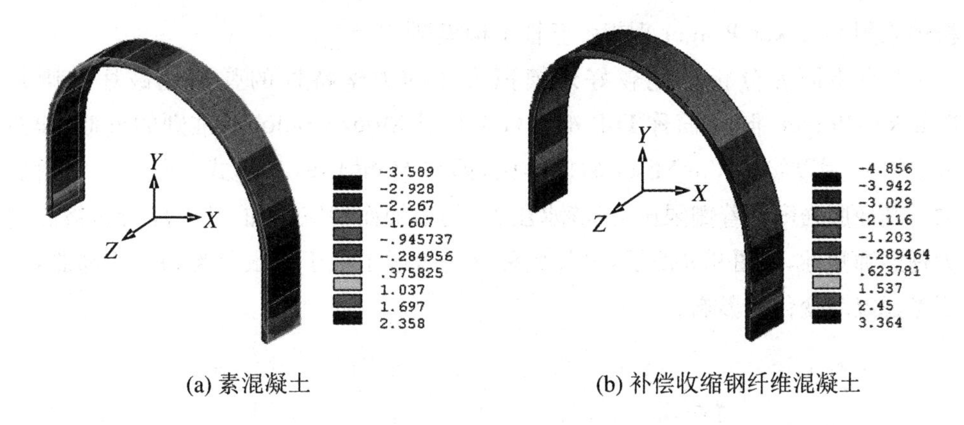

(a) 素混凝土　　(b) 补偿收缩钢纤维混凝土

图 9.7　两种材料支护结构竖向应力云图

通过模拟可以看出两种支护材料中钢筋网片的轴力分布基本相同，从受力效果上看，单纯的钢筋网不能与钢筋混凝土中的钢筋相比，钢筋网承担的荷载不大，不能承受很大的弯曲应力。锚喷支护中设计钢筋网片的主要作用是防止巷道上部松散围岩中的岩石脱落和喷射混凝土因收缩、震动而导致裂缝的产生，以及作为改善喷射混凝土受力状态的钢筋，改善了混凝土的脆性特性，形成锚杆支护体系。

9.5　支护结构稳定性二维有限元分析

目前，巷道支护结构最常用的是锚喷支护，结合Ⅲ、Ⅳ类围岩性质，对锚杆和喷射补偿收缩钢纤维混凝土支护结构进行数值分析，比较支护结构在荷载作用下产生的内力和变形情况。

9.5.1　单元选择与模型建立

根据巷道施工断面图的实际情况进行建模，巷道支护模型建立应符合以下原则：巷道问题符合平面应变问题，所以可采用二维计算模型[120]；为了消除边界效应的影响，计算模型取足够大的尺寸，例如计算模型取 30 m×30 m，巷道位于模型中心。

为了分析锚喷支护的影响因素，采用相同的模型进行分析比较，采用 BEAM3 模拟喷射混凝土单元，LINK1 模拟锚杆单元，采用 PLANE42 单元模拟围岩，在分析中采用 Drucker-Prager 理想弹塑性本构模型[121,122]。

目前有限元分析中能较好地模拟岩体的力学特性的弹塑性破坏准则是 Drucker-Prager 准则（简称 D-P 准则），它是对 Mohr-Coulomb 准则的近似，如图 9.8 所示，用以修正 VonMises 屈服准则，即在 VonMises 表达式中包含一个附加项。其屈服强度随着侧限压力（静水压力）的增加而相应增加，其塑性行为被假定为理想弹塑性，如图 9.9 所示，另外此种材料考虑了由于屈服引起的体积膨胀，但不考虑温度变化的影响。

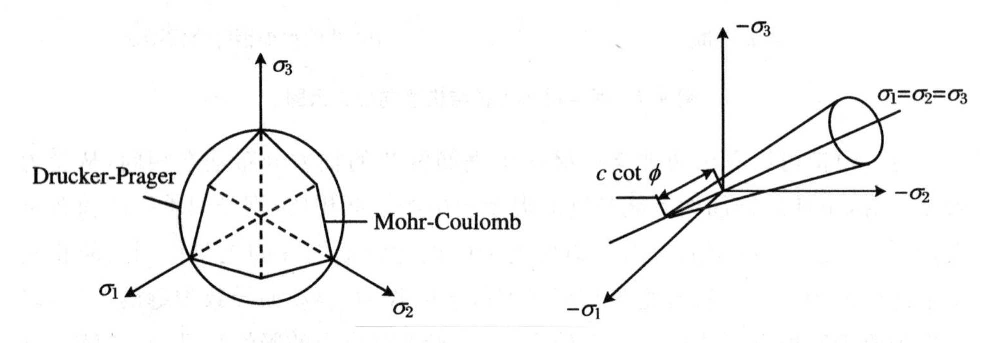

图 9.8　M-C 准则和 D-P 准则比较　　　　**图 9.9　三维状态下 D-P 屈服面**

对于 D-P 屈服准则，其等效应力表达式为

$$\sigma_c = 3\beta\sigma_m + \left[\frac{1}{2}\{s\}^T[M]\{s\}\right]^{\frac{1}{2}} \tag{9.3}$$

式中，σ_c——等效应力；

σ_m——平均正应力或静水压力，且

$$\sigma_m = \frac{1}{3}(\sigma_x + \sigma_y + \sigma_z) = \frac{1}{3}(\sigma_1 + \sigma_2 + \sigma_3)$$

$\{s\}$——偏应力，且 $\{s\} = \{\sigma\} - \sigma_m[1\ 1\ 1\ 0\ 0\ 0]^T$，其中 $\{\sigma\}$ 为应力张量；

β——材料常数，且 $\beta = \dfrac{2\sin\varphi}{\sqrt{3}(3-\sin\varphi)}$，$\varphi$ 为材料的内摩擦角；

$[M]$——系数矩阵[123]。

也可转化为

$$F = \alpha I_1 - \sqrt{J_2} + k = 0 \tag{9.4}$$

式中，I_1——应力张量第一不变量；

J_2——应力偏量第二不变量；

k——材料常数，由试验确定。

$$\alpha = \frac{\sin\varphi}{\sqrt{3}\sqrt{3+\sin^2\varphi}},\quad k = \frac{\sqrt{3}c\cos\varphi}{\sqrt{3+\sin^2\varphi}}$$

c，φ 分别为岩体材料的黏聚力和内摩擦角。巷道围岩计算参数见表 9.2。

表 9.2　围岩与支护结构的物理力学参数

材料	弹性模量 E/GPa	泊松比 μ	内聚力 c/MPa	内摩擦角 φ/(°)	重度/(kN/m³)
Ⅲ围岩	13.5	0.28	1.2	45	22
Ⅳ围岩	3.6	0.32	0.6	35	22
喷射混凝土	35.205	0.2	2.42	54	24
锚杆	200	0.3	—	—	78.5

当 $\varphi>0$ 时，Drucker-Prager 准则在主应力空间内切于 Mohr-Coulomb 屈服面的一个圆锥面；当 $\varphi=0$ 时，Drucker-Prager 屈服准则退化为 VonMise 屈服准则。

于是，Drucker-Prager 屈服准则为

$$F = 3\beta\sigma_m + \left[\frac{1}{2}\{s\}^T[M]\{s\}\right]^{\frac{1}{2}} - \sigma_c \tag{9.5}$$

9.5.2　参数设置与加载求解

计算采用弹塑性平面应变模型。巷道围岩材料特性按均质弹塑性体考虑，围岩力学及支护材料参数见表 9.3，其中补偿收缩钢纤维混凝土弹性模量为试验值，其他围岩参数根据《工程岩体分级标准》(GB/T 50218—2014)[124]进行取值。

表 9.3　喷层厚度简化梁单元计算参数

喷层厚度/mm	弹性模量/GPa	容重/(kN/m³)	横截面积/m²	惯性矩/m⁴
150	35.205	24.0	0.15	0.00028125

对模型左右两个边界上约束 X 方向自由度，在底边同时约束 X 和 Y 方向自由度。顶边自由，以自重产生应力场为初始荷载。采用映射划分和自由划分相结合的方法。对于围岩采用映射划分[125]网格比较规则。锚杆和衬砌结构采用自由划分的方法，巷道位于整个模型的中间位置，采取辐射状划分网格，保证网格在巷道周边比较稠密。计算模型单元划分如图 9.10 所示，锚杆衬砌支护单元如图 9.11 所示。

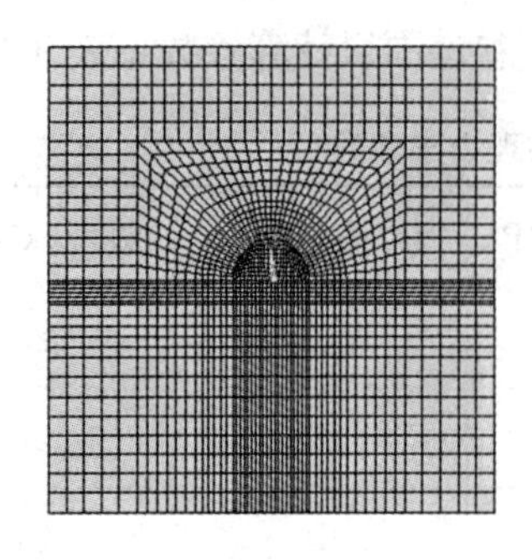

图 9.10　围岩计算模型单元

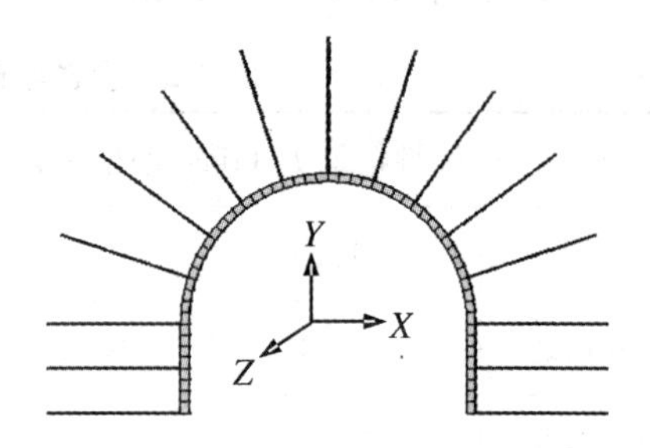

图 9.11　锚杆衬砌支护单元

9.5.3　施工模拟及计算工况

采用数值计算软件能够模拟分析巷道开挖过程中围岩的位移变化，部分单元模拟材料的挖去和添加，可以使用单元的生死技术（ekill 和 ealive）。在单元开挖时，程序通过设置一个非常小的数值乘以单元刚度，并从总质量矩阵消去单元的质量来实现“ekill”单元。而在后续分析中要用的单元，可以在适当的荷载步计算开始前激活，当单元被激活时，重新赋予材料的参数，且如果大变形选项设置为打开，它们的几何形状如长度、面积和体积等被修改与目前偏移位置相适应，使用该技术可以有效地模拟巷道开挖和衬砌支护等[126]。

数值模拟选择典型巷道断面进行分析，开挖方式采用钻眼爆破法全断面施工。

采用比对法计算，即巷道支护结构围岩开挖后支护前和采用补偿收缩钢纤维混凝土锚喷支护后两种工况下，分析巷道围岩-支护结构体系位移场、应力场以及衬砌支护结构内力的分布和变化特性。同时对不同围岩级别条件下，分析支护结构的内力分布特征，验证该种支护材料的适用性。

9.5.4　求解结果分析

1．支护作用下围岩的位移与应力分析

从图 9.12 中可以看出，巷道开挖后支护前和锚喷支护后，水平方向位移远小于垂直位移，支护前后 X（水平）方向的巷道围岩位移均在 1.00 mm 左右，支护前后 X 方向位移基本不变，说明巷道开挖对围岩水平方向的位移影响很小。

开挖扰动引起的沉降区域呈近似漏斗状分布，距巷道中心线越远所受的影响越小，在巷道全断面开挖之后，模型的最大水平位移发生在巷道拱腰附近，并且左右两拱腰呈对称状；开挖之后挖去部分的岩体对围岩的支撑作用和约束作用被取

消，所以巷道拱顶在失去 Y 方向向上的支撑作用后在重力作用下往下沉降，而巷道底部在附加应力作用下向上拱起。支护前包含初始位移最大沉降为 66.30 mm，而支护后的最大地层沉降位移为 42.90 mm，表明锚喷支护对控制围岩稳定有着明显作用。

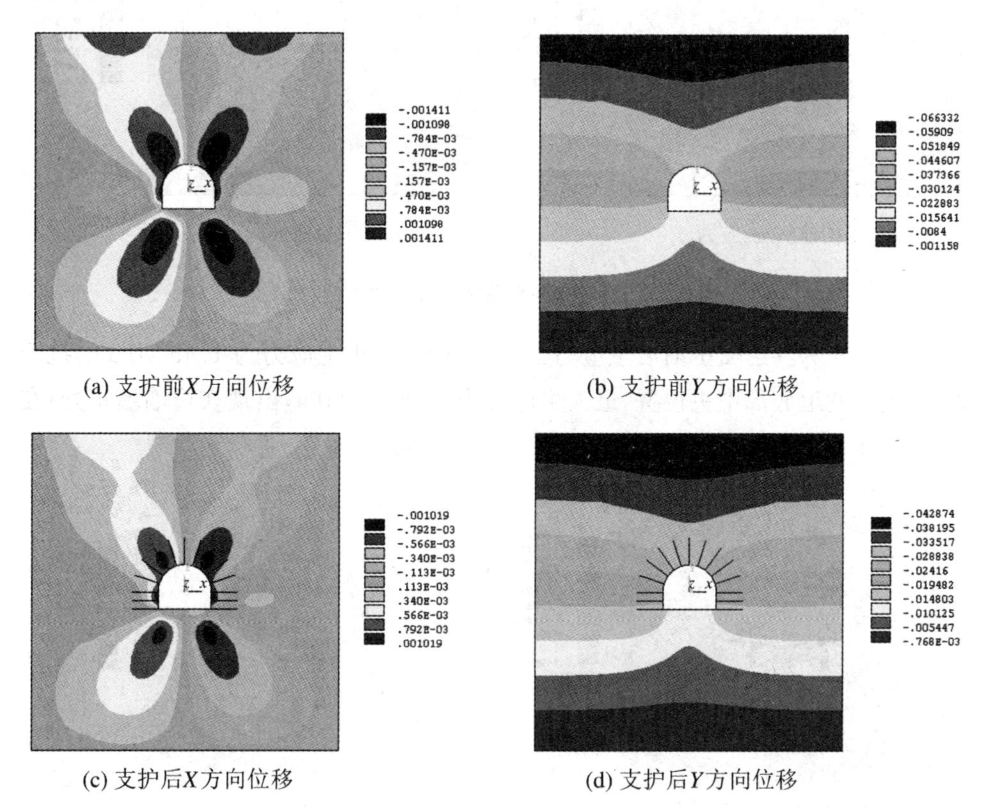

(a) 支护前X方向位移　(b) 支护前Y方向位移

(c) 支护后X方向位移　(d) 支护后Y方向位移

图 9.12　巷道支护前后位移云图对比(m)

由图 9.13 可以看出，开挖后，围岩中出现了变形和应力释放的空间，原始应力有了一定的变化。巷道开挖后，如果不及时支护，可以看出围岩最大 Mises 应力达到 25.10 MPa，表明开挖后，破坏围岩应力场，导致在巷道应力集中；支护后，围岩应力得到很大改善，最大 Mises 应力仅为 16.40 MPa。巷道开挖后，破坏了原来围岩的应力状态，使得巷道周边围岩发生应力重分布，周围围岩产生的竖向应力和水平应力传递路径在巷道断面处发生割断，所有应力均沿巷道周边进行传递，从而在肩窝和角隅处发生应力叠加，导致在巷道边帮和底部交接处以及肩窝处出现应力集中[139]。

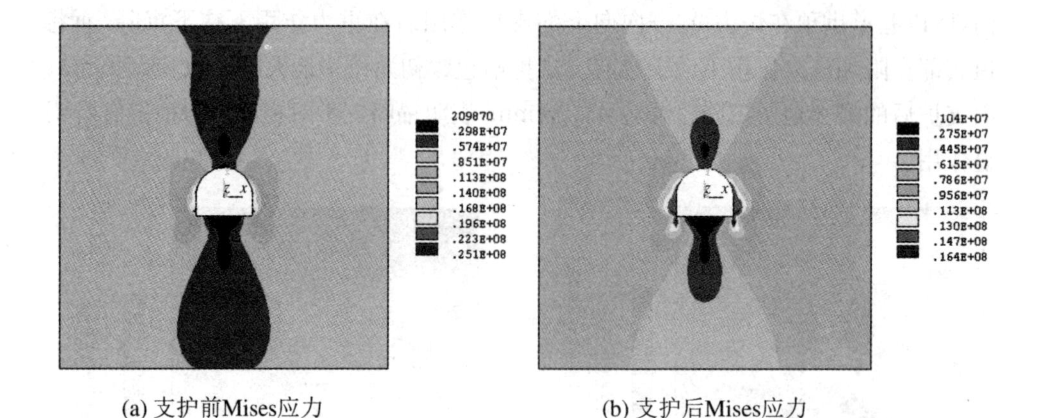

(a) 支护前Mises应力　　(b) 支护后Mises应力

图 9.13　巷道支护前后 Mises 应力对比(Pa)

图 9.14 为巷道支护前后主应力云图的对比，最小主应力为 1.49 MPa 的拉应力，出现在巷道底部中央位置，最大主应力为 −28.20 MPa，出现在边墙墙角处；在

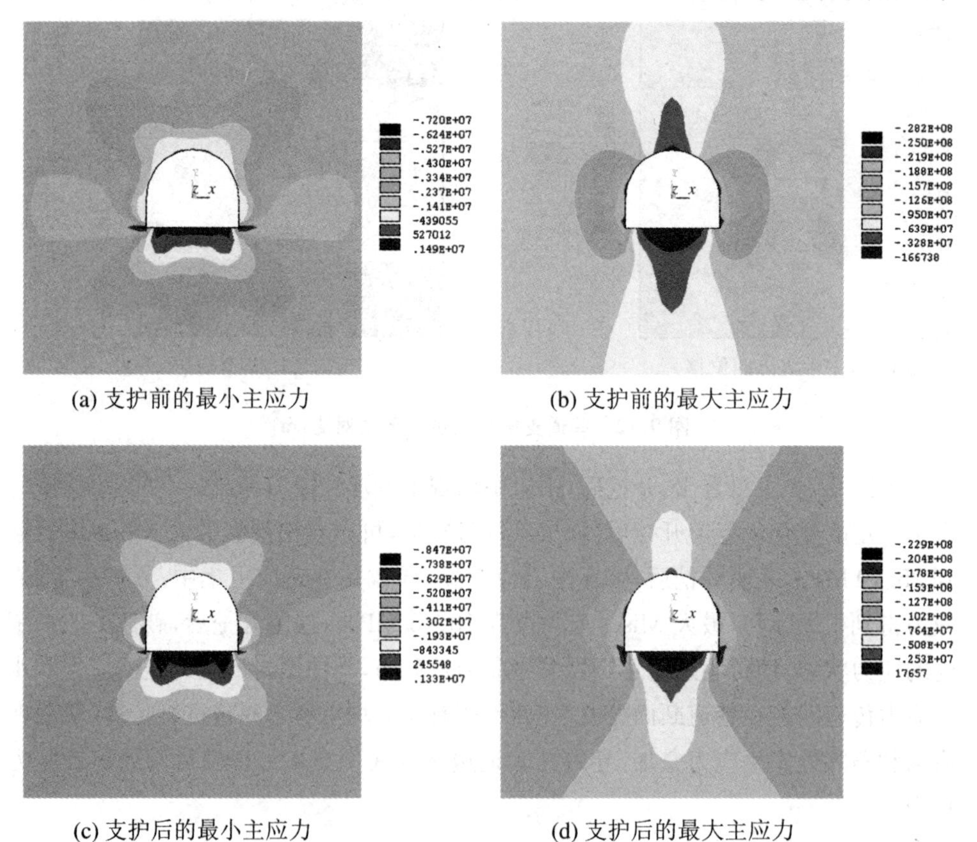

(a) 支护前的最小主应力　　(b) 支护前的最大主应力

(c) 支护后的最小主应力　　(d) 支护后的最大主应力

图 9.14　巷道支护前后主应力云图对比(Pa)

巷道直墙外侧角隅处,出现较高的应力集中,在拱部也形成了一个压应力集中区,压应力集中区深达 2.00 m 左右。依据图 9.14 可知,巷道除在直墙墙趾出现了剪切破坏,这种现象与现场实地观测到的情况相当吻合。对比支护前后的计算结果可知,巷道开挖并采用补偿收缩钢纤维混凝土锚喷支护后,最大最小主应力的分布状态得到相应的改善,其中最小主应力由未支护的 1.49 MPa 减少到 1.33 MPa,最大主应力则减少到 − 22.90 MPa,最小主应力和最大主应力全部小于喷射补偿收缩钢纤维混凝土的极限抗拉和抗压强度。采用补偿收缩钢纤维混凝土和锚杆组成的支护结构,由于充分利用了围岩的自承载能力、锚杆的抗拉能力和抑制变形能力以及补偿收缩钢纤维混凝土自身较高的抗拉强度和良好的变形性能,使得巷道围岩、支护结构变形得到了明显的改善。

支护结构的强度能够控制巷道失稳的关键是其在一定程度上能够抑制巷道周边塑性区发展。从图 9.15 可以明显看出:巷道开挖后的塑性区主要分布在直墙以及角隅部位,围岩的塑性区主要影响范围比较大,锚喷支护后,直墙的塑性区逐渐减少,只在巷道两侧角隅位置有两处塑性区域存在。表明锚喷支护可以减少巷道断面的塑性区,改善巷道的工作状态,提高围岩稳定安全系数。

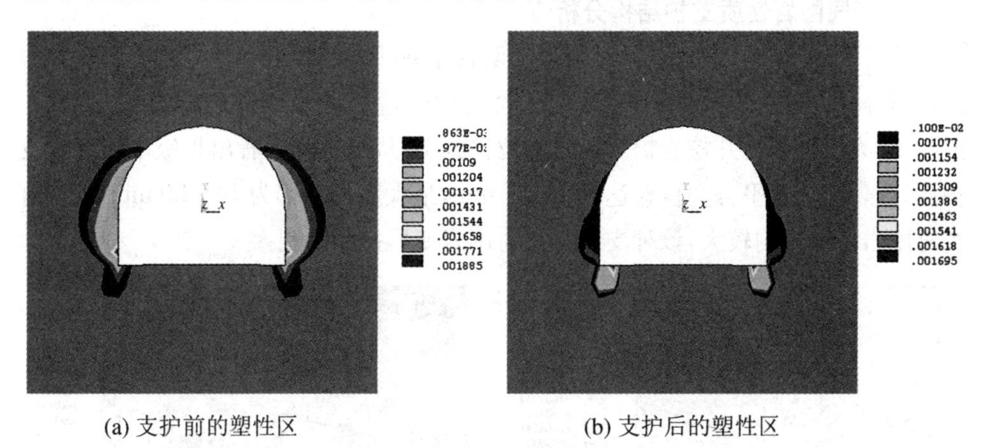

(a) 支护前的塑性区　　(b) 支护后的塑性区

图 9.15　巷道支护前后塑性应变区对比

2. 支护结构的内力分析

锚喷支护结构的内力计算主要包括衬砌弯矩和轴力以及锚杆轴力。喷射补偿收缩钢纤维混凝土支护的弯矩和轴应力如图 9.16 所示。从图中可以看出:补偿收缩钢纤维混凝土锚喷支护后,轴力呈椭圆形分布,且在拱腰和直墙交界处发生转变,轴力最大值为 − 6440.00 kN,弯矩最大值为 40.32 kN · m,弯矩最大值主要位于直墙角隅处,而轴力最大值主要位于拱脚、直墙及拱腰等位置,且弯矩最大值与轴力最大值不在同一断面位置,拱顶支护内力不大,说明支护结构所受围岩压力也不大，直墙角隅处出现了拉应力集中，易造成局部破坏，不利于结构整体稳定。由于支护是采用喷射补偿收缩钢纤维混凝土薄壁壳体，有利于抗弯，保证巷道支护岩体稳定性的要求。从锚杆轴力图可以看出，最大轴力为 30.08 kN/－22.54 kN，顶部锚杆处于受拉状态，锚杆对围岩起到悬吊作用、组合梁作用和加固作用，使被锚固岩层形成一个整体承载结构，改变了下部岩层受力状态，提高了岩层自身承载能力，有效地控制巷道围岩的早期离层，减少巷道围岩变形，提高巷道支护的可靠性。

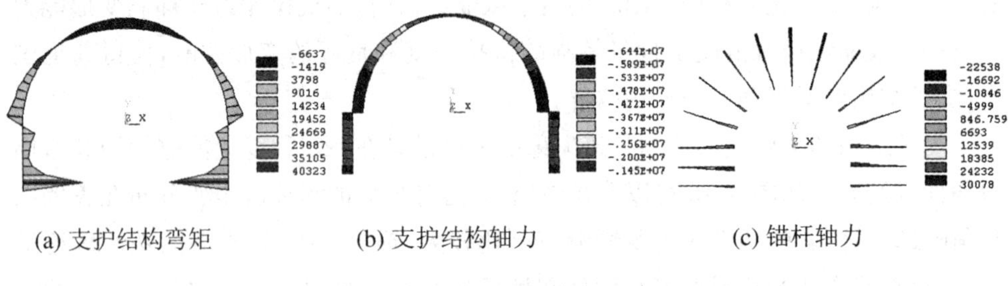

(a) 支护结构弯矩　　(b) 支护结构轴力　　(c) 锚杆轴力

图 9.16　支护结构内力图

3．不同围岩性质支护结构分析

针对Ⅲ、Ⅳ级围岩条件下，对喷射补偿收缩钢纤维混凝土支护结构进行模拟分析，比较两种不同围岩性质条件下，锚喷支护的适用性和其内力位移变化情况。图 9.17 为Ⅳ级围岩开挖支护后围岩的位移云图，从图中可以看出Ⅳ级围岩开挖支护后，围岩最大水平方向位移达到 14.30 mm，最大竖向位移为 145.50 mm，表明开挖对围岩稳定影响较大，该种支护方式对围岩变形控制不利。

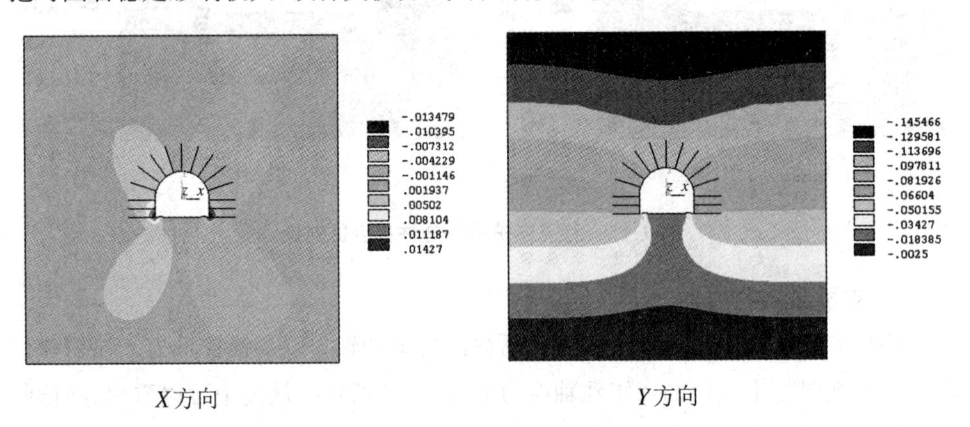

*X*方向　　*Y*方向

图 9.17　Ⅳ级围岩开挖支护后围岩的位移云图(m)

表 9.4 为Ⅲ、Ⅳ级围岩锚喷支护数值模拟对比分析情况。从表中可以看出，Ⅲ级围岩时，在相同荷载和边界条件下，围岩的最大位移远小于Ⅳ级围岩，Ⅲ级围岩

时，围岩的最大竖向位移为42.90 mm，而Ⅳ级围岩的最大竖向位移为145.50 mm，围岩变形增大数倍，表明Ⅳ类围岩时的支护应属于软岩支护。喷层中的最大弯矩出现位置基本相同，都出现在角隅处，Ⅲ级围岩支护时，喷层最大弯矩为40.32/－6.64 kN·m，锚杆最大轴力为30.08 kN；而Ⅳ级围岩支护时，喷层最大弯矩为52.81/－46.19 kN·m，锚杆轴力为560.43 kN。整个支护系统的受力增大了几十倍，也就减小了巷道围岩支护体系的稳定性系数，表明Ⅲ级围岩时，喷层与锚杆支护系统共同支撑围岩；Ⅳ级围岩时，锚杆作用比较明显，受力较大，围岩有明显软岩特征，应采用加强支护措施，以保证巷道围岩的稳定。

表9.4　Ⅲ、Ⅳ级围岩锚喷支护数值模拟对比分析

围岩性质	围岩最大位移/mm	喷层最大弯矩/kN·m	锚杆最大轴力/kN
Ⅲ	42.90	40.32/－6.64	30.08
Ⅳ	145.50	52.81/－46.19	560.43

9.6　支护结构稳定性三维有限元分析

巷道施工是一个三维动态过程。通过建立巷道支护结构三维有限元分析模型，模拟Ⅲ类围岩级别全断面开挖后，在支护条件不变情况下，探讨巷道开挖后围岩及支护结构的稳定性情况。

9.6.1　概述

锚杆支护主要作用是对围岩表面提供反力，以抑制围岩向内空变位或以拉拔力抗拒危岩块体的脱落和加固作用使围岩整体化。对于三维巷道围岩稳定性进行分析时，主要按围岩强度强化理论进行考虑：该理论提出锚杆与围岩相互作用形成锚固体，可以改善锚固体的力学参数，提高锚固圈岩体的黏聚力 c 和摩擦角 φ，使岩体强度得到强化，形成共同承载结构，充分发挥围岩自承能力。对于锚杆支护情况下，锚杆加固区域可以采用强度提高方法进行数值计算，朱维申等[128-130]通过研究所提出的锚杆对岩体抗剪强度提高的经验公式如下：

$$c_1 = c_0 + \eta \frac{\tau_m A}{ab} = kc_0 \tag{9.6}$$

$$\varphi_1 = \varphi_0$$

式中，c_0、c_1——加固前、后围岩的黏聚力，MPa；

φ_0、φ_1——加固前、后围岩的内摩擦角，(°)；

τ_m——锚杆的抗剪强度，MPa；

A——锚杆截面面积，mm^2；

a、b——锚杆纵、横向间距，mm；

η——为加固系数，一般取2～5；

k——黏聚力增大系数。

9.6.2 模型建立与参数设置

根据巷道围岩的情况和圣维南原理，取周边围岩的尺寸为巷道尺寸的5～6倍，巷道计算直径5.2 m，所以三维计算模型尺寸取30 m×30 m×30 m进行模拟，每步开挖2 m，挖去岩体后同时增加支护。考虑结构的对称性，模型采用半对称结构。围岩采用SOLID45单元，对于锚杆支护采用围岩强度提高法，根据巷道支护实际情况，取$k=1.56$。喷射混凝土采用SHELL63单元。模型参数设置如表9.5所示。

表9.5　三维计算模型材料参数

材料	弹性模量 E/GPa	泊松比 μ	内聚力 c/MPa	内摩擦角 φ/(°)	重度 /(kN/m^3)
围岩	13.5	0.28	1.2	45	22
支护结构	13.5	0.28	1.872	45	22
喷层	35.205	0.2	2.42	54	24

计算时，对左边侧面的所有节点施加X方向约束，底面上的所有节点施加Y方向约束，前后面上的所有节点施加Z方向位移约束。共划分了32790个单元，34627个节点。采用弹塑性D-P本构模型进行三维分析计算，巷道三维模型如图9.18所示，喷射混凝土支护结构单元如图9.19所示。

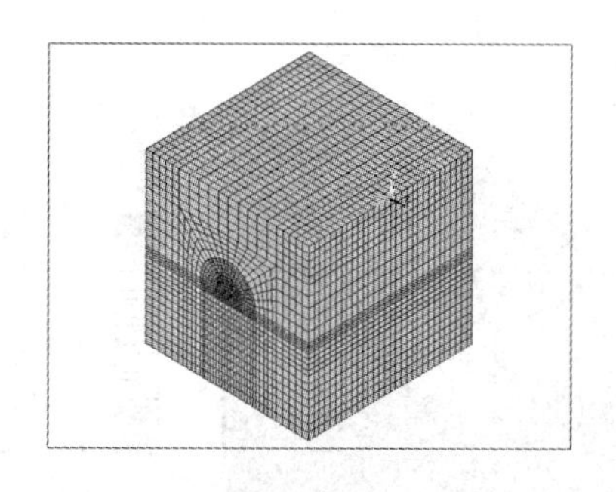

图9.18　巷道围岩三维模型单元

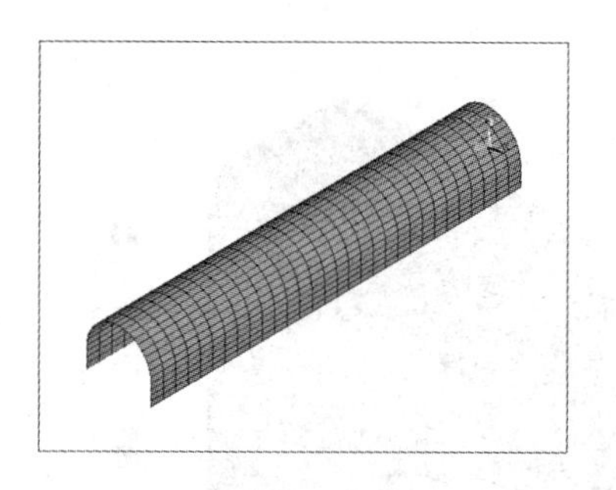

图9.19　喷射混凝土支护结构单元

9.6.3　结果分析

根据巷道围岩特征，在进行开挖计算时，只考虑岩体的自重应力，忽略其构造应力的影响，在分析的第一步，首先计算岩体的自重应力场。这种方法需要注意的是岩体在自重应力下已经产生了初始位移，再继续分析后续施工时，得到的位移结果是累加了初始位移的结果，而现实中初始位移早就结束，对巷道的开挖没有影响，因此在后面的每个施工阶段分析位移场时，需减去初始位移场。根据巷道施工情况进行开挖，按每次掘进2 m，对于计算模型分15步开挖和支护。

1. 巷道开挖围岩的位移场特征

巷道开挖后围岩发生松弛破坏是一个动态的变化过程，从图9.20分析可以看出在自重应力作用下，巷道围岩最大UY方向位移为－32.99 mm，发生在拱顶部位；巷道开挖后，巷道周边围岩迅速产生位移，第3步开挖后，巷道顶板围岩的最大UY方向位移为－53.46 mm，底部产生59.23 mm；随着开挖的继续进行，巷道顶板和底部围岩的位移继续变化，模型开挖结束时，巷道顶板围岩的最大UY方向位移为－66.69 mm，底部产生57.64 mm的竖向位移。

2. 巷道开挖围岩的应力场特征

通过数值模拟分析，获得巷道围岩开挖前后的围岩应力分布情况。初始竖向应力场及每步开挖后围岩的竖向应力等值线分布特征如图9.21所示(图中应力拉为正、压为负)。由这些应力分布结果图可以看出，初始竖向应力场中最大的竖向应力为2.246 MPa，巷道开挖后对围岩应力场影响较大，第3步开挖结束时，围岩的最大竖向应力为3.475 MPa；巷道开挖结束时，围岩的最大竖向应力为3.797 MPa；从巷道围岩整体应力图分布来看，巷道洞周一定范围内，尤其是拱顶和底部附近，围岩应力松弛和集中现象比较明显。巷道开挖后，在拱顶和底部应力释放较多，由于底部没有喷射混凝土支护，约束比拱顶要小，其应力释放接近于0。整个计算区域没有出现拉应力。

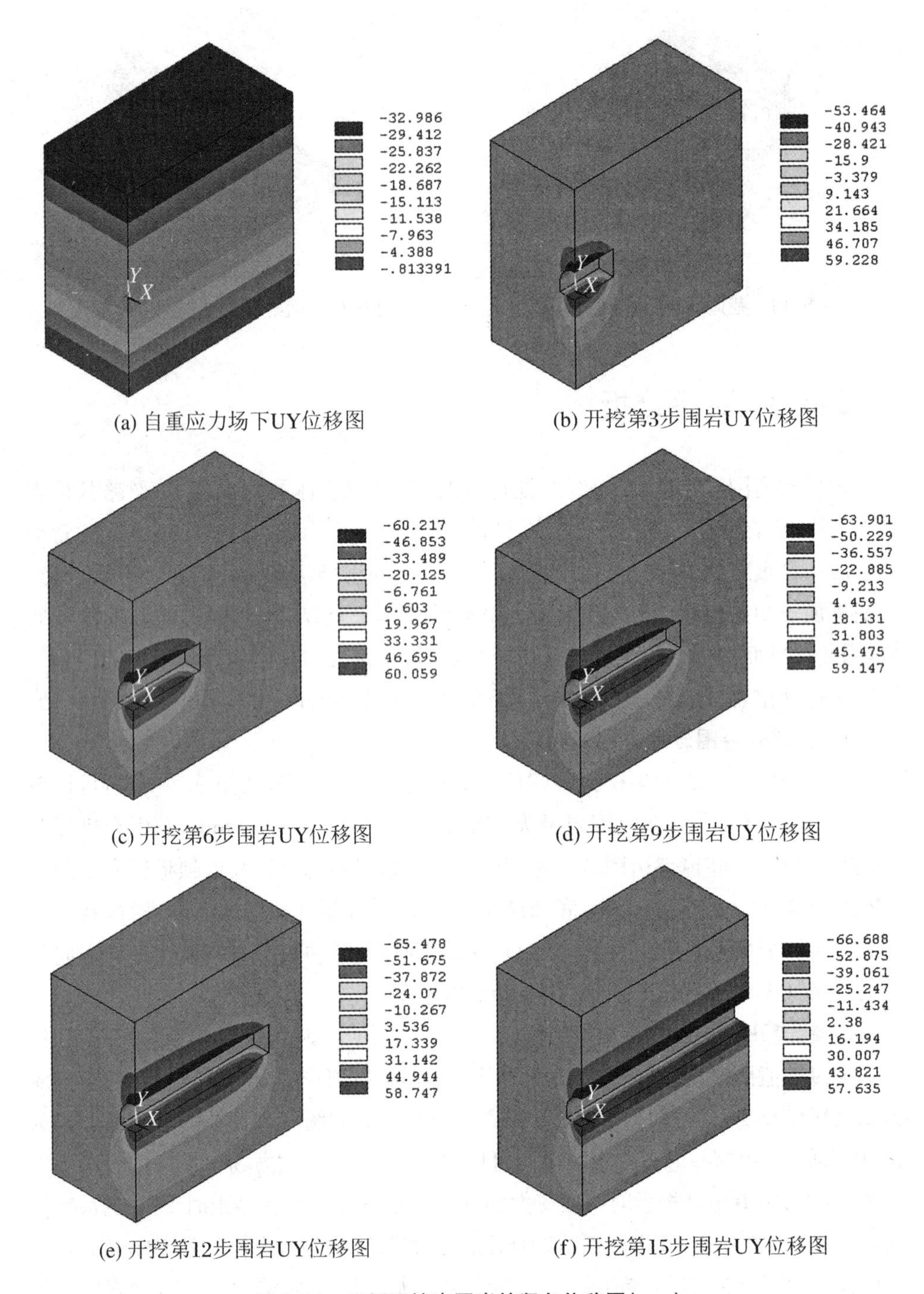

(a) 自重应力场下UY位移图　(b) 开挖第3步围岩UY位移图

(c) 开挖第6步围岩UY位移图　(d) 开挖第9步围岩UY位移图

(e) 开挖第12步围岩UY位移图　(f) 开挖第15步围岩UY位移图

图 9.20　不同开挖步围岩的竖向位移图(mm)

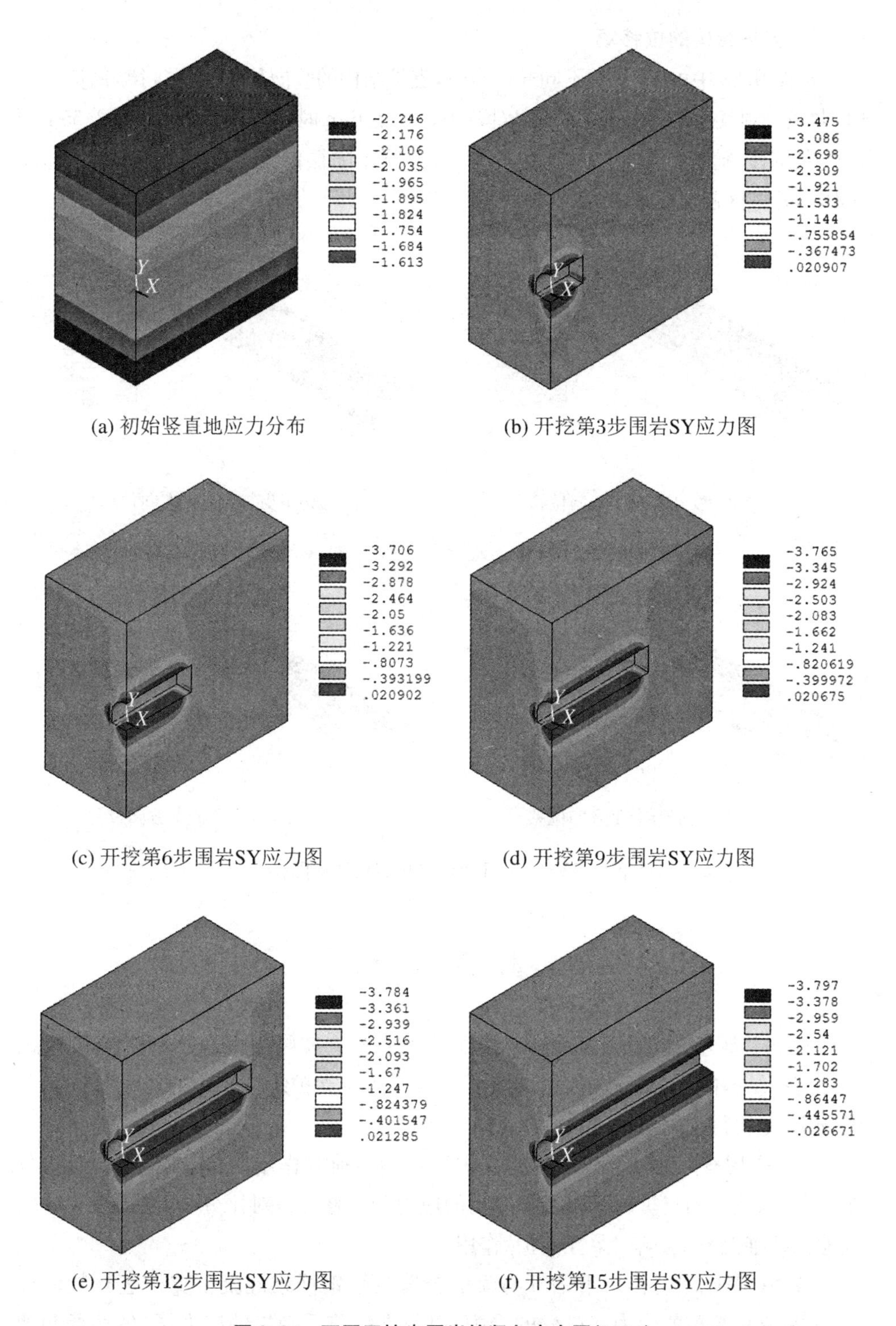

(a) 初始竖直地应力分布　(b) 开挖第3步围岩SY应力图

(c) 开挖第6步围岩SY应力图　(d) 开挖第9步围岩SY应力图

(e) 开挖第12步围岩SY应力图　(f) 开挖第15步围岩SY应力图

图 9.21　不同开挖步围岩的竖向应力图(MPa)

3. 支护结构的位移场

从图 9.22 中可以看出,不同开挖步时,支护结构的竖向位移变化规律,每步开挖时,巷道拱顶发生较大沉降,帮部相对较小。开挖 6 m 时,混凝土喷层产生 2.65 mm 的竖向位移,随着工作面掘进支护的进行,混凝土喷层的竖向位移逐渐增大,远离工作面开挖区趋于稳定状态。

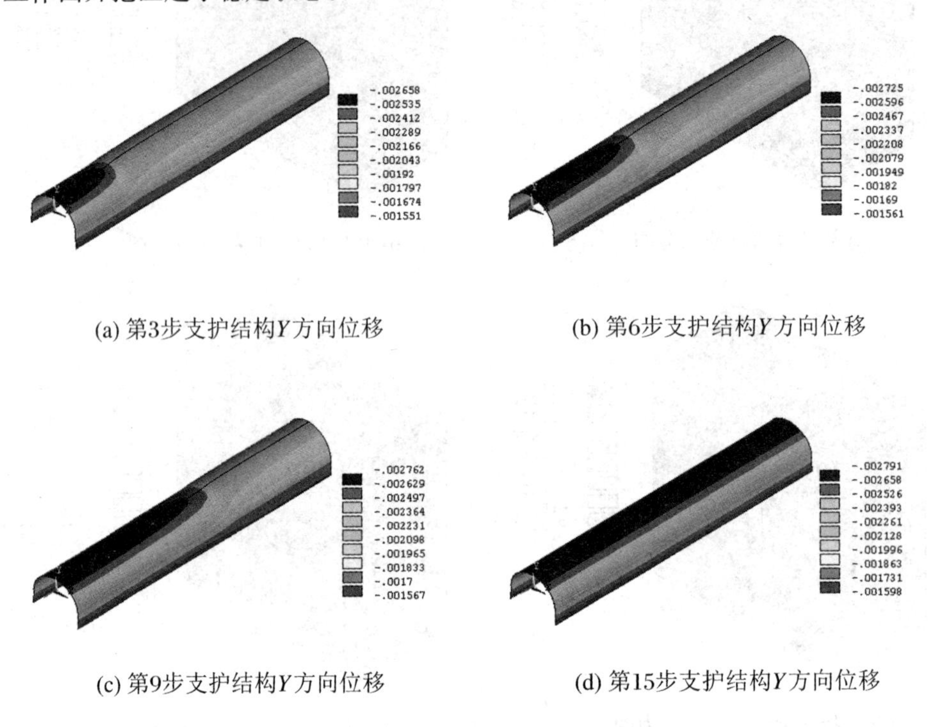

(a) 第3步支护结构Y方向位移　　(b) 第6步支护结构Y方向位移

(c) 第9步支护结构Y方向位移　　(d) 第15步支护结构Y方向位移

图 9.22　不同开挖步支护结构位移图(m)

本 章 小 结

本章主要分析巷道围岩的稳定性特征,根据巷道实际受力情况,采用薄壳理论推导支护结构的计算公式,利用有限元计算方法对支护结构和围岩开挖等进行数值分析,主要得到以下结论:

(1) 采用有限元计算方法分析支护体在均布荷载作用下,支护结构的应力分布情况,以及不同支护材料时支护结构的应力和位移进行对比分析,结果表明补偿收缩钢纤维混凝土具有“柔性支护”作用。

(2) 对考虑围岩作用下锚杆与喷射补偿收缩钢纤维混凝土支护进行数值计算,分析支护结构的内力和锚杆的受力,以及支护前后围岩的应力场、位移场和塑性区等,结果表明,锚喷支护能够有效地控制围岩变形和减小塑性区范围;同时得出在锚喷支护结构中，Ⅲ类围岩支护结构的内力以及锚杆轴力明显小于Ⅳ类围岩，表明Ⅳ类围岩开挖支护时要合理选择支护方式和支护参数。

（3）采用强度提高法，对锚喷支护进行三维有限元分析，模拟结果表明巷道开挖对围岩应力和位移均产生较大影响，开挖后立即支护可以对围岩起到补强作用，及时支护可以提高围岩的自稳能力和改善支护结构的受力和变形。

第10章 工程应用与监测分析

10.1 工程概况

10.1.1 工程概况

朱集东煤矿是淮南矿业集团的一座大型矿井,该矿井设计生产能力为4.0 Mt/a,主要生产系统留有8.0 Mt/a能力的条件。矿井服务年限是82.6年。工业场地内布置主井、副井、矸石井及中央回风井四个井筒,其中主井井筒净直径为7.6 m,累计深度达1009 m,主要承担矿井煤炭提升;副井井筒净直径8.2 m,累计深度达958 m,主要承担矿井辅助提升及进风任务,并敷设压风、洒水及排水管路,设梯子间;矸石井井筒净直径8.3 m,累计深度达1094 m,主要承担矿井辅助提升及进风任务,敷设压风、洒水、降温、瓦斯抽排、注氮、灌浆管路及二水平至一水平排水管路,设梯子间;中央回风井井筒净直径为7.5 m,累计深度达1006 m。

试验巷道位于-965 m水平北盘区提料斜巷第二号交叉点向东施工721.13 m,再向西施工193.27 m,该巷道总设计长度为914.40 m。巷道断面如图10.1所示。

10.1.2 巷道围岩物理力学性能测试

为了掌握支护结构对围岩的影响,对试验巷道的岩石取样进行物理力学性能试验。岩样尺寸和数量按照《煤与岩石物理力学性质测定方法》(GB/T 23561—2009)[131]中规定执行,采用RMT-150B试验机进行单轴压缩试验、三轴压缩试验和劈裂抗拉试验,试验结果见表10.1和表10.2。

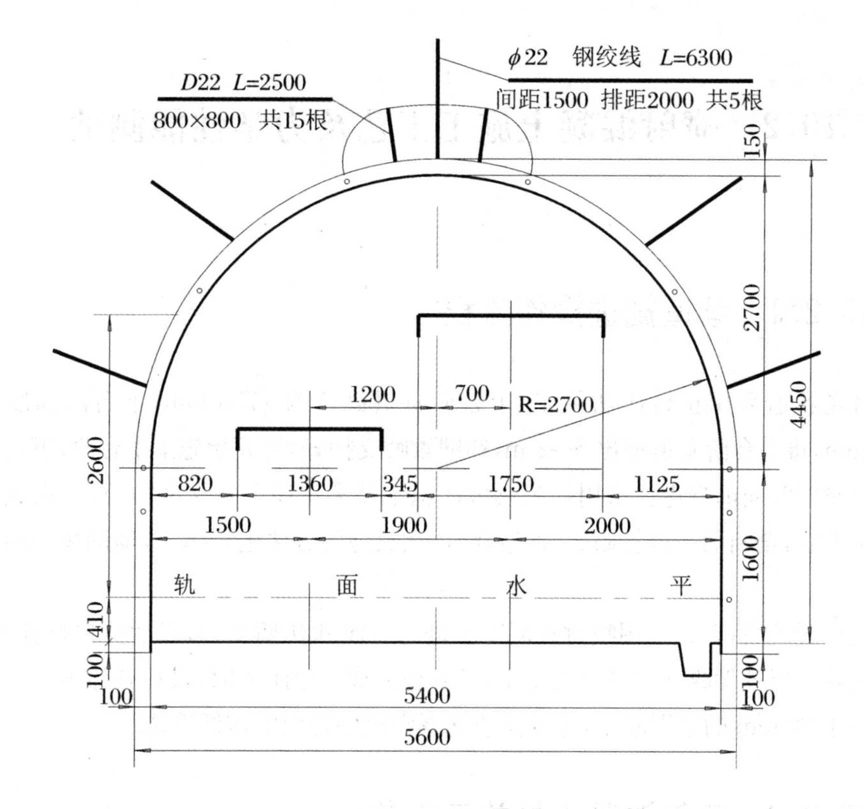

图 10.1　巷道施工断面图

表 10.1　巷道岩石物理力学性质测试结果

岩石名称	物理性质		力学性质				
	岩石容重 /(g/cm³)	孔隙率	单轴抗压强度/MPa	弹性模量 /GPa	变形模量 /GPa	抗拉强度 /MPa	泊松比
砂岩	2.54	0.33%	130.98	32.733	13.742	5.891	0.201

表 10.2　不同围岩下岩石三轴压缩试验测试结果

岩石名称	围压 /MPa	破坏荷载 /kN	抗压强度 /MPa	弹性模量 /GPa	变形模量 /GPa	黏聚力 /MPa	内摩擦角 /(°)
砂岩	5	297.54	153.060	28.988	14.682	24.434	48.2
	10	388.86	200.431	36.162	20.439		
	15	449.44	233.111	32.986	12.972		

10.2 喷射混凝土施工工艺及力学性能测试

10.2.1 巷道掘进操作流程

现场巷道采用正台阶法施工，上台阶掘进高度为2750 mm，下台阶高度为1600 mm，将上台阶巷道掘出5～8 m，锚网索喷支护好，再开始施工下台阶，下台阶与上台阶同时向前掘进。采用钻眼爆破法施工及多工序平行交叉作业，一次成巷的施工方法，全断面一次打眼、一次装药、一次放炮的方法进行施工，辅助风镐刷挖成型。

巷道开挖后，首先采用喷射素混凝土进行封闭和初期支护，然后打锚杆挂网，进行复喷一层补偿收缩钢纤维混凝土，等巷道完成一定距离时，最后整体喷一层厚度不小于30 mm的素混凝土，主要防止暴露在喷层外面的钢纤维锈蚀。

10.2.2 喷射混凝土的施工工艺

巷道喷射混凝土采用HPC-V型混凝土喷浆机，该喷浆机是用于干喷、潮喷、湿喷混凝土的设备，它具有结构合理，性能稳定，操作维护方便，使用寿命长等特点，适用于隧道、涵洞、地下工程及煤矿高瓦斯矿井巷道喷射混凝土施工作业。具体参数见表10.3所示。

表10.3　HPC-V型喷浆机主要技术特征

喷浆机性能指标	参数	喷浆机性能指标	参数
生产能力	5～5.5 m^3/h	输料管内径	50 mm
最大骨料直径	≤26 mm	工作风压	0.1～0.4 MPa
耗风量	5～8 m^3/min	转子转速	11 r/min
电机型号	YB132M-6	电机功率	5.5 kW
电压等级	380 V/660 V	机器轨距	600或900 mm
外形尺寸	1400 mm×740 mm×1300 mm	整机重量	≤775 kg
粉状速凝剂添加量	2.6%～7.0%	最大输送距离	潮喷200 m

喷射前必须用高压水冲洗岩面，并设置喷厚标志。检查喷浆机是否完好，并送电空载试运转，紧固好摩擦板，不得出现漏风现象，先开压风，然后开水，最后再送电上料。喷完后先停料后停电，再关水，最后再关压风。喷射材料中，砂子和石子在地面上拌好，井下采用掺入钢纤维，主要根据矿车容积来确定钢纤维和膨胀剂的掺量。喷射混凝土时，应分段、分部、分块，自下而上，先凹后凸进行。喷浆料采用潮料，螺旋状喷浆，喷浆头按一圈压半圈的螺旋形轨迹移动，螺旋直径不大于250 mm。喷头和受喷面的间距控制在0.8～1.0 m，喷射手应尽量使喷嘴垂直于受喷面。喷射中要及时调好风水比，保证喷射出的混凝土无干斑、无流淌、黏着力强、回弹率小。喷射钢纤维混凝土施工容易出现堵管和其它机械故障，喷射手与喷浆机操作人员加强联系，若出现及时停机检修，保证安全施工。

喷混凝土后要定时定人洒水养护，喷射结束后，4 h开始洒水养护，每8 h养护一次，7 d后每天养护一次，养护时间为28 d。

10.2.3　力学性能测试

巷道施工时，对喷射补偿收缩钢纤维混凝土抗压、抗拉强度和抗折强度进行试验，测试现场混凝土的强度特性，如表10.4所示。

表10.4　现场喷射补偿收缩钢纤维混凝土的力学性能试验结果

试件名称	抗压强度/MPa	抗拉强度/MPa	抗折强度/MPa
补偿收缩钢纤维混凝土	32.60	3.38	4.75

从表10.4可以看出，由于钢纤维的掺入，对混凝土抗拉强度和抗折强度提高较大，有利于控制巷道喷层环向拉剪破坏。

10.2.4　钢纤维分布特性测试

任何材料从细观层面上看都具有一定的不均匀性，而钢纤维增强复合材料的不均匀性主要体现在钢纤维在基体中分布形态的不均匀。高尔新等[132]、吴少鹏等[133]研究了钢纤维在喷射混凝土中的分布规律，对于喷射补偿收缩钢纤维混凝土来说，是一种具有特殊工艺的新型复合材料，影响其不均匀性的主要因素有钢纤维几何形状、尺寸及材质、钢纤维方向分布、基体混凝土材料和喷射位置等。钢纤维在混凝土中的分布情况主要采用纤维分布率、分散系数和方向系数三个参数来综合评定[134]。

本节主要分析现场试验时，钢纤维在混凝土中的分布情况。在巷道喷射混凝土施工时，喷射 3 个 100 mm×100 mm×100 mm 的立方体试件，1 d 拆模养护至 28 d 后，根据标记好的喷射方向依次切成 25 mm×25 mm 方格，将切好薄片分为 16 个观察区，每个区的面积为 25 mm×25 mm，进行观察统计，按统计单元，将互相垂直的两个表面上钢纤维的露头根数统计到 100 mm×100 mm 喷射混凝土的断面上，形成钢纤维的分布情况。主要沿喷射方向垂直和平行进行切片试验，统计试件横断面和纵断面中钢纤维的分布规律。

表 10.5 为喷射补偿收缩钢纤维混凝土中纤维分布统计情况。通过切片试验可以看出，钢纤维沿喷射混凝土高度分布是不均匀的，钢纤维呈现中间层多，顶层和底层少的变化规律。主要是喷射初始阶段，高速喷射出混凝土与岩壁碰撞，喷射材料回弹较大，导致内层钢纤维单位面积数量减少；当喷射持续一段时间，岩面形成一定厚度混凝土塑性垫层时，较多钢纤维被射入垫层内，致使中间层偏多；当喷射即将结束，由于收浆抹面等因素，致使顶部纤维含量较少。

表 10.5　喷射补偿收缩钢纤维混凝土切片纤维分布数量统计

片位	纤维露头数量(根)						垂直面与平行面对比	方向系数
	垂直喷射面			平行喷射面				
	纤维根数	单位面积数量	分散系数	纤维根数	单位面积数量	分散系数		
顶层	135	1.35	0.52	66	0.66	0.46	2.05	67.2%
中间层	167	1.67	0.63	57	0.57	0.51	2.93	74.6%
底层	141	1.41	0.54	52	0.52	0.44	2.71	73.1%
小计	443			175				
平均	147.7	1.48	0.56	58.3	0.58	0.47	2.53	71.7%

10.3　现场监测与结果分析

巷道施工监测是保证工程质量的重要措施，也是判断围岩和支护是否稳定，保证施工安全，指导施工顺序，进行施工管理，提供设计信息的重要手段[135]。巷道围岩活动的破坏主要表现在顶板离层、冒落，两帮片帮、滑移，底臌等。特别是锚杆支护巷道围岩活动状况的隐蔽性，其破坏往往具有突发性。尤其是深部巷道，围岩压力大，巷道顶板一旦发生冒顶，危害性较为严重，因此，支护监测是深部巷道的重要环节之一。

10.3.1 监测设计原理与目的

监测设计原理主要是通过现场测试获得关于围岩稳定性和支护系统工作状态的数据，然后根据量测数据，通过力学运算以确定支护系统的设计、施工对策[136]。监测设计通常包含两个阶段：初始设计阶段和修正设计阶段。初始设计一般应用工程类比法或理论计算方法进行。修正设计则应根据现场量测所得数据，进行分析或力学运算而获得最终设计参数与施工对策[137]。

煤矿巷道支护的监测是支护成败的一个重要环节，现场监测可以为支护参数的优化和工程质量的管理提供基础数据，合理确定二次支护的时机。因此，监测工作是深井巷道支护的重要组成部分。

在巷道施工期间，监控量测的目的：① 监控巷道支护的施工质量，及时发现隐患，确保施工安全；② 掌握巷道围岩动态及其规律性，为巷道支护进行日常动态化管理提供科学依据。监测内容主要包括巷道表面围护状况观察、巷道两帮收敛、顶板下沉、底臌、喷层质量、围岩位移、锚杆轴向应力分布等。施工完成后，长期监控巷道稳定性、支护工作状况、采动影响程度等。

10.3.2 监测内容和测试仪器

深井巷道支护的监测内容较多，主要应根据巷道的围岩性质与类别、巷道的种类及服务年限、巷道的支护方式等选取观测项目。为了掌握喷射补偿收缩钢纤维混凝土支护与地压分布规律，进行巷道收敛和混凝土应变等方面的测试，以分析这种支护结构的力学性能参数，为今后深部巷道支护使用喷射补偿收缩钢纤维混凝土支护结构设计提供可靠的依据。

监测的内容主要包括巷道围岩收敛量测和混凝土应变量测两个方面，巷道测点布置如图 10.2 所示。

1. 巷道围岩收敛量测

收敛量测是量测巷道表面任意两点的距离变化。量测位置选在巷道的拱顶及两帮，由此测出巷道拱顶到两帮的距离变化值以及两帮之间的距离变化值，确定巷道周边收敛情况。

量测仪器采用激光测距仪，仪器精度达 1 mm，如图 10.3 所示。测量时，需在巷道周边安设 5 个测桩。测桩安设时，先用钻机打眼，然后用树脂药卷固定，待测桩牢固后，定时进行测读。

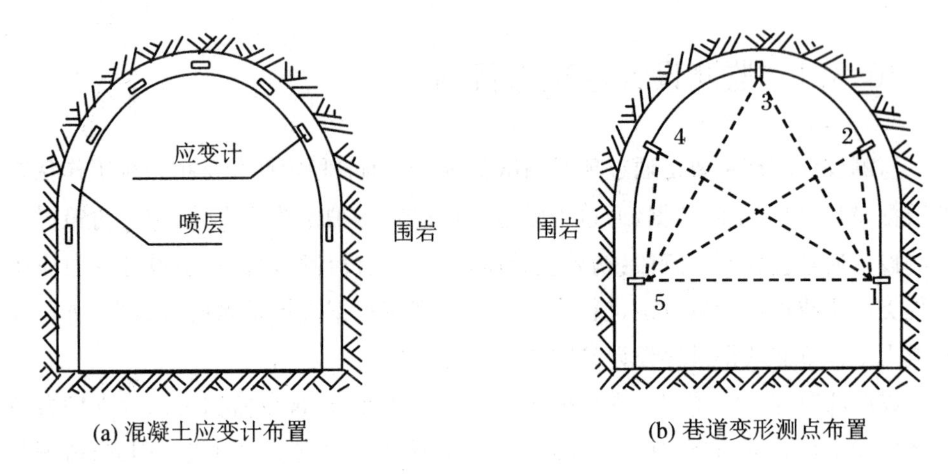

(a) 混凝土应变计布置　　(b) 巷道变形测点布置

图 10.2　巷道测点布置图

2. 混凝土应变量测

振弦式混凝土应变计如图 10.4 所示。采用振弦式混凝土应变计对混凝土应变进行测试,可以掌握混凝土的应力分布以及变形情况。由测得的应变读数来分析喷射补偿收缩钢纤维混凝土支护结构的受力变化趋势以及围岩稳定情况。

图 10.3　激光测距仪

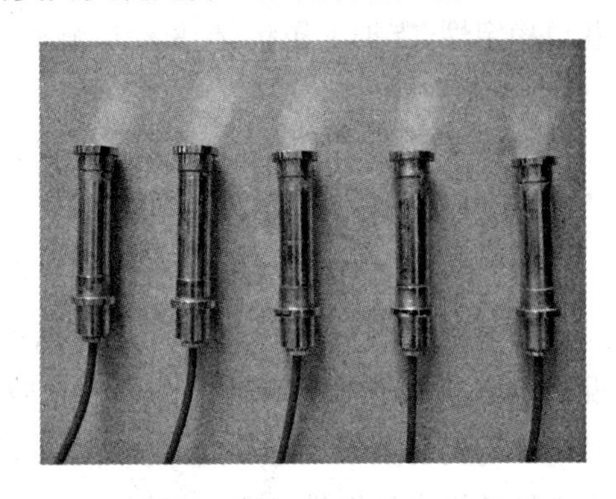

图 10.4　振弦式混凝土应变计

10.3.3　监测结果分析

1. 巷道收敛监测分析

巷道收敛监测能够较好地掌握巷道变形情况,根据监测结果采取相应的支护措施。图 10.5 为巷道收敛测桩图。图 10.6 和图 10.7 为喷射素混凝土巷道表面收敛图和收敛速率图。从图中可以看出,巷道初期变形 20 d 较大,变形速度较快。20 d 后巷道变形逐渐减小,40 d 慢慢趋于稳定。其中巷道帮部至右拱肩部位相对变形最大,最大变形值达到 12 mm,表明该部位围岩变形较大,其变化速率达到 1.2 mm/d, 两直墙之间变化较小,巷道变形收敛速率为 0.6 mm/d。

图 10.5　巷道收敛测桩图

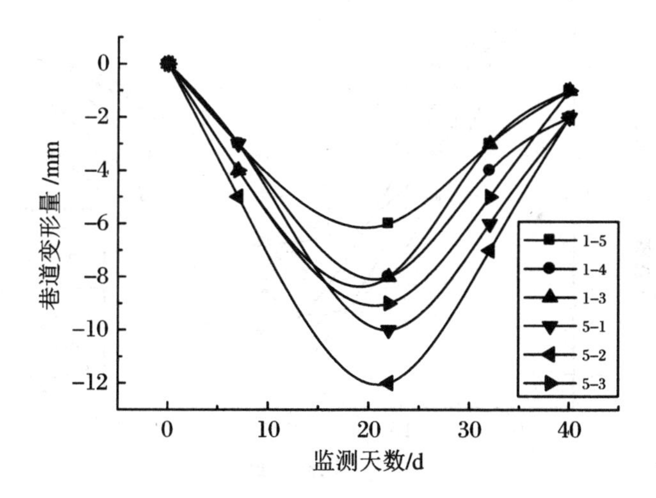

图 10.6　喷射素混凝土巷道表面收敛图

图 10.8 和图 10.9 可以看出,喷射补偿收缩钢纤维混凝土巷道表面变形收敛峰值小于素混凝土。从测试数据看,两种支护材料巷道变形趋势基本相似,前期变化明显,20 d 后逐渐达到最大,最大变形值发生在巷道右侧,说明巷道右边地压大,围岩变形大的特征;40 d 时,巷道表面收敛值基本稳定。表明喷射补偿收缩钢纤维混凝土支护结构与围岩共同变形体系稳定性较好,具有较强的让压支护特征,显示出该种材料支护结构有利于控制围岩稳定。

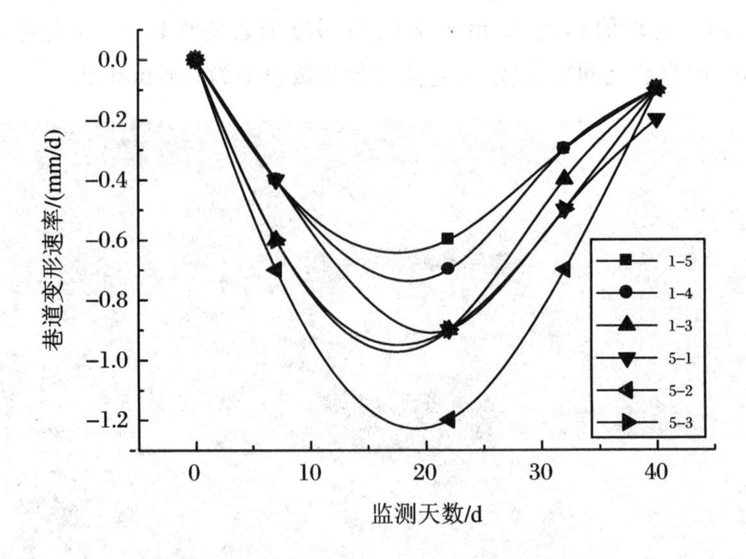

图 10.7　喷射素混凝土巷道表面收敛速率图

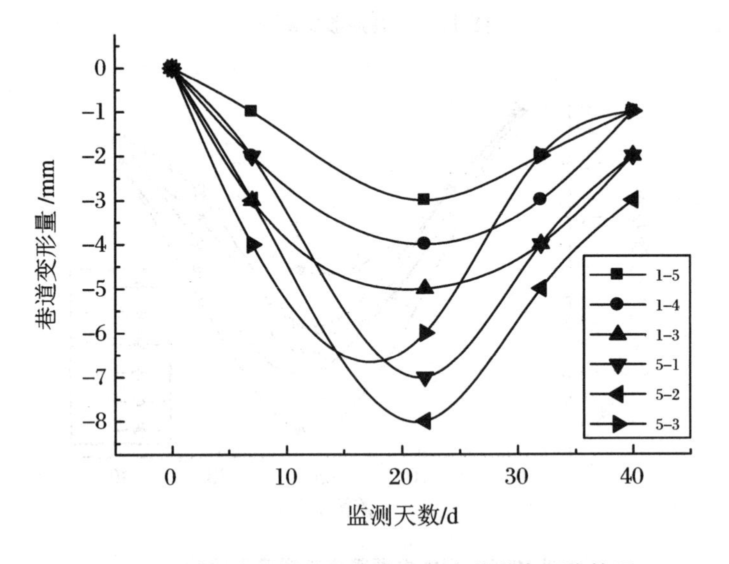

图 10.8　喷射补偿收缩钢纤维混凝土巷道表面收敛图

2. 混凝土喷层应变分析

巷道爆破掘进后，先采用素混凝土进行初喷，然后挂网，同时将混凝土应变计预埋在钢筋网设定位置处，接着复喷一层补偿收缩钢纤维混凝土，最后喷射一层素混凝土。待喷层混凝土达到一定强度时，采用配套的测量仪器进行量测，得到相应时间点的应变值，然后根据混凝土应变计参数进行换算，得出补偿收缩钢纤维混凝土的应变值。分别监测 3 个断面，防止施工过程中测点的破坏。

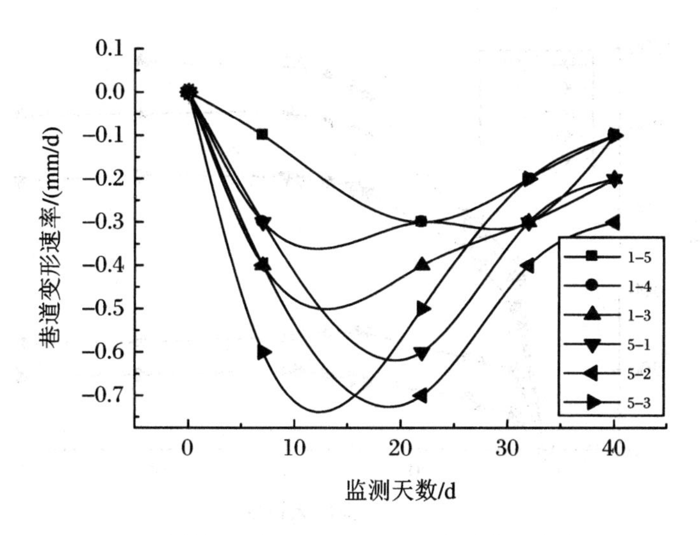

图 10.9　喷射补偿收缩钢纤维混凝土巷道表面收敛速率图

图 10.10 和图 10.11 为喷射素混凝土各测试点的应变-时间变化曲线和最终分布。从图中整体分析可知，喷射素混凝土的应变值随时间增长表现为前期增长快，后期变化慢，持续时间长的特点。从开挖至趋于稳定大约经历 40 d，这与围岩应力发展规律相符，进一步说明在深部破碎围岩中，原岩荷载的释放具有明显瞬时效应，同时也证明了喷射混凝土支护结构能够及时抵抗围岩压力，抑制围岩变形的作用，因此，巷道施工过程中，为防止岩体开挖产生的瞬间失稳，应及时喷射混凝土，尽早封闭围岩，给围岩提供一定的支护抗力。

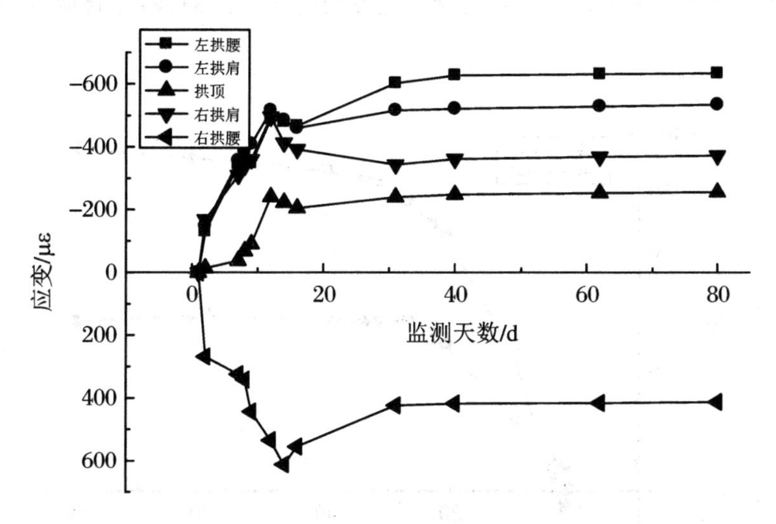

图 10.10　试验段 JC-1 喷射素混凝土应变-时间变化曲线

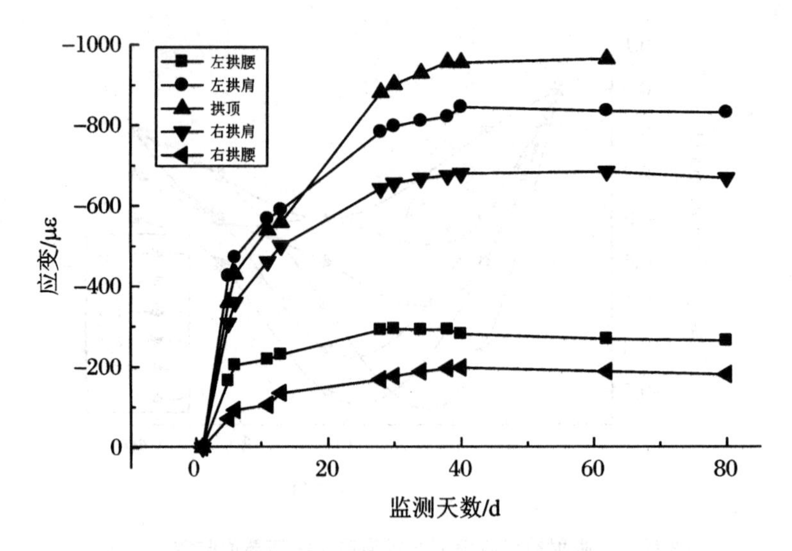

图 10.11　试验段 JC-2 喷射素混凝土应变-时间变化曲线

从整个巷道喷射混凝土的应变与时间分布看，各部位应变分布不均匀。在试验段监测断面 1(JC-1)中，右拱腰部位喷射混凝土应变为正，表明该处混凝土受拉，最大值拉应变达到 612 με，其他部位混凝土均处于受压状态，最大压应变为 627.4 με；在试验段监测断面 2(JC-2)中，所有测点混凝土均处于受压状态，拱顶部位混凝土出现最大压应变为 956.9 με；帮部直墙部位测点混凝土处于受压状态，混凝土压应变较小，左边围压稍微大于右边。

图 10.12 为巷道帮部喷射素混凝土应变与时间关系曲线，左直墙变形大于右直墙。

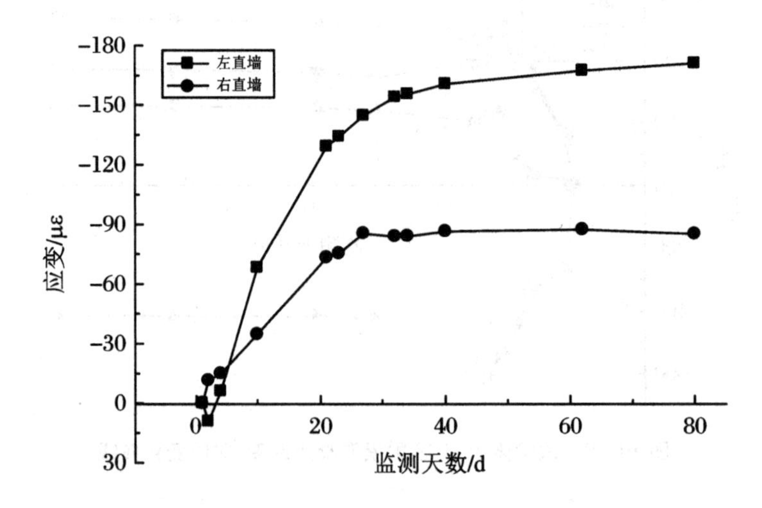

图 10.12　试验段 JC-3 喷射素混凝土应变-时间变化曲线

图 10.13～图 10.15 为喷射补偿收缩钢纤维混凝土应变与时间关系曲线。在试验段监测断面 4(JC-4)中可以看出，左拱肩部位混凝土出现拉应变，最大拉应变值为 119.7 με，其他部位均为压应变，最大压应变位于左拱腰部位，压应变值达到 766.6 με。在试验段监测断面 5(JC-5)中，右拱肩部位混凝土出现最大压应变，压应变值达到 610.4 με；左拱腰部位出现拉应变，10 d 时，混凝土最大拉应变达到 518.7 με，随后拉应变又逐渐减小，最后趋于稳定。巷道帮部混凝土均处于压应变状态，压应变值较小，前 10 d 应变变化较快，后期趋于稳定，左直墙混凝土应变增长要比右边大，表明左直墙围岩压力大于右边，与素混凝土监测结果一致。同时与素混凝土进行对比，发现两帮补偿收缩钢纤维混凝土段变形大些，原因是掺入钢纤维后，韧性和延性比较好。

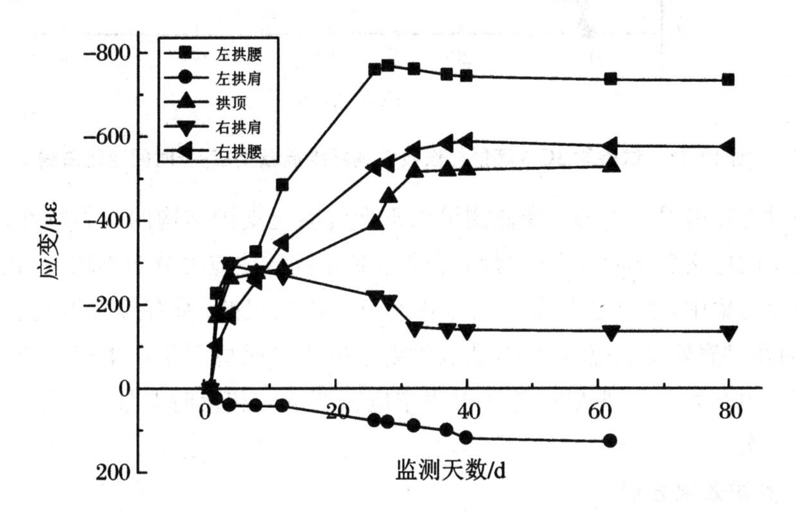

图 10.13　试验段 JC-4 喷射补偿收缩钢纤维混凝土应变-时间变化曲线

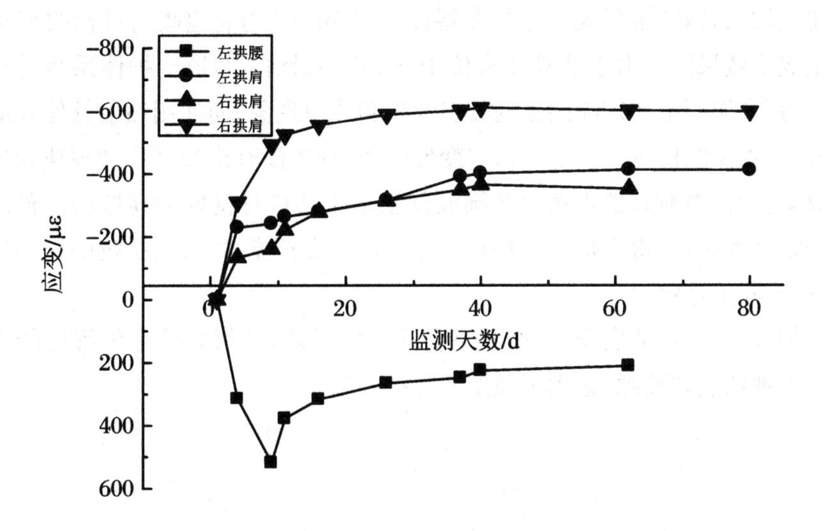

图 10.14　试验段 JC-5 喷射补偿收缩钢纤维混凝土应变-时间变化曲线

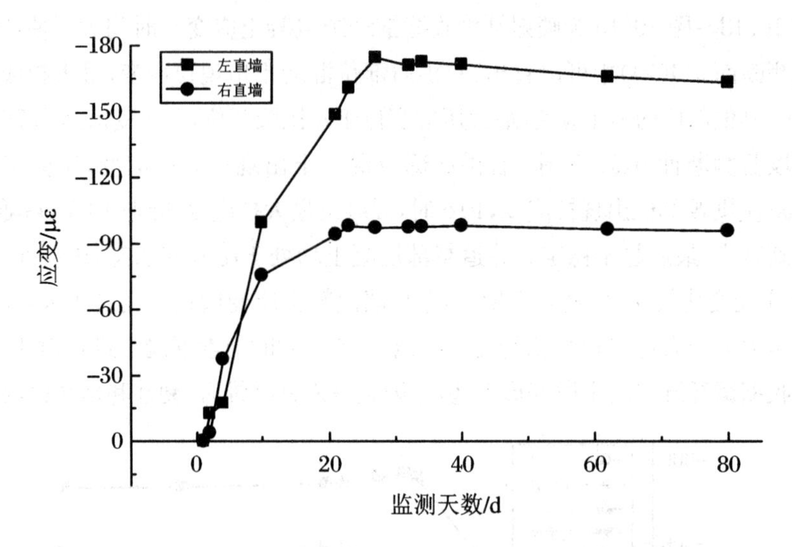

图 10.15　试验段 JC-6 喷射补偿收缩钢纤维混凝土应变-时间变化曲线

通过对喷射混凝土的应变监测可以掌握混凝土支护结构的受力特性，巷道拱部混凝土的应变变化明显大于帮部，表明巷道不同部位应力分布不均匀，在拱肩部位发生应力集中，主要是巷道开挖对巷道应力路径阻断，所有应力沿巷道周边传递，从而在拱肩处发生应力叠加，造成喷射混凝土在拱肩部位产生较大应力，导致混凝土产生开裂等不利状况，施工过程中应密切关注和及时调整喷射混凝土厚度或支护方案。

3. 支护效果分析

现场补偿收缩钢纤维混凝土喷射效果如图 10.16 所示，图中可以看出钢纤维分布比较均匀，钢纤维呈现二维分布特征。图 10.17 为巷道喷射补偿收缩钢纤维混凝土成型效果图。由于试验巷道位于 − 965 m 水平，巷道支护体系承受较大的围岩压力，素混凝土初期喷层出现较多开裂和掉块现象，而使用喷射补偿收缩钢纤维混凝土，喷层结构具有一定的适应变形能力，基本没有出现开裂和掉块现象。从支护效果上看，喷射补偿收缩钢纤维混凝土由于其自身良好的韧性和改善混凝土的早期收缩性能，使得支护结构具有良好的让压支护能力，可以抵抗围岩的应力释放，有利于巷道稳定。

支护 3 个月后，从宏观上看，巷道表面完好无缺，补偿收缩钢纤维混凝土喷层并没有出现离层和裂隙，达到了预期的支护效果。

图 10.16　钢纤维表面分布特征

图 10.17　试验巷道整体效果图

本 章 小 结

本章以朱集东煤矿 - 965 m 水平轨道大巷为工程背景，通过现场应用和监测，对喷射补偿收缩钢纤维混凝土在巷道中的具体应用进行分析，得到以下几点结论：

(1) 通过切片试验分析现场喷射补偿收缩钢纤维混凝土中钢纤维的分布特

性,得出钢纤维在喷射混凝土中分布是不均匀的,呈现中部多、顶底面少的变化规律。钢纤维主要呈现二维乱向分布,这种分布对抵抗巷道的环向应力和控制约束裂缝非常有利。

(2) 通过围岩变形观测可得,喷射混凝土后,巷道表面变形较大,部分区域有裂纹出现,巷道拱肩部位变形最大,收敛变化速率为 1.2 mm/d。而喷射补偿收缩钢纤维混凝土对控制围岩变形效果比较明显,收敛变化速率为 0.7 mm/d,40 d 左右时,巷道围岩变形基本趋于稳定。

(3) 通过对喷射混凝土和补偿收缩钢纤维混凝土的应变监测分析,结果表明,20 d 变化快,后期变化缓慢,40 d 左右时应变基本稳定,表明围岩变形趋于稳定,这与混凝土表面收敛监测结果一致;混凝土主要处于受压状态,局部存在拉应力,应变整体分布比较均匀。

(4) 喷射混凝土与补偿收缩钢纤维混凝土效果对比,发现喷射补偿收缩钢纤维混凝土由于具有较强的韧性,显示出其柔性让压支护特性,相比素混凝土而言,克服了混凝土脆性的弱点,对于局部拉应力部位,能够提供更高的安全系数。

参 考 文 献

[1] 刘峰.中国煤炭科技四十年:1978—2018[M].北京:应急管理出版社,2020.

[2] 古德生.金属矿床深部开采中的科学问题[C]//香山科学会议编.科学前沿与未来.北京:中国环境科学出版社,2002.

[3] 赵顺增,游宝坤.补偿收缩混凝土裂渗控制技术及其应用[M].北京:中国建筑工业出版社,2010.

[4] 史美东,史美生.补偿收缩混凝土的应用技术[M].北京:中国建材工业出版社,2006.

[5] Bentz D P, Jensen O M. Mitigation strategies for autogenous shrinkage cracking[J]. Cement and Concrete Composites, 2004, 26(6):677-685.

[6] Gurtunca R G, Keynote L. Mining below 3000m and challenges for the South African gold mining industry[C]//Balkema A A. Proceedings of Mechanics of Jointed and Fractured Rock,1998:3-10.

[7] 程良奎,杨志银.喷射混凝土与土钉墙[M].北京:中国建筑工业出版社,1998.

[8] Rose D. Steel fiber reinforced shotcrete for tunnels linings[J]. Tunnels and Tunnelling, 1986,18(5):39-44.

[9] 美国土木工程师学会.地层支护中的喷射混凝土[M].北京:冶金工业出版社,1982.

[10] Alun Thomas.喷射混凝土衬砌隧道[M].梁庆国,欧尔峰,译.北京:科学出版社,2014.

[11] 霍建勋,林传年,刘喆.川藏铁路隧道高性能支护喷射纤维混凝土配比试验研究[J].铁道标准设计,2021,65(10):1-10.

[12] Franzen T. Shotcrete for underground support: a state of the art report with focus on steel fiber reinforcement[J]. Tunnelling and Underground Space Technology, 1992, 7(4):383-391.

[13] David F W. Invited lecture:Shotcrete for underground support: a state of the art report with focus on steel fiber reinforcement, rock support in mining and underground construction[M]. Rotterdam:Kaiser and McCreath(eds),1992.

[14] Meddah M S, Suzuki M, Sato R. Influence of combination of expansive and shrinkage-reducing admixture on antogenous deformation and self-stress of silica fume high-performance concrete[J]. Construction & Building Materials, 2011, 25(1):239-250.

[15] Klofta H, Kraussb H W, Hacka N, et al. Influence of process parameters on the interlayer bond strength of concrete elements additive manufactured by Shotcrete 3D Print-

ing (SC3DP)[J]. Cement and Concrete Research，2020(134):106078.

[16] 周仁战，马芹永，刘发明，等.喷射钢纤维混凝土在软岩巷道支护中的应用[J].采矿技术，2007,7(3): 24-25.

[17] 武志德，周宏伟，刘金锋，等.喷射钢纤维混凝土在鹤煤八矿深部软岩巷道支护中的应用[J].金属矿山，2011(6): 32-35.

[18] 吴中伟，张鸿直.膨胀混凝土[M].北京:中国铁道出版社，1990.

[19] 吴中伟.补偿收缩混凝土[M].北京:中国建筑工业出版社，1979.

[20] Palacios M, Puertas F. Effect of super-plasticizer and shrinkage-reducing admixtures on alkali-activated slag pastes and mortars[J]. Cement and Concrete Research，2005，3(57):1358-1367.

[21] 赵顺增，刘立.轻集料对补偿收缩混凝土限制膨胀率的增益作用[J].膨胀剂与膨胀混凝土，2008(4):1-4.

[22] 王瑜，周水兴，白兴蓉.补偿收缩混凝土配制的试验研究[J].重庆交通大学学报(自然科学版)，2008,27(S1):924-927.

[23] 赵顺增，游宝坤.补偿收缩混凝土应用技术规程实施指南[M].北京:中国建筑工业出版社，2009.

[24] 樊华，陆瑞明，房东升.微膨胀喷射混凝土性能的试验研究[J].华东公路，2000(1):48-49.

[25] 游宝坤，李乃珍.膨胀剂及其补偿收缩混凝土[M].北京:中国建筑工业出版社，2006.

[26] 宋春香.补偿收缩混凝土在渠道防渗工程中的应用[D].咸阳:西北农林科技大学，2007.

[27] 陈洪浩，张国荣，邓毅，等.聚乙烯醇纤维对桥梁用C60高性能补偿收缩混凝土性能的影响[J].混凝土与水泥制品，2018(9):57-60.

[28] 宁逢伟，蔡跃波，丁建彤，等.C50补偿收缩喷射混凝土的配合比设计及耐久性研究[J].新型建筑材料，2020,47(1):1-5,26.

[29] 邹传学，李秋义，张同波.聚丙烯纤维补偿收缩混凝土性能试验研究[J].青岛理工大学学报，2007,28(1):26-29.

[30] 曾伟，马芹永.纳米SiO_2钢纤维补偿收缩混凝土力学性能的试验分析[J].混凝土与水泥制品，2013(4):37-39.

[31] 李子祥，田稳苓.钢纤维膨胀混凝土变形特性试验研究[J].混凝土与水泥制品，2002，12(6):40-43.

[32] 何化南，秦杰，黄承逵.钢纤维增强微膨胀混凝土长期限制变形的试验研究[J].混凝土与水泥制品，2009,4(2):41-44.

[33] Ribeiro A B, Carrajola A, Goncalves A. Effect of shrinkage reducing admixtures on the pore structure properties of mortars [J]. Materials and Structures, 2006, 39(2):179-187.

[34] 于峰，王旭良，张扬，等.补偿收缩钢渣混凝土应力-应变关系试验[J].建筑材料学报，2017,20(4):527-534.

[35] 赵晓晶，马芹永.钢纤维和膨胀剂复合效应对喷射混凝土弯曲韧性的影响分析[J].混凝

土与水泥制品,2012(2):45-48.

[36] 赵晓晶,喷射补偿收缩钢纤维混凝土弯曲韧性与抗剪强度试验研究[D].淮南:安徽理工大学,2012.

[37] 黄伟,马芹永.早龄期补偿收缩钢纤维混凝土劈裂抗拉性能分析[J].硅酸盐通报,2015,34(10):3004-3009,3014.

[38] 王继良.矿井支护论文集[M].北京:煤炭工业出版社,1990.

[39] 赵国藩,彭少民,黄承逵,等.钢纤维混凝土结构[M].北京:中国建筑工业出版社,1999.

[40] 周仁战.钢纤维混凝土喷层的力学性能试验研究[D].淮南:安徽理工大学,2008.

[41] 宋宏伟,鹿守敏,周容章.大松动圈软岩巷道支护:潘三等矿井软岩支护改革[J].建井技术,1994(6):19-21.

[42] 韩志军.钢纤维喷射混凝土支护软岩巷道[J].煤炭科学技术,1993,21(12):34-36.

[43] 祁志,宋宏伟.钢纤维混凝土在地下工程中的应用与展望[J].混凝土,2003,168(11):48-50.

[44] 陈晓东.钢纤维喷射混凝土在隧洞加固处理中的应用[J].现代隧道技术,2002,39(1):61-64.

[45] 李伏虎,马芹永.HCSA膨胀剂对喷射混凝土微观结构的影响[J].矿冶工程,2012,32(4):5-7.

[46] 崔朋勃.喷射补偿收缩钢纤维混凝土膨胀变形与力学性能试验研究[D].淮南:安徽理工大学,2011.

[47] 邹崇富.用钢纤维喷混凝土加固裂损隧道混凝土的试验[J].隧道工程,1983(1):55-58.

[48] 梁宇,王大永,谢丽霞,等.补偿收缩混凝土在地铁车站装配式结构中的应用研究[J].中国港湾建设,2020,40(9):67-70.

[49] 殷新龙,赵海涛,仇宁,等.补偿收缩混凝土研究进展[J].三峡大学学报,2016,38(4):60-65.

[50] 姚婷,张守治,王育江,等.补偿收缩混凝土应用技术研究[J].混凝土,2014,(5):157-160.

[51] 李福清.万家寨引黄工程大型地下泵房施工技术[J].煤炭科学技术,2002,30(3):20-23.

[52] 沈益源.湿喷钢纤维混凝土支护在工程中的应用[J].混凝土,2005(11):88-91.

[53] 李九苏,李梦成,龚建清.支护工程钢纤维喷射混凝土试验研究[J].人民黄河,2008,28(6):56-58.

[54] 周宏伟,谢和平,董正亮,等.深部软岩巷道喷射钢纤维混凝土支护技术[J].工程地质学报,2001,9(4):392-398.

[55] 李源泉,申兰江.井巷与硐室工程中钢纤维混凝土研究与开发[J].矿冶,2006,15(2):5-8.

[56] 祝云华.钢纤维喷射混凝土力学特性及其在隧道单层衬砌中的应用研究[D].重庆:重庆大学,2009.

[57] 赵春孝,王兴国,程朝霞,等.喷射钢纤维混凝土性能试验研究[J].煤炭工程,2011(6):91-93.

[58] 姜义.低碱补偿收缩钢纤维混凝土应用性能研究[D].南京：东南大学，2002.
[59] 李国新.膨胀剂与钢纤维协同增强高强轻骨料混凝土研究[J].混凝土，2006(5)：35-37.
[60] Kayali O，Haque M N，Zhu B. Some characteristics of high strength fiber reinforced lightweight aggregate concrete[J]. Cement and Concrete Composites，2003，25(2)：207-213.
[61] 罗成立，王硕太，崔浩.补偿收缩钢纤维混凝土试验研究[J].四川建筑科学研究，2008，34(6)：168-170.
[62] 郑继.喷射钢纤维微膨胀混凝土在佛子岭水库大坝2#、22#拱加固中应用与研究[J].混凝土，2007(9)：91-94.
[63] 黄伟，马芹永.喷射补偿收缩混凝土中胶凝材料微观结构分析[J].煤炭科学技术，2011，3(39)：22-24，28.
[64] 李伏虎，马芹永.矿井支护喷射补偿收缩混凝土中外加剂水化作用机理的研究[J].煤矿开采，2012，17(3)：13-16.
[65] 刘亚州，马芹永.磁化水增强喷射补偿收缩混凝土早龄期抗压强度的试验与分析[J].科学技术与工程，2015，32(15)：70-73.
[66] 王铁梦.工程结构裂缝控制[M].北京：中国建筑工业出版社，2007.
[67] 刘晓鹏.大孤山铁矿运输巷道衬砌裂缝的成因初探[J].土工基础，2008，22(6)：44-46.
[68] 傅鹤林，郭磊，欧阳刚杰，等.大跨隧道施工力学行为及衬砌裂缝产生机理[M].北京：科学出版社，2009.
[69] 阎培渝，韩建国，杨文言.复合胶凝材料水化过程的ESEM观察[J].电子显微学报，2004，23(2)：183-187.
[70] 吴中伟，廉慧珍.高性能混凝土[M].北京：中国铁道出版社，1999.
[71] 周志朝，杨辉，朱永华，等.无机材料显微结构分析[M].杭州：浙江大学出版社，1998.
[72] 谢慈仪.混凝土外加剂作用机理及合成基础[M].重庆：西南师范大学出版社，1993.
[73] 张冠伦.混凝土外加剂原理与应用[M].北京：中国建筑工业出版社，2008.
[74] 李琼，王子明，刘艳霞，等.SL型液体低碱速凝的速凝机理研究[J].混凝土，2003(4)：28-30.
[75] Yan P Y，Zheng F，Xu Z Q. Hydration of shrinkage-compensating binders with different compositions and water-binder ratios[J]. Journal of Thermal Analysis and Alorimetry，2003，74(1)：201-209.
[76] Stark J，Moeser B，Bellmann F. New approaches to ordinary portland cement hydration in the early hardening stage[C]//The 5th International Symposium on Cement an Concrete. Shanghai，2002(1)：56-70.
[77] Moffat R，Jadue C，Beltran J F，et al. Experimental evaluation of geosynthetics as reinforcement for shotcrete[J]. Geotextiles and Geomembranes，2017(45)：161-168.
[78] 赵晓艳，田稳苓，姜忻良，等.EVA改性EPS混凝土微观结构及性能研究[J].建筑材料学报，2010，13(2)：243-246.

[79] 钱晓倩,孟涛,詹树林,等.复合聚合物对混凝土力学性能的影响和微观结构分析[J].稀有金属材料与工程,2008,37(S2):691-694.

[80] 高丹盈,赵军,朱海堂.钢纤维混凝土设计与应用[M].北京:中国建筑工业出版社,2002.

[81] Romualdi J P, Batson G B. Mechanics of crack arrest in concrete[J]. Proc. ASCE,1963,89(6):147-168.

[82] Steindl F R,Galana I,Baldermann A,et al. Sulfate durability and leaching behaviour of dry-and wet-mix shotcrete mixes[J]. Cement and Concrete Research,2020,137:106180.

[83] Salvador R P,Cavalaro S H P,Cincotto M A,et al. Parameters controlling early age hydration of cement pastes containing accelerators for sprayed concrete[J]. Cement and Concrete Research,2016(89):230-248.

[84] 李文华,孔德志.钢纤维喷射混凝土在隧道加固中的应用[J].河南大学学报,2008,38(2):213-216.

[85] Swamy R N,Mangat P S. The mechanics of fiber reinforcement of cement matrices[J]. Fiber reinforcement concrete, American concrete institute,1974:1-36.

[86] 鞠杨,樊承谋,潘景龙.等变幅疲劳载荷下钢纤维混凝土的损伤演化行为研究[J].实验力学,1997,12(1):110-118.

[87] 马智英.钢纤维混凝土早期力学性能发展规律的试验研究[D].北京:北京工业大学,2003.

[88] 宋玉普.多种混凝土材料的本构关系和破坏准则[M].北京:中国水利水电出版社,2002.

[89] 王成启,吴科如.不同弹性模量的纤维对高强混凝土力学性能的影响[J].混凝土与水泥制品,2002(3):36-37.

[90] 高丹盈,刘建秀.钢纤维混凝土基本理论[M].北京:科学技术文献出版社,1994.

[91] 廉慧珍,童良,陈恩义.建筑材料物相研究基础[M].北京:清华大学出版社,1996.

[92] 卢良浩.钢纤维混凝土在杭州钱江一桥公路桥面大修工程中的应用[C]//全国第五届纤维水泥与纤维混凝土学术会议论文集.广州:广东科学技术出版社,1994.

[93] 高丹盈.钢纤维混凝土及其配筋构件力学性能的研究[D].大连:大连理工大学,1989.

[94] 胡新民.隧道喷射钢纤维混凝土支护的力学特性及其施工技术[J].湘潭师范学院学报(自然科学版),2009,31(4):96-99.

[95] 中华人民共和国住房和城乡建设部.混凝土物理力学性能试验方法标准:GB/T 50081—2019[S].北京:中国建筑工业出版社,2019.

[96] 中华人民共和国住房和城乡建设部.补偿收缩混凝土应用技术规程:JGJ/T 178—2009[S].北京:中国建筑工业出版社,2009.

[97] 中华人民共和国水利部.水工混凝土试验规程:SL/T 352—2020[S].北京:中国水利水电出版社,2020.

[98] 中国工程建设标准化协会.纤维混凝土结构技术规程:CECS 38:2004[S].北京:中国计划出版社,2004.

[99] 何化南,黄承逵.钢纤维自应力混凝土的膨胀特征与自应力计算[J].建筑材料学报,2004,7(2):156-160.

[100] 何满潮.中国煤矿软岩巷道工程支护设计与施工指南[M].北京:科学出版社,2004.

[101] 田稳苓.钢纤维膨胀混凝土增强机理及其应用研究[D].大连:大连理工大学,1998.

[102] 徐挺.相似方法及其应用[M].北京:机械工业出版社,1995.

[103] 崔广心.相似理论与模型试验[M].徐州:中国矿业大学出版社,1990.

[104] 杨俊杰.相似理论与结构模型试验[M].武汉:武汉理工大学出版社,2005.

[105] 王志杰.钢纤维混凝土隧道衬砌破坏模式及承载能力研究[J].铁道科学与工程学报,2007,12(4):40-43.

[106] 薛顺勋.软岩巷道支护技术指南[M].北京:煤炭工业出版社,2002.

[107] 王焕文,王继良.锚喷支护[M].北京:煤炭工业出版社,1989.

[108] 何满潮,钱七虎.深部岩体力学基础[M].北京:科学出版社,2010.

[109] 黄克智.板壳理论[M].北京:清华大学出版社,1987.

[110] 阿加雷.板壳应力[M].范钦珊,译.北京:建筑工业出版社,1986.

[111] 庞建勇,刘松玉.软岩巷道新型网壳锚喷支架静力分析及应用[J].岩土工程学报,2003,25(5):602-605.

[112] 黄伟,马芹永,周仁战.巷道钢纤维喷射混凝土支护结构的数值分析与工程应用[J].混凝土,2010(8):125-128.

[113] 谭学术,鲜学福,郑道访,等.复合岩体力学理论及其应用[M].北京:煤炭工业出版社,1994.

[114] 陆新征.ANSYS SOLID65 单元分析复杂应力条件下的混凝土结构[M].北京:清华大学出版社,2001.

[115] 张洪才.ANSYS 14.0 理论解析与工程应用实例[M].北京:机械工业出版社,2012.

[116] 沈聚敏,王传志,江见鲸.钢筋混凝土有限元与板壳极限分析[M].北京:清华大学出版社,1993.

[117] 过镇海.混凝土的强度和本构关系:原理与应用[M].北京:中国建筑工业出版社,2004.

[118] Mansur M A,Chin M S,Wee T H. Stress-strain relationship of high-strength fiber concrete in compression [J]. Journal of Materials in Civil Engineering,1999,11(1):21-28.

[119] Jiang J J. Finite element techniques for static analysis of structure in reinforced concrete [M]. Department of Structure Mechanice. Chalmers University of Technology,1983.

[120] 伍永平,杨永刚,来兴平,等.巷道锚杆支护参数的数值模拟分析与确定[J].采矿与安全工程学报,2006,23(4):398-401.

[121] 赖永标,胡仁喜,黄书珍.ANSYS 11.0 土木工程有限元分析典型范例[M].北京:电子工业出版社,2007.

[122] 王建新,王在泉,张黎明,等.软岩巷道开挖支护数值分析[J].青岛理工大学学报,2006,27(5):26-29.

[123] 朱汉华，孙红月，杨建辉. 公路隧道围岩稳定与支护技术[M]. 北京：科学出版社，2007.

[124] 中华人民共和国住房和城乡建设部. 工程岩体分级标准：GB/T 50218—2014[S]. 北京：中国计划出版社，2014.

[125] 吴波，高波. 锚喷支护隧道围岩稳定性黏弹性分析及应用[J]. 地下空间，2002，22(4)：306-309.

[126] 郝文化. ANSYS 土木工程应用实例[M]. 北京：中国水利水电出版社，2005.

[127] 中华人民共和国住房和城乡建设部. 岩土锚杆与喷射混凝土支护工程技术规范：GB 50086—2015[S]. 北京：中国计划出版社，2015.

[128] 朱维申. 节理岩体破坏机理和锚固效应及工程应用[M]. 北京：科学出版社，2002.

[129] Zhong Y J，An L Q，Ren R H，et al. Experimental study on deformation of surrounding rock with infrared radiation[J]. Journal of China University of Mining and Technology，2005，15(4)：329-333.

[130] 刘新荣，黄明，祝云华，等. 锚杆支护下深埋圆形洞室塑性区半径的近似解[J]. 重庆大学学报，2008，31(5)：573-576.

[131] 中华人民共和国国家质量监督检验检疫总局，中国国家标准化管理委员会. 煤和岩石物理力学性质测定方法：第 1 部分 采样一般规定：GB/T 23561. 1—2009[S]. 北京：中国标准出版社，2009.

[132] 高尔新，李元生，薛玉，等. 喷射混凝土钢纤维分布特性分析[J]. 岩土工程学报，2002，24(3)：202-203.

[133] 吴少鹏，南策文. 钢纤维聚合物水泥基复合材料效能系数研究[J]. 武汉理工大学学报，2001，23(12)：9-12.

[134] 张云国，赵顺波，张天光. 离心成型钢纤维混凝土纤维分布规律试验研究[J]. 材料科学与工程学报，2004，22(4)：602-606.

[135] 吕康成. 隧道工程试验监测技术[M]. 北京：人民交通出版社，2004.

[136] 徐干成，白洪才，郑颖人. 地下工程支护结构[M]. 北京：中国水利水电出版社，2002.

[137] 夏才初，李永胜. 地下工程测试理论与技术[M]. 上海：同济大学出版社，2002.

[138] 崔朋勃，马芹永. 膨胀剂对喷射补偿收缩钢纤维混凝土力学性能的影响[J]. 混凝土与水泥制品，2010，175(5)：45-47.

[139] 黄伟，马芹永，袁文华，等. 深部岩巷锚喷支护作用机理及其力学性能分析[J]. 地下空间与工程学报，2011，7(1)：28-32.

[140] 黄伟. 矿井补偿收缩钢纤维混凝土性能研究与工程应用[D]. 淮南：安徽理工大学，2011.

[141] Huang W，Ma Q Y，Cui P B. Experiment and analysis of flexural strength for shrinkage-compensating steel fiber reinforced shotcrete[J]. Advanced Materials Research，2011(163/167)：947-951.

[142] Leung C K Y，Lee A Y F，Lai R. A new testing configuration for shrinkage cracking of shotcrete and fiber reinforced shotcrete[J]. Cement and Concrete Research，2006，

36(4):740-748.

[143] Guler S, Oker B, Akbulut Z F. Workability, strength and toughness properties of different types of fiber-reinforced wet-mix shotcrete[J]. Structures, 2021(31):781-791.

[144] Kaufmann J, Loser R, Winnefeld F, et al. Sulfate resistance testing of shotcrete-Sample preparation in the field and under laboratory conditions[J]. Construction and Building Materials, 2021, 276(2):122233.

[145] 王家滨,牛荻涛,张永利.喷射混凝土力学性能-渗透性及耐久性试验研究[J].土木工程学报,2016,49(5):96-109.

[146] 任崇财.钢纤维喷射混凝土力学性能研究及应用[J].水利与建筑工程学报,2017,15(6):189-193.

[147] 中国工程建设标准化协会.纤维混凝土试验方法标准:CECS 13:2009[S].北京:中国计划出版社,2010.

[148] JSCE-SF4 Method of test for flexural strength and flexural toughness of steel fiber reinforced concrete[S]. Tokyo: Japan Concrete Institute, 1984.

[149] 中华人民共和国住房和城乡建设部.纤维混凝土应用技术规程:JGJ/T 221—2010[S].北京:光明日报出版社,2010.

[150] Standard test method for flexural toughness and first-crack strength of fiber-reinforced concrete(using beam with third-point loading):ASTM C1018—85[S].

[151] 高丹盈,赵亮平,冯虎,等.钢纤维混凝土弯曲韧性及其评价方法[J].建筑材料学报,2014,17(5):783-789.

[152] 史占崇,苏庆田,邵长宇,等.粗骨料 UHPC 的基本力学性能及弯曲韧性评价方法.土木工程学报[J].2020,53(12):86-97.

[153] 张金龙,马伟斌,郭小雄,等.钢纤维喷射混凝土的弯曲韧性及工程应用[J].铁道建筑,2022,62(4):98-101.